建筑施工企业安全知识

"'绿十字'安全基础建设新知丛书"编委会 编

中国劳动社会保障出版社

图书在版编目(CIP)数据

建筑施工企业安全知识/《"绿十字"安全基础建设新知丛书》编委会编. -- 北京：中国劳动社会保障出版社，2017

("绿十字"安全基础建设新知丛书)

ISBN 978-7-5167-3223-6

Ⅰ.①建… Ⅱ.①绿… Ⅲ.①建筑施工企业-安全管理-基本知识 Ⅳ.①TU714

中国版本图书馆 CIP 数据核字(2017)第 267902 号

中国劳动社会保障出版社出版发行

(北京市惠新东街 1 号　邮政编码：100029)

*

三河市华骏印务包装有限公司印刷装订　新华书店经销

787 毫米×1092 毫米　16 开本　17.25 印张　336 千字

2017 年 11 月第 1 版　2017 年 11 月第 1 次印刷

定价：45.00 元

读者服务部电话：(010) 64929211/84209103/84626437

营销部电话：(010) 84414641

出版社网址：http://www.class.com.cn

编 委 会

内 容 提 要

　　建设工程行业较高的事故率，带来了生命和财产的巨大损失，改善建设工程行业的安全状况有着特别重要的意义。

　　本书详细介绍了建筑施工的安全管理、安全技术知识，主要内容有：建设工程基础知识、基础工程、建筑施工高处作业安全技术、脚手架工程、模板工程、起重吊装工程机械操作安全、建筑施工现场临时用电及安全防护、建筑施工现场消防及用火安全、拆除工程与爆破工程。

　　本书为"绿十字"安全基础建设新知丛书之一，可供建设工程企业安全员、职工使用。

前　言

　　党中央、国务院高度重视安全生产工作，确立了安全发展理念和"安全第一、预防为主、综合治理"的方针，采取一系列重大举措加强安全生产工作。目前，以新《安全生产法》为基础的安全生产法律法规体系不断完善，以"关爱生命、关注安全"为主旨的安全文化建设不断深入，安全生产形势也在不断好转，事故起数、重特大事故起数连续几年持续下降。

　　2015 年 10 月 29 日，中国共产党第十八届中央委员会第五次全体会议通过的《中共中央十三五规划建议》指出："牢固树立安全发展观念，坚持人民利益至上，加强全民安全意识教育，健全公共安全体系。完善和落实安全生产责任和管理制度，实行党政同责、一岗双责、失职追责，强化预防治本，改革安全评审制度，健全预警应急机制，加大监管执法力度，及时排查化解安全隐患，坚决遏制重特大安全事故频发势头。实施危险化学品和化工企业生产、仓储安全环保搬迁工程，加强安全生产基础能力和防灾减灾能力建设，切实维护人民生命财产安全。"

　　"十三五"时期是我国全面建成小康社会的决胜阶段，《中共中央十三五规划建议》中有关安全生产工作的论述，为这一阶段的安全生产工作指明了方向。这一阶段的安全生产工作既要解决长期积累的深层次、结构性和区域性问题，又要积极应对新情况、新挑战，任务十分艰巨。随着经济发展和社会进步，全社会对安全生产的期望值不断提高，广大从业人员安全健康观念不断增强，对加强安全监管、改善作业环境、保障职工安全健康权益等方面的要求越来越高。企业也迫切需要我们按照国家安全监管总局制定的安全生产"十三五"规划和工作部署，根据新的法律法规、部门规章组织编写"'绿十字'安全基础建设新知丛书"，以满足企业在安全管理、安全教育、技术培训方面的要求。

　　本套丛书内容全面、重点突出，主要分为四个部分，即安全管理知识、安全培训知识、通用技术知识、行业安全知识。在这套丛书中，介绍了新的相关法律法规知识、企业安全管理知识、班组安全管理知识、行业安全知识和通用技术知识。读者对象主要为安全生产监管人员、企业管理人员、企业班组长和员工。

本套丛书的编写人员除安全生产方面的专家外，还有许多来自企业，他们对企业的安全生产工作十分熟悉，有着切身的感受，从选材、叙述、语言文字等方面更加注重企业的实际需要。

在企业安全生产工作中，人是起决定作用的关键因素，企业安全生产工作需要具体人员来贯彻落实，企业的生产、技术、经营等活动也需要人员来实现。因此，加强人员的安全培训，实际上就是在保障企业的安全。安全生产是人们共同的追求与期盼，是国家经济发展的需要，也是企业发展的需要。

"'绿十字'安全基础建设新知丛书"编委会
2016 年 4 月

目　录

第一章 绪 论

········ 📖 **本章学习目标** ···
1. 了解建筑业的定义、特点和发展趋势。
2. 熟悉我国建筑业的安全生产管理理论。
··

由于建设工程行业现有的职业安全健康现状导致了生产率、成本、质量、建设周期及环境等方面的不良后果，而且伴随着较高的事故率，带来了生命和财产的巨大损失，因此，改善建设工程行业的安全状况就有着特别重要的意义。尽管安全技术是建设工程安全生产的基本保证，但事故的发生是多因素综合作用的结果，从事故分析中可知绝大部分的事故与各种管理因素有关。从这个意义上讲，管理又是安全技术与规程实施的保证。

建设工程安全管理就是运用现代管理的科学知识，根据项目特点对安全生产工作进行决策、计划、组织、指挥、协调和控制等一系列活动，实现生产过程中人与机械设备、物料、环境和谐，达到安全生产的目的。建设工程安全管理是一个跨学科的管理体系，不仅需要土木工程、安全科学和管理学方面的知识和方法，还涉及法学、经济学、统计学、社会学等多种学科的相关理论。无论是对于法律、经济、文化还是科技的管理手段的应用，都必须综合考虑各个方面的影响因素。

第一节 我国建筑行业安全生产现状

一、建筑业的定义及特点

1. 建筑业的定义

改革开放以来，全社会固定资产投资快速增长，建筑业成为我国国民经济的支柱产业，对提高人民生活水平、加强基础设施建设等都具有重要的作用。一个国家的工程建设事业是否发达，在一定程度上也是这个国家国力强弱的重要标志。近三十年来，我国建筑业行业产值和从业人数不断增加。根据住建部的统计，目前全国建设系统的从业人员已经达到了 5 000 万人。随着我国国民经济水平的提升，建筑业将会不断发展，并将创造出更多优质的建筑产品，这不仅使得建筑行业科技水平有了很大的提高，也对安全生产提出了更高的要求。

国际上对建筑业的主流定义，分为"狭义建筑业"与"广义建筑业"。所谓"狭义建筑业"，仅指建筑产品的生产（即施工）活动；广义的建筑业则涵盖了建筑产品的生产及与建筑生产有关的所有服务内容，包括规划、勘察、设计、建筑材料与成品及半成品的生产、施工和安装，建成环境的运营、维护及管理，以及相关的咨询和中介服务等。

2. 建筑业的特点

建筑业生产是由劳动者利用机械设备与工具，按设计要求对劳动对象进行加工制作，从而生产出一定的产品，这使它具有工业生产的特征。但是，它又有许多不同于一般工业生产的技术经济特点，因而是一个独立的物质生产部门。

（1）建设过程的动态性

在建设过程中，建筑施工人员、施工机械和建筑产品不停流动和变化。混凝土的浇筑、钢结构的搭接、土方的搬运、建筑垃圾的处理等工序就可以使得工地现场在一夜之间变得完全不同。而随着施工的推进，工地现场可能会从最初地下几十米的基坑变成耸立几百米的摩天大楼。因此，建设过程中的环境、作业条件、技术特点等都是在不断发生变化的，包含着较高的风险。

（2）建筑产品的不可复制性

建筑产品是固定的、附着在土地上的，而世界上没有完全相同的两块土地。建筑物的用途、形式和环境也千差万别，各不相同，同时每一个建筑产品都需要根据其特定要求进行施工。建造不同的建筑产品，对人员、材料、机械设备、防护用品、施工技术等的要求各有特点，每一个建筑产品都有不同于其他产品的设计文件和图样，以及施工组织和施工工艺。

（3）建设生产的协调性

在建设过程中，除了土建工程外，还包括水暖工程、工业管道工程、特殊构筑物工程、电气照明工程、消防工程等，它们组成了一个严密、有序的完整工程系统，它决定了为保证施工质量和安全生产必须强调整体协调，要注意各专业的横向协调配合，注意各分部分项工程的密切联系。

（4）建设主体的多元流动性

工程建设的责任单位有业主、勘察、设计、监理及施工单位等。建筑安全虽然是由施工单位负主要责任，但前期业主的资金能否保证、勘察的地质情况是否符合要求、设计的结构性能是否合理等问题都是影响建筑安全表现的重要因素。而世界各地的建筑业都非常依赖分包程序，包括专业分包和劳务分包，这已经成为建筑企业经济体系的一个特色，而且正在向各个行业延伸。再加上现在施工企业队伍、人员是全国流动的，就使得施工现场的人员不仅在时刻发生变化，有高峰期和低谷期，而且施工人员属于不同的分包单位，有着不同的管理措施和安全文化。

（5）劳动、资本密集

建筑业需要大量的人力资源，属于劳动密集型行业。而且，一般建筑行业工程浩大，需要大量的资金投入，造成建筑业资本密集。

（6）建筑工程施工环境差，危险性大

由于建筑产品的体积庞大、地点固定，使建筑施工生产只能在露天条件下进行，并且高处作业、地下作业多。施工现场直接受到天气变化的制约，如冬季、雨季、台风、高温等都会给现场施工带来许多问题，各种较恶劣的气候条件对施工现场的安全都是很大的威胁。由于建筑业和建筑产品的特点，决定了建筑安全生产也有其特殊性，危险性大、风险大、不确定因素多。

二、建筑施工生产的高危特征

作为建筑业重要组成部分的建筑施工行业，无论是在从业人员还是在产值方面，都居于建筑业的领先地位。尽管该行业已经开始实现机械化，但仍然属于高度劳动密集型行业。在所有行业中，该行业是工人工作时面对风险较多的行业。之所以如此，是因为建筑业的生产方式具有不利于安全生产的内在特性。

1. 工程项目具有单件性的特点

单件性是指没有两个完全相同的项目，不同项目的事故风险的大小和种类都是不同的，同一个项目在不同阶段的风险也不同。从业人员必须在不同项目、不同施工阶段面对不同类型的风险。这是建筑业和其他工业行业的显著区别之一。

2. 工程施工具有离散性的特点

离散性是指作为一线生产者的建筑工人，在生产时分散于施工现场的各个部位。尽管有各种规章制度，但在面对具体问题时，他们不得不依靠自己的经验做出判断。这样，由于工人的不安全行为和工作环境的不安全因素会导致事故的风险增大。离散性的特点还决定了建筑业发生重大特大事故的频率比较低，因为一个危险源直接伤害的劳动者的数量通常是比较少的。这也直接导致了建筑业的安全健康问题难以引起足够关注。

3. 建筑产品固定，人员流动性强

建筑产品是在固定的地点进行生产，为适应产品的这一特点，各种施工机械、电子设备、建筑材料、施工人员都要随着施工的进展而不断流动，作业条件处于不断变化之中，不安全因素随时都可以出现。

4. 项目受环境和施工组织影响

项目受环境和施工组织的影响导致安全防护设施落后于施工过程。建设项目施工大多在露天的环境中进行，工人的工作环境较差，包含着大量的危险源；又因为一般的流水施工使得班组需要经常更换工作环境，因此相应的安全防护往往跟不上施工过程。

总体而言，建筑业生产方式高度变化和不可预测性，决定了建筑业具有不利于安全生产的内在特性。

三、我国建筑业安全生产现状及发展

我国建筑工程施工安全生产形势严峻，重大安全事故频频发生。这是由于我国正处在大规模的经济建设时期，建筑业规模逐年增加，进入事故频繁发生的时期，是高危险、事故多的行业之一，事故发生数和死亡人数一直居高不下。

建筑业在世界各国，不管是发达国家还是发展中国家，都属于高危险行业。如英国所有行业的死亡事故中大约有1/3发生在建筑业。美国建筑业从业人员有600万人，其中全职人员400万人，如算上建筑材料生产、运输和销售行业所雇人员，建筑业就业者占全美就业总数的16%。而美国2004年有22.2%的死亡事故发生在建筑业，事故造成的直接和间接损失，已经占到了美国新建的非住宅项目总成本的7.9%~15%。日本建筑业的就业人口只占全部就业人口的10%，但是却有超过40%的死亡事故发生在建筑业。发展中国家建筑业的劳动力比发达国家更为密集，平均完成同样的工作量大概需要2.5~10倍的工人，事故的数量也比发达国家多得多。如印度建筑业在1972年的10万人死亡率高达600（是同期美国的8.6倍），而到了1991年，该数字只有极小的下降。

由于我国行业特点、工人素质、管理水平、文化观念、社会发展水平等因素的影响，我国建筑业的安全生产形势更为严峻。主要表现如下：

1. 同时期我国建筑业事故的发生数和死亡人数都远远高于美、英、日、欧盟和中国香港等发达国家和地区，其主要原因不仅是因为我国建筑安全管理水平的不足，也与我国巨大的建筑市场和庞大的从业人数直接相关。

2. 同时期我国的建筑业十万人死亡率指标与国外发达国家和地区水平相当，这与目前

我国建筑业的安全生产水平相矛盾,说明我国目前的建筑业事故统计制度在设计和实施过程存在较大缺陷,亟待改进。

3. 同时期我国的建筑业事故发生数与死亡人数曲线尚处于高位波动状态,而国外发达国家和地区的同类曲线则处于稳定低位或持续下降阶段,说明我国的建筑业安全管理存在较大的改进空间,不仅需要制定短期措施以降低事故发生的绝对数目,更需要建立长效机制以遏制建筑业事故多发的现状。

四、我国建筑安全管理进展

新中国成立初期,党和政府就把保护劳动者的安全、健康作为一项重要政策,并采取了一系列行之有效的措施。1953 年政务院财政经济委员会提出,各产业部门所属企业在编制生产技术财务计划的同时,必须编制安全技术措施计划的要求。虽然当时的生产技术比较落后,但通过这一举措还是使建筑职工的生产条件得到了一定程度的改善。1956 年,在周恩来总理主持下,国务院颁布了著名的"三大规程",即《工厂安全卫生规程》《建筑安装工程安全技术规程》和《工人职员伤亡事故报告规程》。特别是《建筑安装工程安全技术规程》的颁布,使建筑施工安全技术工作有章可循。建筑业从此开始由笨重的手工劳动逐步走向机械化和半机械化,如人工搅拌变为机械搅拌,人工挖掘转变为机械挖掘等。该规程中的许多条款在很长一段时间内都起着重要的规范作用。这一时期的安全生产工作步入了良性发展阶段,国家也拨付了大量改善劳动条件的经费,使职工的伤亡事故显著减少,1957 年万人死亡率是 1.67,每 10 万 m^2 建筑施工面积死亡人数为 0.43,比 1953 年下降了约 50%。

但是"大跃进"时期和"文化大革命"时期,建筑安全生产工作出现了违反客观规律、脱离实际、乱指挥的现象。在强调生产的同时,模糊了对生产者在生产中的安全与健康重要意义的认识,致使伤亡事故和职业病出现了大幅度上升,万人死亡率达到 5.6。

改革开放以来,我国的安全生产取得了巨大的进步。主要表现如下:

1. 建筑安全生产管理纳入法制轨道

20 世纪 90 年代初期,我国就开始了加强建筑安全检查生产立法工作探讨,通过考察了解西方发达国家的安全立法工作,在有关人士的强烈呼吁和市场经济急需法律规范的大背景下,《中华人民共和国建筑法》(以下简称《建筑法》)终于应运而生。建筑安全生产管理被单独列为一章。这是建筑安全管理工作的一次重要飞跃,这次飞跃的重要标志是以法律形式确立了安全管理工作的地位,使我国的建筑安全生产管理从此走上了法制轨道。《建筑法》不仅将"安全第一、预防为主"这个党和国家一贯的安全工作方针予以法律肯定,而且还解决了建筑安全生产管理体制的问题。2002 年颁布的《中华人民共和国安全生产法》（以下简称《安全生产法》）是我国第一部关于安全生产的法律。其颁布施行，使全国各行各业的安全生产在依法行政方面做到了有法可依，安全生产有了一个母法。2003 年11 月 12 日，国务院第 28 次常务会议，审议并原则通过《建设工程安全生产管理条例》（草案）。经进一步修改后，11 月 24 日由国务院总理温家宝签署了 393 号令公布施行，这是我国第一部关于建筑安全管理的法规。《建设工程安全生产管理条例》的颁布，是我国工程建设领域安全生产工作发展历史上一件具有里程碑意义的大事，也是工程建设领域贯彻落实《建筑法》和《安全生产法》的具体表现，标志着我国建设工程安全生产管理进入法制化、规范化发展的新时期。

2. 安全技术标准体系建立

多年来，人们对施工安全是一门科学技术存在着模糊认识，所以"安全第一"的方针多年来很大程度是停留在口头上，而无法消除一些人对安全工作的轻视。随着安全技术的发展与应用，人们也越来越深刻感受到安全技术的重要性。1991 年原建设部组织编写并出版了《建筑施工安全技术手册》，明确了安全技术是在施工生产过程中，"把施工图纸上的线条在指定地点，变成实物的过程"中，保护操作者的安全与健康的一种相对独立的专门技术，它是施工技术的一个重要组成部分。随着建设高潮的到来，人们逐步认识到建立一个科学的安全技术标准体系的重要性和紧迫性。1986 年以来，原建设部组织部分专家、学者和工程技术人员，相继编写出一些建筑安全技术标准规范，先后颁发了《建筑施工安全检查评分标准》《高处作业安全技术规范》《龙门架、井字架物料提升机安全技术规范》等标准规范。1999 年 5 月 1 日又将《建筑施工安全检查评分标准》修订更名为《建筑施工安全检查标准》。1993 年，中国工程建设标准化协会施工安全专业委员会成立后，经过大量调查研究，组织专家编写的建筑施工安全技术标准化体系，已成为中国工程建设标准体系的组成部分，为以后编写安全方面的标准、规范确立了可遵循的目标和依据。安全技术标准的出现，使安全管理工作从定性管理转变为定量管理，是安全管理工作的又一次具有重要意义的飞跃。

3. 树立"以人为本"的指导思想，创建文明工地

建筑施工安全技术标准出台后，原建设部在 1991 年发出通知，要求全国四级以上施工企业要在所属的施工现场开展安全达标活动。这是新中国成立以来第一次全面、系统地组织开展施工全过程的安全管理工作。为促进安全达标活动的开展，自 1991 年起，原建设部每两年组织一次全国建筑施工安全大检查。很多地方和企业都成立了安全达标工作领导小组，结合本地区和本企业的实际，制定安全达标的规划和目标，分阶段、有步骤地实现了

施工现场安全的规范化和标准化管理，逐步使本地区的施工安全工作上了台阶。从第一个"五年达标"活动看，安全达标工作促进了施工管理和安全意识的增强，使安全工作开始走上科学管理和标准化管理轨道，促进了施工现场整体防护水平的提高，促进了安全技术的进步。"以人为本"，从一个全新视角对安全达标活动进行了一次完善和升华。这种"以人为本"的创建活动，体现出了工人阶级的主人翁地位，唤起了广大建筑职工的荣誉感和责任感，激发了他们的主动性、创造性和劳动热情。"以人为本"也拉近了施工企业与整个社会的关系，使文明工地创建活动成为"两个文明"建设的重要组成部分。文明工地创建活动已结出丰硕果实，凡是文明工地创建活动开展得好的地方，安全生产形势都有所好转，伤亡事故有所减少。安全达标和创建文明工地活动是我国建筑安全生产工作的又一次具有深远意义的重要飞跃。

4. 建筑安全监督管理体系已基本形成

原建设部根据国务院关于安全生产工作实行"企业负责、行业管理、国家监察、群众监督"的体制，在建设系统建立了安全监督机构，开展行业安全管理工作。原建设部以第13号令颁发了《建筑安全生产管理规定》，要求地区和县以上城市成立建筑安全监督机构。一些开展行业安全监督较早的城市如上海和哈尔滨，通过履行监督管理职责，不断扩大监督的覆盖面，使辖区的伤亡事故得以有效控制。由于加大了监督管理力度，施工现场由专人负责安全工作，建筑业的死亡人数一直控制在万分之一以下。在行业安全监督机构的督促和指导下，绝大部分施工企业也建立了以企业法人为第一责任人、分级负责的安全生产责任制，建立健全了企业的安全专管机构，按职工总数的3%~7%配备了专管人员，基本做到了每个施工现场都有专职安全员，每个班组都有兼职安全员，形成了自上而下、干群结合的安全管理网络。实践证明，监督网络的覆盖面越大，监督的内容越具体，监督的空间越严密，职工在生产中的安全保障系数就越大。随着安全机构和监督机制不断完善，将在安全生产中起到越来越重要的作用。

5. 初步实现了安全工作的信息化管理

科技进步使安全管理工作逐步迈入信息化管理阶段。自1997年开始，原建设部开发了事故报告软件，目前已通过远程数据通信方式与30多个省、自治区和直辖市联通。哪个地区发生了伤亡事故，只要利用计算机、通过电话就可以把事故报送过来，汇总只需在计算机上按几个键就可完成。改变了传统的人工填表统计的方式，减轻了统计人员的劳动强度，解决了由于报告不及时影响统计质量问题。有些地方如杭州还实现了以计算机来监控龙门架、井字架的装运料情况。

第二节　建设工程安全生产管理理论

一、建设工程安全生产管理的方针与原则

我国的安全生产方针是：安全第一、预防为主、综合治理。"安全第一"是原则和目标，"预防为主"是手段和途径，"综合治理"是一种新的安全管理模式。"安全第一、预防为主、综合治理"的安全生产方针是一个有机统一的整体。安全第一是预防为主、综合治理的灵魂和统帅；预防为主是实现安全第一的根本途径；综合治理是落实安全第一、预防为主的手段和方法。

安全生产原则包括：管生产必须管安全。安全具有否决权。职业安全卫生"三同时"的原则，即职业安全卫生技术措施及设施应与主体工程同时设计、同时施工、同时投产使用。事故处理"五不放过"原则，即事故原因不查明不放过，事故责任不查清不放过，事故责任人没得到追究（处理不放过），事故安全隐患整改措施不落实不放过，相关人员没受到教育不放过。

二、建设工程安全生产法律体系

建设工程安全生产法律体系，是指国家为改善劳动条件，实现建设工程安全生产，保护劳动者在施工生产过程中的安全和健康而制定的各种法律、法规、规章和规范性文件的总和，是必须执行的法律规范。

1. 基本框架

在我国，以宪法为龙头，以建设工程相关法律、行政法规、部门规章、地方性法规、地方行政规章和其他规范性文件及安全生产国家标准、行业标准为主体的建设工程安全生产法律体系已经初步形成，而且还在日趋健全和完善，促进了建设工程安全生产管理工作的规范化、制度化和科学化。

（1）宪法

宪法是国家的根本法，具有最高的法律地位和法律效力。宪法的特殊地位和属性，体现在四个方面：一是宪法规定国家的根本制度、国家生活的基本准则；二是宪法具有最高法律效力；三是宪法的制定与修改有特别程序；四是宪法的解释、监督均有特别规定。

（2）法律

法律是建设工程安全生产法律体系的重要组成部分，其法律地位和效力高于行政法规、地方性法规、部门规章、法定安全生产标准等。国家现行的有关建设工程的专门法律有《中华人民共和国建筑法》《中华人民共和国安全生产法》《中华人民共和国劳动法》等。

（3）法规

建设工程法规分为行政法规和地方性法规。国家现行的有关建设工程的法规有《建设工程安全生产管理条例》《建设工程质量管理条例》《安全生产许可证条例》等。

1）行政法规。建设工程行政法规的法律地位和法律效力低于有关建设工程的法律，高于地方性建设工程法规、地方政府建设工程规章等。

2）地方性法规。地方性建设工程法规的法律地位和法律效力低于有关建设工程的法律、行政法规，高于地方政府建设工程规章。经济特区建设工程法规和民族自治地方建设工程法规的法律地位和效力与地方性建设工程法规相同。

（4）规章

建设工程部门规章是指住建部按照国务院规定的职权范围，独立或与国务院有关部门联系，根据法律和国务院的行政法规、决定、命令制定的规范工程建设活动的各项规章，由部长签署住建部令予以公布的，如《建筑安全生产监督管理规定》《建设工程施工现场管理规定》《建筑施工企业安全生产许可证管理规定》《工程监理企业资质管理规定》等。

（5）标准

建设工程标准分为国家标准和行业标准，两者对建设工程相关单位的安全生产具有同样的约束力。国家现行的有关建设工程的标准有《施工企业安全生产评价标准》《建筑施工安全检查标准》等。

1）国家标准。建设工程国家标准是指国家标准化行政主管部门依照标准化法制定的在全国范围内适用的建设工程安全生产技术规范。

2）行业标准。建设工程行业标准是指国务院有关部门和直属机构依照标准化法制定的在建设工程领域内适用的安全生产技术规范。行业安全生产标准对同一安全生产事项的技术要求，可以高于国家标准但不得与其相抵触。

2. 建筑法

《建筑法》于 1997 年 11 月 1 日由中华人民共和国第八届全国人民代表大会常务委员会第二十八次会议通过，自 1998 年 3 月 1 日起施行，2011 年 4 月 22 日，根据第十一届全国人大常委会第 20 次会议《关于修改〈中华人民共和国建筑法〉的决定》进行修正，并于2011 年 7 月 1 日起施行。

《建筑法》的颁布实施，奠定了建筑安全管理工作的法律体系的基础，把建筑安全生产工作真正纳入到法制化轨道。开始实现建筑安全生产监督管理工作向规范化、标准化和制度化管理的过渡。

《建筑法》的立法目的在于加强对建筑活动的监督管理，维护建筑市场秩序，保证建筑工程的质量和安全，促进建筑业健康发展。《建筑法》共包括八十五条，分别从建筑许可、建筑工程发包与承包、建筑工程监理、建筑安全生产管理、建筑工程质量管理等方面做出了规定。

根据《建筑法》制定的《建设工程安全生产管理条例》（见第五部分）已经对建筑安全管理做出了更详细的规定，本节不再重复介绍，仅就建筑许可、建筑工程发包与承包、建筑工程监理、建筑质量管理的内容进行概述。

（1）建筑许可

施工许可制度，是指由国家授权有关建设行政主管部门，在建设工程施工前，根据建设单位申请，对该项工程是否符合法定的开工条件进行审查，对符合条件的工程发给施工许可证，允许建设单位开工建设的制度。

我国实行建筑工程施工许可制度，一方面，有利于确保建筑工程在开工前符合法定条件，进而为其开工后顺利实施奠定基础；另一方面，也有利于有关行政主管部门全面掌握建筑工程的基本情况，依法及时有效地实施监督和指导，保证建筑活动依法进行。

（2）建筑工程发包与承包

建筑工程发包与承包，是指建设单位（或总承包单位）委托具有从事建筑活动的法定从业资格的单位为其完成某一建筑工程的全部或部分的交易行为。建筑工程发包，是相对于建筑工程承包而言的，是指建设单位（或总承包单位）将建筑工程任务（勘察、设计、施工等）的全部或一部分通过招标或其他方式，交付给具有从事建筑活动的法定从业资格的单位完成，并按约定支付报酬的行为。建筑工程承包，是相对于建筑工程发包而言的，是指具有从事建筑活动的法定从业资格的单位，通过投标或其他方式，承揽建筑工程任务，并按约定取得报酬的行为。

（3）建筑工程监理

建设工程监理，是指具有相应资质条件的工程监理单位依法接受建设单位的委托，依照法律、法规及有关技术标准、设计文件和建设工程承包合同，对建设工程质量、建设工期和建设资金使用等实施的专业化监督管理。

根据《建筑法》的有关规定，建设单位与其委托的工程监理单位应当订立书面委托合同。工程监理单位应当根据建设单位的委托，客观、公正地执行监理业务。建设单位和工程监理单位之间是一种委托代理关系，适用《中华人民共和国民法通则》有关代理的法律规定。

实行建设工程监理制度，是我国工程建设领域管理体制改革的重大举措。我国自1988

年开始推行建设工程监理制度，经过近十年的探索总结，《建筑法》以法律形式正式确立了工程监理制度。国务院《建设工程质量管理条例》《建设工程安全生产管理条例》则进一步规定了工程监理单位的质量责任、安全责任。

（4）建筑质量管理

根据《建筑法》制定的《建设工程质量管理条例》对建筑质量管理做出了更详细的规定。《建设工程质量管理条例》的立法目的在于加强对建设工程质量的管理，保证建设工程质量，保护人民生命和财产安全。共包括 137 条，分别对建设单位、施工单位、工程监理单位和勘察、设计单位质量责任和义务做出了规定。

3. 安全生产法

《安全生产法》明确了安全生产监管主体责任、生产经营单位安全生产管理义务及违法惩处的力度。《安全生产法》之所以称为我国安全生产的基本法律，是指它在安全生产领域内具有适用范围的广泛性、法律制度的基本性、法律规范的概括性，主要解决安全生产领域中普遍存在的基本法律问题。

《安全生产法》的立法目的在于为了加强安全生产监督管理，防止和减少安全事故，保障人民群众生命和财产安全，促进经济发展。修订后的《安全生产法》最新版本共 114 条，涵盖了从业人员的安全生产权利义务、生产经营单位的安全生产保障、安全生产的监督管理等内容。

（1）生产经营单位的安全生产保障

生产经营单位的安全生产保障包括组织保障措施、管理保障措施、经济保障措施和技术保障措施。

组织保障措施包括建立安全生产保障体系和明确岗位责任。安全生产保障体系的建立不仅是为了满足工程项目自身的安全生产要求，同时也是为了满足相关方（政府、社会、建设单位等）对施工现场安全生产保障体系的持续改善和对安全生产保证能力的信任。明确岗位职责，使各岗位间职责分明，权利相互制约。健全考核制度，相互监督，一旦出现问题直接追查相关责任人。

管理保障措施包括人力资源管理和物力资源管理。人力资源管理又包括对主要负责人和安全生产管理人员的管理、对一般从业人员的管理和对待特种作业人员的管理。物力资源管理包括设备的日常管理、设备的淘汰制度和生产经营项目、场所、设备的转让管理。

经济保障措施包括保证安全生产所必需的资金、保证安全设施所需要的资金、保证劳动防护用品和安全生产培训所需要的资金、保证工伤社会保险所需要的资金。

技术保障措施包括：对新工艺、新技术、新材料或者使用新设备的管理；对安全条件论证和安全评价的管理；对废弃危险物品的管理；对重大危险源的管理；对员工宿舍的管理；对危险作业的管理；对安全生产操作规程的管理；对施工现场的管理等。

（2）从业人员的权利和义务

生产经营单位的从业人员，是指该单位从事生产经营活动各项工作的所有人员，包括管理人员、技术人员和各岗位的工人，也包括生产经营单位临时聘用的人员。《安全生产法》第六条规定："生产经营单位的从业人员有依法获得安全生产保障的权利，并应当依法履行安全生产方面的义务。"

安全生产中从业人员的权利包括：知情权；批评权和检举、控告权；拒绝权；紧急避险权；请求赔偿权；获得劳动防护用品的权利；获得安全生产教育和培训的权利。

安全生产中从业人员的义务：遵守安全生产规章制度的义务；接受安全教育培训的义务；危险报告的义务。

（3）安全生产的监督管理

根据《安全生产法》和《建设工程安全生产管理条例》的有关规定，国务院负责安全生产监督管理的部门，对全国建设工程安全生产工作实施综合监督管理。国务院建设行政主管部门对全国建设工程安全生产实施监督管理。国务院铁路、交通、水利等有关部门按照国务院的职责分工，负责有关专业建设工程安全生产的监督管理。

根据《安全生产法》第六十二条的规定："安全生产监督管理部门和其他负有安全生产监督管理职责的部门依法开展安全生产行政执法工作，对生产经营单位执行有关安全生产的法律、法规和国家标准或者行业标准的情况进行监督检查，行使以下职权：

1）进入生产经营单位进行检查，调阅有关资料，向有关单位和人员了解情况。

2）对检查中发现的安全生产违法行为，当场予以纠正或者要求限期改正；对依法应当给予行政处罚的行为，依照本法和其他有关法律、行政法规的规定作出行政处罚决定。

3）对检查中发现的事故隐患，应当责令立即排除；重大事故隐患排除前或者排除过程中无法保证安全的，应当责令从危险区域内撤出作业人员，责令暂时停产停业或者停止使用；重大事故隐患排除后，经审查同意，方可恢复生产经营和使用。

4）对有根据认为不符合保障安全生产的国家标准或者行业标准的设施、设备、器材以及违法生产、储存、使用、经营、运输的危险物品予以查封或者扣押，对违法生产、储存、使用、经营危险物品的作业场所予以查封，并依法做出处理决定。"

4. 劳动法

《中华人民共和国劳动法》（以下简称《劳动法》）于1994年7月5日第八届全国人民代表大会常务委员会第八次会议审议通过，自1995年1月1日起施行。

《劳动法》的立法目的是为了保护劳动者的合法权益，调整劳动关系，建立和维护适应社会主义市场经济的劳动制度，促进经济发展和社会进步。《劳动法》分为十三章，共一百零七条。此处仅节选了与建设工程密切相关的规定进行介绍。

在中华人民共和国境内的企业、个体经济组织和与之形成劳动关系的劳动者，适用《劳动法》。国家机关、事业组织、社会团体和与之建立劳动关系的劳动者，依照《劳动法》执行。

（1）劳动安全卫生的规定

1）安全卫生的基本要求

①劳动者的权利。《劳动法》第三条在劳动卫生方面赋予劳动者享有以下权利：劳动者享有平等就业和选择职业的权利、取得劳动报酬的权利、休息休假的权利、获得劳动安全卫生保护的权利、接受职业技能培训的权利、享受社会保险和福利的权利、提请劳动争议处理的权利及法律规定的其他劳动权利。

②劳动者的义务。《劳动法》第三条在劳动卫生方面设定了劳动者需要履行的 4 项义务：一是劳动者应当完成劳动任务。二是劳动者应当提高职业技能。三是劳动者应当执行劳动安全卫生规程。四是劳动者应当遵守劳动纪律和职业道德。

③用人单位的义务。《劳动法》第五十二条规定："用人单位必须建立、健全劳动安全卫生制度，严格执行国家劳动安全卫生规程和标准，对劳动者进行劳动安全卫生教育，防止劳动过程中的事故，减少职业危害。"

2）女职工和未成年工特殊保护。女职工和未成年工由于生理等原因不适宜从事某些危险性较大或者劳动强度较大的劳动，属于弱势群体，应当在劳动就业上给予特殊的保护。《劳动法》明确规定，国家对女职工和未成年工实行特殊保护。未成年工是指年满 16 周岁未满 18 周岁的劳动者。《劳动法》同时对女职工和未成年人专门做出了特殊保护的规定。

（2）劳动安全卫生监督检查的规定

1）劳动监察

①县级以上各级人民政府劳动行政部门依法对用人单位遵守劳动法律、法规的情况进行监督检查，对违反劳动法律、法规的行为有权制止，并责令改正。

②县级以上各级人民政府劳动行政部门监督检查人员执行公务，有权进入用人单位了解执行劳动法律、法规的情况，并对劳动场所进行检查。县级以上各级人民政府劳动行政部门监督检查人员执行公务，必须出示证件，秉公执法并遵守有关规定。

2）有关部门的监督。县级以上各级人民政府有关部门在各自职责范围内，对用人单位遵守劳动法律、法规的情况进行监督。

3）工会的监督。各级工会依法维护劳动者的合法权益，对用人单位遵守劳动法律、法规的情况进行监督。任何组织和个人对于违反劳动法律、法规的行为有权检举和控告。

（3）劳动安全卫生违法行为实施行政处罚的决定机关

依照《安全生产法》和国务院的规定，现由县级以上人民政府负责安全生产监督管理的部门负责履行劳动安全卫生监督管理的职责，行使《劳动法》中有关劳动安全卫生监督管理和行政执法的职权。县级以上人民政府劳动行政部门依照法律和本级人民政府的规定，行使劳动安全卫生以外的其他劳动活动的监督管理和行政执法的职权。

5.《建设工程安全生产管理条例》

《建设工程安全生产管理条例》于2003年11月24日公布，自2004年2月1日起施行。

《建设工程安全生产管理条例》的立法目的在于加强建设工程安全生产监督管理，保障人民群众生命和财产安全。《建筑法》和《安全生产法》是制定该条例的基本法律依据。《建设工程安全生产管理条例》分为八章，共包括七十一条，分别对建设单位、施工单位、工程监理单位、勘察设计单位和其他有关单位的安全责任做出了规定。

《建设工程安全生产管理条例》依据《建筑法》和《安全生产法》的规定进一步明确了建设工程安全生产管理制度。

（1）安全生产责任制度

安全生产责任制度是建筑生产中最基本的安全管理制度，是所有安全规章制度的核心。安全生产责任制度是指将各种不同的安全责任落实到负有安全管理责任的人员和具体岗位人员身上的一种制度。这一制度是"安全第一、预防为主"方针的具体体现，是建筑安全生产的基本制度。在建筑活动中，只有明确安全责任，分工负责，才能形成完整有效的安全管理体系，激发每个人的安全责任感，严格执行建筑工程安全的法律、法规和安全规程、技术规范，防患于未然，减少和杜绝建筑工程事故，为建筑工程的生产创造一个良好的环境。

（2）群防群治制度

群防群治制度是职工群众进行预防和治理安全的一种制度。这一制度也是"安全第一、预防为主"的具体体现，同时也是群众路线在安全工作中的具体体现，是企业进行民主管理的重要内容。这一制度要求建筑企业职工在施工中应当遵守有关生产的法律、法规和建筑行业安全规章、规程，不得违章作业；对于危及生命安全和身体健康的行为有权提出批评、检举和控告。

（3）安全教育培训制度

安全教育培训制度是对广大建筑职工进行安全教育培训，提高安全意识，增加安全知识和技能的制度。安全生产，人人有责。只有通过对广大职工进行安全教育、培训，才能使广大职工真正认识到安全生产的重要性、必要性，才能使广大职工掌握更多更有效的安全生产的科学技术知识，牢固树立安全第一的思想，自觉遵守各项安全生产和规章制度。

（4）安全生产检查制度

安全生产检查制度是上级管理部门或企业自身对安全生产状况进行定期或不定期检查

的制度。通过检查可以发现问题，查出隐患，从而采取有效措施，堵塞漏洞，把事故消灭在发生之前，做到防患于未然，是"预防为主"的具体体现。通过检查，还可总结出好的经验加以推广，为进一步搞好安全工作打下基础。安全检查制度是安全生产的保障。

（5）伤亡事故处理报告制度

施工中发生事故时，建筑企业应当采取紧急措施减少人员伤亡和事故损失，并按照国家有关规定及时向有关部门报告。事故处理必须遵循一定的程序，按照"事故原因未查清不放过、事故责任不查清不放过、事故责任者不处理不放过、安全隐患没有整改预防措施不放过、事故责任者和职工群众没受到教育不放过"的原则，查明原因，严肃处理。通过对事故的严格处理，可以总结出教训，为制定规程、规章提供第一手素材，做到亡羊补牢。

（6）安全责任追究制度

建设单位、设计单位、施工单位、监理单位由于没有履行职责造成人员伤亡和事故损失的，视情节轻重给予相应处理；情节严重的，责令停业整顿，降低资质等级或吊销资质证书；构成犯罪的，依法追究刑事责任。

三、建设工程安全生产管理

1. 安全生产管理制度

安全生产管理制度是根据国家法律、行政法规制定的，项目全体员工在生产经营活动中必须贯彻执行，同时，也是企业规章制度的重要组成部分。通过建立安全生产管理制度，可以把企业员工组织起来，围绕安全目标进行生产建设。同时，我国的安全生产方针和法律法规也是通过安全生产管理制度去实现的。安全生产管理制度既有国家规定的，也有企业制定的。

1963年3月30日在总结了我国安全生产管理经验的基础上，由国务院发布了《关于加强企业生产中安全工作的几项规定》。规定中重新确立了安全生产责任制，要求企业必须编制安全技术措施计划，完善了安全生产教育，明确了安全生产的定期检查制度，严肃了伤亡事故的调查和处理，成为企业必须建立的五项基本制度，也就是安全生产"五项规定"。尽管我国在安全生产管理方面已取得了长足进步，但这五项制度仍是企业必须建立的安全生产管理基本制度。此外，随着社会和生产的发展，安全生产管理制度也在不断发展，国家和企业在五项基本制度的基础上又建立和完善了许多新制度，如意外伤害保险制度，拆除工程安全保证制度，易燃、易爆、有毒物品管理制度，防护用品使用与管理制度，特种设备及特种作业人员管理制度，机械设备安全检修制度，以及文明生产管理制度等。

2. 安全生产管理体制

1993 年国务院在《关于加强安全生产工作的通知》中指出，我国实行"企业负责，行业管理，国家监察，群众监督"的安全生产管理体制。2004 年国务院颁发的《国务院关于进一步加强安全生产工作的决定》中指出要努力构建"政府统一领导、部门依法监管、企业全面负责、群众参与监督、全社会广泛支持"的安全生产工作格局，明确了现行的安全管理体制。

（1）国家监察

国家监察是指国家安全生产综合管理部门，以国家的名义，运用国家赋予的权力，对各类具有独立法人资格的企事业单位执行安全法规的情况进行监督和检查，用法律的强制力量推动安全生产方针、政策的正确实施。

（2）行业管理

行业管理就是由行业主管部门，根据国家的安全生产方针、政策、法规，在实施本行业宏观管理中，帮助、指导和监督本行业企业的安全生产工作。目前，我国建设工程安全生产行业管理的模式为统一管理、分级负责，即国务院建设行政主管部门负责对全国建筑安全生产进行监督指导，县级以上人民政府建设行政主管部门分级负责本辖区内的建筑安全生产管理。

行业安全管理也存在与国家监察在形式上类似的监督活动。但这种监督活动仅限于行业内部，而且是一种自上而下的行业内部的自我控制活动，一旦需要超越行业自身利益来处理问题时，它就不能发挥作用了。因此，行业安全管理与国家监察的性质不同，它不被授予代表政府处理违法行为的权力，行业主管部门也不设立具有政府监督性质的监察机构。

（3）企业负责

企业负责是指企业在生产经营过程中，承担着严格执行国家安全生产的法律、法规和标准，建立健全安全生产规章制度，落实安全技术措施，开展安全教育和培训，确保安全生产的责任和义务。企业法人代表或最高管理者是企业安全生产的第一责任人，企业必须层层落实安全生产责任制，建立内部安全调控与监督检查的机制。企业要接受国家安全监察机构的监督检查和行业主管部门的管理。

（4）群众监督

群众监督是广大职工群众通过工会或职工代表大会等自己的组织，监督和协助企业各级领导贯彻执行安全生产方针、政策和法规，不断改善劳动条件和环境，切实保障职工享有生命和健康的合法权益。群众监督属于社会监督，不具有法律的权威性。一般通过建议、揭发、控告或协商等方式解决问题，而不可能采取以国家强制力来保证的手段。

3. 政府安全生产监督管理机构

在建设工程领域，我国政府的安全生产监督管理机构主要包括：住房和城乡建设部、国家安全生产监督管理总局等。

（1）住房和城乡建设部

我国住房和城乡建设部，是 2008 年中央"大部制"改革背景下新成立的中央部委，是负责建设行政管理的国务院组成部门，前身是建设部。

我国住房和城乡建设部在建筑安全方面的主要职责包括：

1）承担建立科学规范的工程建设标准体系的责任。组织制定工程建设实施阶段的国家标准，制定和发布工程建设全国统一定额和行业标准，拟订建设项目可行性研究评价方法、经济参数、建设标准和工程造价的管理制度，拟订公共服务设施（不含通信设施）建设标准并监督执行，指导监督各类工程建设标准定额的实施和工程造价计价，组织发布工程造价信息。

2）承担规范房地产市场秩序、监督管理房地产市场的责任。会同或配合有关部门组织拟订房地产市场监管政策并监督执行，指导城镇土地使用权有偿转让和开发利用工作，提出房地产业的行业发展规划和产业政策，制定房地产开发、房屋权属管理、房屋租赁、房屋面积管理、房地产估价与经纪管理、物业管理、房屋征收拆迁的规章制度并监督执行。

3）监督管理建筑市场、规范市场各方主体行为。指导全国建筑活动，组织实施房屋和市政工程项目招投标活动的监督执法，拟订勘察设计、施工、建设监理的法规和规章并监督和指导实施，拟订工程建设、建筑业、勘察设计的行业发展战略、中长期规划、改革方案、产业政策、规章制度并监督执行，拟订规范建筑市场各方主体行为的规章制度并监督执行，组织协调建筑企业参与国际工程承包、建筑劳务合作。

4）承担建筑工程质量安全监管的责任。拟订建筑工程质量、建筑安全生产和竣工验收备案的政策、规章制度并监督执行，组织或参与工程重大质量、安全事故的调查处理，拟订建筑业、工程勘察设计咨询业的技术政策并指导实施。

（2）国家安全生产监督管理总局

国家安全生产监督管理总局是国务院主管安全生产综合监督管理的直属机构，也是国务院安全生产委员会的办事机构。

国家安全生产监督管理总局在涉及建筑施工有关的主要职责包括：

1）组织起草安全生产综合性法律法规草案，拟订安全生产政策和规划，指导协调全国安全生产工作，分析和预测全国安全生产形势，发布全国安全生产信息，协调解决安全生产中的重大问题。

2）承担国家安全生产综合监督管理责任，依法行使综合监督管理职权，指导协调、监督检查国务院有关部门和各省、自治区、直辖市人民政府安全生产工作，监督考核并通报安全生产控制指标执行情况，监督事故查处和责任追究落实情况。

3）承担工矿商贸行业安全生产监督管理责任，按照分级、属地原则，依法监督检查工矿商贸生产经营单位贯彻执行安全生产法律法规情况及其安全生产条件和有关设备（特种设备除外）、材料、劳动防护用品的安全生产管理工作，负责监督管理中央管理的工矿商贸企业安全生产工作。

4）承担工矿商贸作业场所（煤矿作业场所除外）职业卫生监督检查责任，负责职业卫生安全许可证的颁发管理工作，组织查处职业危害事故和违法违规行为。

5）制定和发布工矿商贸行业安全生产规章、标准和规程并组织实施，监督检查重大危险源监控和重大事故隐患排查治理工作，依法查处不具备安全生产条件的工矿商贸生产经营单位。

6）负责组织国务院安全生产大检查和专项督查，根据国务院授权，依法组织特别重大事故调查处理和办理结案工作，监督事故查处和责任追究落实情况。

7）负责组织指挥和协调安全生产应急救援工作，综合管理全国生产安全伤亡事故和安全生产行政执法统计分析工作。

8）负责监督检查职责范围内新建、改建、扩建工程项目的安全设施与主体工程同时设计、同时施工、同时投产使用情况。

9）组织指导并监督特种作业人员（煤矿特种作业人员、特种设备作业人员除外）的考核工作和工矿商贸生产经营单位主要负责人、安全生产管理人员的安全资格（煤矿矿长安全资格除外）考核工作，监督检查工矿商贸生产经营单位安全生产和职业安全培训工作。

10）指导协调全国安全生产检测检验工作，监督管理安全生产社会中介机构和安全评价工作，监督和指导注册安全工程师执业资格考试和注册管理工作。

11）指导协调和监督全国安全生产行政执法工作。

12）组织拟订安全生产科技规划，指导协调安全生产重大科学技术研究和推广工作。

13）组织开展安全生产方面的国际交流与合作。

14）承担国务院安全生产委员会的具体工作。

15）承办国务院交办的其他事项。

4. 安全管理监管主体与手段

（1）监管主体

监管主体按实施主体不同，可分为内部监管主体和外部监管主体，见表1—1。内部监管主体是指直接从事建设工程施工安全生产职能的活动者，外部监管主体是指对他人施工安全生产能力和效果的监管者。

表 1—1　　　　　　　　　　　建设工程施工安全监管主体及内容

监管主体	监管单位	监管依据	监管方法和环节
外部监管主体	政府管理部门	国家法律法规、标准规范	建筑施工企业安全生产许可证、施工许可证、工程施工现场安全监督、材料机械和设备准用、安全事故处理、安全生产评价、从业人员资格
	工程监理单位	受建设单位的委托，根据监理合同及《建设工程安全生产管理条例》等法律法规规定	对工程施工全过程进行的安全生产监督和管理
	保险公司	保险合同、建设工程安全生产法律法规及标准规范	对施工单位安全生产行为进行事前预控、事中控制及事后的事故评估和赔偿
内部监管主体	建设单位	国家法律法规，标准规范及合同	对勘察、设计、施工等全过程进行的管理
	勘察设计单位	国家法律法规，标准规范及合同	对勘察、设计的整个过程进行事前预控、事中控制及事后的事故评估和赔偿
	施工单位	国家有关安全生产、建设工程安全生产等法律法规、安全技术标准与规范、工程设计图样及合同	对施工准备阶段、施工过程等全过程的施工生产进行的管理
	机械设备和配件出租、装拆单位	国家有关安全生产、建设工程安全生产等法律法规、安全技术标准与规范、合同	对施工生产进行的管理

（2）监管手段

在我国，安全生产综合管理部门和建设行政主管部门均对本行政区域内的建设工程安全生产工作实施综合监督管理。其监督管理手段有多方面的形式和内容，概括起来可以分为三类，即一般性监管、专项监管和事故监管。

1）一般性监管。一般性监管是指监管机构依法对企事业单位进行普遍的监管，具有全面性和灵活性的特点。全面性是指监管的范围遍及贯彻执行政策、法规、安全技术等各个方面，凡涉及安全卫生的工作都在监管之列。灵活性是指监管的内容、时间、方式等均可根据实际需要确定。

2）专项监管。专项监管是指对安全工作中的某些关键或危险环节实行的专门监管。其特点是监管的对象、范围比较确定，监管工作专业性强、技术要求高，监管活动定时、定项、连续进行。如对特种设备的规范、重大危险源的监控和专项治理、个人防护用品的检验等。

3）事故监管。事故监管是指监管机构对职工伤亡事故的报告、统计、调查和处理的监管。事故监管作为一项经常性的监管工作，也是监管手段中不可或缺的组成部分，对于维护国家安全法规的严肃性、体现监管的权威性具有十分重大的意义。

监管活动的程序因监管对象的不同而不完全相同，总的来说都包括检查、处理和惩罚等内容。检查的目的是了解情况，发现存在的问题。处理就是对检查发现的问题，向企事业单位提出监管意见，令其改正违章，消除隐患。可以采用口头或书面的方式。如果企业解决了违章或隐患，监管目的就已经达到了，如果企业不能改正，监管部门可以用惩罚的手段强制其改正。惩罚的方式一般分为四种，即罚款、查封整顿、通过主管部门给予当事人行政纪律处分、对造成事故后果严重的请司法部门依法起诉。

四、建设工程安全生产责任制

安全生产责任制是企业各项安全管理制度中的一项基本制度，综合企业各种安全生产管理、安全操作制度，对企业各级领导、各职能部门、有关工程技术人员和生产工人在生产中应负的安全责任加以明确，按照"一岗双责"的工作要求，实施责任追究。

实行安全生产责任制有利于增加企业各级人员的安全生产责任感和搞好安全生产的积极性。安全生产责任制也是加强安全生产规章制度教育的一个重要手段，对提高干部职工执行安全生产规章制度的自觉性有很大的作用。同时，有了安全生产责任制，在出了工伤事故后，就能比较清楚地分析事故，弄清楚从管理到操作各方面的责任。并且，安全生产责任制与企业奖惩制度的结合，使安全生产责任制的贯彻有了保证。

1. 安全生产责任制的建立

（1）梳理企业核心工作流程

企业的核心工作流程，就是企业如何从市场拿到工程项目、如何组织施工及如何回收工程款。对于建筑施工企业而言，安全生产工作主要围绕组织施工开展，企业组织施工生产核心的工作流程主要有施工组织和施工计划管理流程、物资管理流程、劳动力管理流程、工程技术管理流程等。通过对这些流程的梳理，可以明确实现这些流程需要开展哪些具体的工作。

（2）梳理企业部分职能

通过对企业核心工作流程的梳理，明确了在每一个流程中，涉及的安全生产工作内容，以及在各个流程中所需要开展的具体工作。同时，将这些职能进行汇总、整理、合并、归类、分级，进而结合企业的组织结构，将这些职能归属到各个部门，这样就可以建立起清晰、无交叉、无遗漏的企业部门的安全生产责任。

（3）梳理岗位职责、任务

在清晰界定每个部门的安全生产责任之后，就可以梳理部门内每个岗位的安全生产岗位职责及工作任务。

（4）建立操作性的工作业务流程

虽然清楚界定了每一个岗位的安全生产责任，但是还难以全部解决在工作过程中的一些扯皮问题，这需要更加具体的工作业务流程来保障。工作业务流程是指在每一项具体任务的实施中，具体要流经哪些岗位，每一个岗位在该项流程中具体需要采取的动作是什么。

上述的工作步骤是一环套一环，前一步是后一步的基础，企业如果能够遵循以上步骤进行操作，就能够很好地解决企业内"业务交叉，职责不清"的现象，虽然企业内还存在其他方面的因素，但至少在制度层面能够确保做到职责清晰、分工明确，达到"安全人人管，人人管安全"的要求。

2. 政府有关部门的安全责任

（1）国务院有关部门的安全生产责任

1）国务院负责安全生产监督管理的部门依照《安全生产法》的规定，对全国建设工程安全生产工作实施综合监督管理。

2）国务院住房和城乡建设主管部门对全国的建设工程安全生产实施监督管理。国务院铁路、交通、水利等有关部门按照国务院规定的职责分工，负责有关专业建设工程安全生产的监督管理。

3）国务院住房和城乡建设主管部门负责中央管理的建筑施工企业安全生产许可证的颁发和管理。

4）国务院住房和城乡建设主管部门应会同国务院其他有关部门制定专职安全生产管理人员的配备办法；制定并公布对严重危及施工安全的工艺、设备、材料实行淘汰制度的具体目录；制定达到一定规模的危险性较大的建设工程的标准。

（2）县级以上地方人民政府及有关部门的安全生产责任

1）县级以上地方人民政府负责安全生产监督管理的部门依照《安全生产法》的规定，对本行政区域内建设工程安全生产工作实施综合监督管理。

2）县级以上地方人民政府住房和城乡建设主管部门对本行政区域内的建设工程安全生产实施监督管理。县级以上地方人民政府交通、水利等有关部门在各自的职责范围内，负责本行政区域内的专业建设工程安全生产的监督管理。

3）县级以上人民政府负有建设工程安全生产监督管理职责的部门在各自的职责范围内履行安全监督检查职责时，有权采取下列措施：

①要求被检查单位提供有关建设工程安全生产的文件和资料。

②进入被检查单位施工现场进行检查。

③纠正施工中违反安全生产要求的行为。

④对检查中发现的安全事故隐患，责令立即排除；重大安全事故隐患排除前或者排除过程中无法保证安全的，责令从危险区域内撤出作业人员或者暂时停止施工。

4）县级以上地方人民政府住房和城乡建设主管部门应当根据本级人民政府的要求，制定本行政区域内建设工程特大生产安全事故应急预案。

5）县级以上地方人民政府住房和城乡建设主管部门还应当及时受理对建设工程生产安全事故及安全事故隐患的检举、控告和投诉。接到生产安全事故报告的部门应当按照国家有关规定，如实上报。

6）省、自治区、直辖市人民政府住房和城乡建设主管部门负责中央管理的建筑施工企业以外的建筑施工企业安全生产许可证的颁发和管理，并接受国务院住房和城乡建设主管部门的指导和监督。

3. 参建单位的安全责任

（1）建设单位的安全责任

《建设工程安全生产管理条例》用一个独立的章节对建设单位在建设项目安全管理中应承担的责任进行了具体的规定。

1）向施工单位提供资料的责任。《建设工程安全生产管理条例》第六条规定："建设单位应当向施工单位提供施工现场及毗邻区域内供水、排水、供电、供气、供热、通信、广播电视等地下管线资料，气象和水文观测资料，相邻建筑物和构筑物、地下工程的有关资料，并保证资料的真实、准确、完整。"这里强调了四个方面内容：一是施工资料的真实性，不得伪造、篡改；二是施工资料的科学性，必须经过科学论证，数据准确；三是施工资料的完整性，必须齐全，能够满足施工需要；四是有关部门和单位应当协助提供施工资料，不得推诿。

2）依法履行合同的责任。《建设工程安全生产管理条例》第七条规定："建设单位不得对勘察、设计、施工、工程监理等单位提出不符合建设工程安全生产法律、法规和强制性标准规定的要求，不得压缩合同约定的工期。"建设单位要求勘察、设计、施工、工程监理等单位从事违法活动或压缩工期，必然会给建设工程带来重大结构性的安全隐患和施工中的安全隐患，容易造成事故。因此，相关单位要采用科学合理的施工工艺、管理方法和工期定额，保证施工质量和安全。违法从事施工建设的，要依法承担法律责任。

3）提供安全生产费用的责任。《建设工程安全生产管理条例》第八条规定："建设单位在编制工程概算时，应当确定建设工程安全作业环境及安全施工措施所需费用。"这是对《安全生产法》第二十条规定的具体落实。《安全生产法》第二十条规定："生产经营单位应当具备的安全生产条件所必需的资金投入，由生产经营单位的决策机构、主要负责人或者个人经营的投资人予以保证，并对由于安全生产所必需的资金投入不足导致的后果承担责任。"

4）不得推销劣质材料设备的责任。《安全生产法》第三十五条规定："国家对严重危及生产安全的工艺、设备实行淘汰制度，具体目录由国务院安全生产监督管理部门会同国务院有关部门制定并公布。法律、行政法规对目录的制定另有规定的，适用其规定。省、自治区、直辖市人民政府可以根据本地区实际情况制定并公布具体目录，对前款规定以外的危及生产安全的工艺、设备予以淘汰。生产经营单位不得使用应当淘汰的危及生产安全的工艺、设备。"《建设工程安全生产管理条例》第九条进一步规定："建设单位不得明示或者暗示施工单位购买、租赁、使用不符合安全施工要求的安全防护用具、机械设备、施工机具及配件、消防设施和器材。"

5) 提供安全施工措施资料的责任。依照《建设工程安全生产管理条例》第十条的规定，建设单位在申请领取施工许可证时，应当提供建设工程有关安全施工措施的资料。依法批准开工报告的建设工程，建设单位应当自开工报告批准之日起 15 日内，将保证安全施工的措施报送建设工程所在地的县级以上人民政府建设行政主管部门或者其他有关部门备案。根据《建筑法》第七条的规定，并不是所有的建设工程都需要领取施工许可证，按照国务院规定的权限和程序批准开工报告的建筑工程，不再领取施工许可证。对于不领取施工许可证的建设工程，为了加强对建设工程安全生产的监督管理，建设单位应当将保证安全施工的措施报送政府有关行政主管部门备案。

6) 对拆除工程进行备案的责任。根据《建设工程安全生产管理条例》第十一条的规定，建设单位应当将拆除工程发包给具有相应资质等级的施工单位。建设单位应当在拆除工程施工 15 日前，将相关资料报送建设工程所在地的县级以上地方人民政府建设行政主管部门或者其他有关部门备案。《建筑法》第五十条明确规定，房屋拆除应当由具备保证安全条件的施工单位承担，由建筑施工单位负责人对安全生产负责。

（2）勘察设计单位的安全责任

1) 勘察单位的安全责任。建设工程勘察是指根据工程要求，查明、分析、评价建设场地的地质地理环境特征和岩土工程条件，编制建设工程勘察文件的活动。工程勘察是工程施工建设的第一步，是保证建设工程施工安全的重要因素和前提条件。勘察文件的准确性、科学性决定了建设工程项目的选址、规划和设计的正确性。《建设工程安全生产管理条例》第十二条明确规定了勘察单位的安全责任。

①确保勘察文件的质量，以保证后续工作安全的责任。勘察单位应当按照法律、法规和工程建设强制性标准进行勘察，提供的勘察文件应当真实、准确，满足建设工程安全生产的需要。工程勘察应当按照勘察阶段要求，正确反映工程地质条件，提出岩土工程评价，为设计、施工提供依据。因此编制的勘察文件应当客观反映建设场地的地质、地理环境特征和岩土工程条件。勘察单位对提供的勘察成果的真实性和准确性负责。

②科学勘察，以保证周边建筑物安全的责任。勘察单位在勘察作业时，应当严格执行操作规程，采取措施保证各类管线、设施和周边建筑物、构筑物的安全。一是勘察单位应

当按照国家有关规定，制定勘察操作规程和勘察钻机、精探车、经纬仪等设备和检测仪器的安全操作规程，并严格遵守，防止生产安全事故的发生。二是勘察单位应当采取措施，保证现场各类管线、设施和周边建筑物、构筑物的安全。

2）设计单位的安全责任。设计单位在设计过程中必须考虑生产安全，强制性标准是设计工作的技术依据，应严格执行。《建筑法》《建设工程安全生产管理条例》等都对设计单位的安全责任进行了明确规定。

①科学设计的责任。设计单位应当按照法律、法规和工程建设强制性标准进行设计，防止因设计不合理导致生产安全事故的发生。

②提出建议的责任。设计单位应当考虑施工安全操作和防护的需要，对涉及施工安全的重点部位和环节在设计文件中注明，并对防范生产安全事故提出指导意见。设计单位应当对采用新结构、新材料、新工艺的建设工程和特殊结构的建设工程，在设计中提出保障施工作业人员安全和预防生产安全事故的措施建议。

③承担后果的责任。设计单位和注册建筑师等注册执业人员应当对其设计负责。《建筑法》第七十三条规定："建筑设计单位不按照建筑工程质量、安全标准进行设计的，责令改正，处以罚款；造成损失的，承担赔偿责任；构成犯罪的，依法追究刑事责任。"

（3）施工单位的安全责任

施工单位在建设工程安全生产中处于核心地位，《建筑法》第四十五条明确规定了建筑施工企业负责施工现场安全，实行施工总承包的，由总承包单位负责。《建设工程安全生产管理条例》进一步对施工单位的安全责任做了全面、具体的规定。原建设部发布的《建筑施工企业安全生产管理机构设置及专职安全生产管理人员配备办法》对建筑施工企业安全生产管理机构的设置和专职安全生产管理人员的配备作了具体的规定。

1）施工单位的安全资质。建设市场混乱，市场行为不规范，是导致建设施工事故多发的重要原因之一。大批不具备基本安全生产条件的施工单位无证施工、越级承包、非法转包、违法分包的现象相当普遍。要改变这种无序状态，必须建立严格的建设施工安全准入制度，规范建设活动。

《建筑法》第二十六条规定："承包建筑工程的单位应当持有依法取得的资质证书，并在其资质等级许可的业务范围内承揽工程。禁止建筑施工企业超越本企业资质等级许可的业务范围或者以任何形式用其他施工企业的名义承揽工程。禁止建筑施工企业以任何形式允许其他单位或者个人使用本企业的资质证书、营业执照，以本企业的名义承揽工程。"建筑法律的有关规定确立的建筑市场准入制度，为施工单位的安全资质设定了法律规范。

《建筑法》第十三条规定了从事建筑活动的建筑施工企业应当具备的条件，具体包括：有符合国家规定的注册资本；有与其从事的建筑活动相适应的具有法定执业资格的专业技术人员；有从事相关建筑活动所应有的技术装备；法律、行政法规规定的其他条件。此外，

《安全生产法》第十七条规定："生产经营单位应当具备本法和有关法律、行政法规和国家标准或者行业标准规定的安全生产条件；不具备安全生产条件的，不得从事生产经营活动。"结合两部法律规定，施工单位要想取得相应的资质证书，除具备《建筑法》规定的注册资本、专业技术人员和技术装备外，还必须具备基本的安全生产条件，包括建立健全安全生产管理机构、配备专职安全管理人员、特种作业人员按国家规定取得特种作业操作资格证书、制定生产安全事故应急预案等。

2）安全生产管理机构设置。《安全生产法》第二十一条对生产经营单位安全生产管理机构的设置和安全生产管理人员的配备原则做出了明确规定："矿山、金属冶炼、建筑施工、道路运输单位和危险物品的生产、经营、储存单位，应当设置安全生产管理机构或者配备专职安全生产管理人员。前款规定以外的其他生产经营单位，从业人员超过一百人的，应当设置安全生产管理机构或者配备专职安全生产管理人员，从业人员在一百人以下的应当配备专职或者兼职的安全生产管理人员。"建筑施工企业安全生产管理机构是指建筑施工企业及其在建设工程项目中设置的负责安全生产管理工作的独立职能部门。建筑施工企业所属的分公司、区域公司等较大的分支机构应当各自独立设置安全生产管理机构，负责本企业（分支机构）的安全生产管理工作。

建筑施工企业安全生产管理机构的职责主要包括：落实国家有关安全生产法律法规和标准，编制并适时更新安全生产管理制度，组织开展全员安全教育培训及安全检查等活动。

建筑施工企业安全生产管理机构的成员，一般包括建筑企业主要负责人、项目负责人、专职安全生产管理人员、其他涉及安全责任的管理人员等。

3）安全生产管理机构职责

①宣传和贯彻国家有关安全生产法律法规和标准；编制并适时更新安全生产管理制度并监督实施。

②协调配备项目专职安全生产管理人员；组织或参与企业生产安全事故应急预案的编制及演练。

③组织开展安全教育培训与交流；制订企业安全生产检查计划并组织实施。

④监督在建项目安全生产费用的使用。

⑤参与危险性较大工程安全专项施工方案专家论证会。

⑥通报在建项目违规违章查处情况；组织开展安全生产评优评先表彰工作。

⑦建立企业在建项目安全生产管理档案。

⑧考核评价分包企业安全生产业绩及项目安全生产管理情况。

⑨参加生产安全事故的调查和处理工作。

⑩企业明确的其他安全生产管理职责。

4）主要负责人、项目负责人和专职安全生产管理人员的安全责任

①主要负责人的安全责任。加强对施工单位安全生产的管理，首先要明确责任人。《建设工程安全生产管理条例》第二十一条第一款的规定："施工单位主要负责人依法对本单位的安全生产工作全面负责。"在这里，"主要负责人"并不仅限于施工单位的法定代表人，而是指对施工单位全面负责，有生产经营决策权的人。根据《安全生产法》《建设工程安全生产管理条例》的有关规定，施工单位主要负责人的安全生产方面的主要职责包括：

a. 建立健全安全生产责任制度和安全教育培训制度。

b. 制定安全生产规章制度和操作规程。

c. 保证本单位安全生产条件所需资金的投入。

d. 对所承建的建设工程进行定期和专项安全检查，并做好安全检查记录。

②项目负责人的安全责任。《建设工程安全生产管理条例》第二十一条第二款规定："施工单位的项目负责人应当由取得相应执业资格的人员担任，对建设工程项目的安全施工负责。"

施工单位的项目负责人即项目经理，在工程项目施工中处于《安全生产法》第五条所称的"生产经营单位主要负责人"的地位，应当对建设工程项目的安全生产负责。项目负责人在施工活动中占有非常重要的地位，代表施工企业法定代表人对项目组织实施中劳动力的调配、资金的使用、建筑材料的购进等行使决策权。因此，施工单位的项目负责人应当对建设工程项目施工安全负全面责任，是本项目安全生产的第一责任人。其责任主要包括：

a. 落实安全生产责任制度、安全生产规章制度和操作规程。

b. 确保安全生产费用的有效使用。

c. 根据工程的特点组织制定安全施工措施，消除安全事故隐患。

d. 及时、如实报告生产安全事故。

③专职安全生产管理人员的安全责任。专职安全生产管理人员是指经建设主管部门或者其他有关部门安全生产考核合格，并取得安全生产考核合格证书在企业从事安全生产管理工作的专职人员，包括企业安全生产管理机构的负责人及其工作人员和施工现场专职安全生产管理人员。专职安全生产管理人员的职责包括：

a. 负责施工现场安全生产日常检查并做好检查记录。

b. 现场监督危险性较大工程安全专项施工方案实施情况。

c. 对作业人员违规违章行为有权予以纠正或查处。

d. 对施工现场存在的安全隐患有权责令立即整改。

e. 对于发现的重大安全隐患，有权向企业安全生产管理机构报告。

f. 依法报告生产安全事故情况。

（4）监理单位的安全责任

工程监理是工程监理单位受建设单位的委托，依据法律、法规及有关的技术标准、设计文件和建设工程承包合同、受托监理合同，代表建设单位对承包单位在施工质量、建筑工期、建设资金使用等方面实施监督管理的活动。

《建设工程安全生产管理条例》第三章、《建筑法》第四章、《建设工程质量管理条例》第五章和《建设工程监理规范》等都对监理单位的安全职责作了相关规定。具体包括：

1）审查施工组织设计的责任。工程监理单位应当审查施工组织设计中的安全技术措施或者专项施工方案是否符合工程建设强制性标准。

2）安全隐患处理的责任。工程监理单位在实施监理过程中，发现存在事故隐患的，应当要求施工单位整改；情况严重的，应当要求施工单位暂时停止施工，并及时报告生产经营单位。施工单位拒不整改或者不停止施工的，工程监理单位应当及时向有关主管部门报告。

3）依法监理的责任。工程监理单位、监理人员应当按照法律、法规和工程建设强制性标准实施监理，并对安全设施工程的工程质量承担监理责任。

（5）其他参与单位的安全责任

1）提供机械设备和配件的单位的安全责任。为建设工程提供机械设备和配件的单位，应当按照安全施工的要求配备齐全有效的保险、限位等安全设施和装置。一是向施工单位提供安全可靠的起重机械、挖掘机械、土方铲运机械、凿岩机械、基础及凿井机械、钢筋混凝土机械、筑路机械及其他施工机械设备。二是应当依照国家有关法律、法规和安全技术规范进行有关机械设备和配件的生产经营活动。三是施工机械的安全保护装置应当符合国家和行业有关技术标准和规范的要求。在施工过程中，严禁拆除机械设备上的自动控制机构、力矩限位器等安全装置，不得拆除监测、指示、仪表、警报器等自动报警、信号装置。为建设工程提供机械设备和配件的单位，应当对其提供的施工机械设备和配件等产品的质量和安全性能负责，对因产品质量造成生产安全事故的，应当承担相应的法律责任。

此外，为建设工程提供的机械设备和施工机具及配件，应当具有生产（制造）许可证、产品合格证。出租单位应当对提供的机械设备和施工机具及配件的安全性能进行检测，在签订租赁协议时，应当出具检测合格证明。禁止提供检测不合格的机械设备和施工机具及配件。

2）拆装单位的安全责任。在施工现场安装、拆卸施工起重机械和整体提升脚手架、模板等自升式架设设施，必须由具有相应资质的单位承担。安装、拆卸施工起重机械和整体提升脚手架、模板等自升式架设设施，应当编制拆装方案，制定安全施工措施，并由专业技术人员现场监督。施工起重机械和整体提升脚手架、模板等自升式架设设施安装完毕后，安装单位应当自检，出具自检合格证明，并向施工单位进行安全使用说明，办理验收手续并签字。

3）检验检测单位的安全责任。施工起重机械、整体提升脚手架、模板等自升式架设设备的使用达到国家规定的检验检测期限的，必须经具有专业资质的检验检测机构检测。经检测不合格的，不得继续使用。检验检测机构对检测合格的施工起重机械和整体提升脚手架、模板等自升式架设设施，应当出具安全合格证明文件，并对检测结果负责。

五、企业安全文化教育

文化是一种无形的力量，影响着人的思维方法和行为方式。相对于提高设备设施安全标准和强制性安全制度规程来讲，安全文化建设是事故预防的一种"软"力量，是一种人性化管理手段。安全文化建设通过创造一种良好的安全人文氛围和协调的人机环境，对人的观念、意识、态度、行为等形成从无形到有形的影响。显然好的安全文化有利于安全管理，有利于事故预防；不好的安全文化阻碍安全管理甚至导致其失灵，容易造成事故的发生。

安全文化概念的正式提出是在 20 世纪 80 年代中后期。1986 年，国际原子能机构核安全咨询组（INSAG）在其提交的《关于切尔诺贝利核电厂事故后的审评总结报告》中首次使用了"安全文化"一词，标志着核安全文化概念被正式引入核安全领域。1988 年，国际原子能机构又在其《核电厂基本安全原则》中将安全文化的概念作为一种重要管理原则予以确定。1991 年在国际原子能机构编写的《安全文化》中，首次定义了安全文化的概念，完整阐述了安全文化的理念，以及评价安全文化的标准。

安全文化理论与实践的认识和研究是一项长期的任务，随着人们对安全文化的理解、运用和实践的不断深入，人类安全文化的内涵必定会丰富起来；社会安全文化的整体水平也会不断提高；企业也将通过安全文化的建设，使员工的安全素质得以提高，事故预防的人文氛围和物化条件得以实现。

1. 安全文化的定义及内涵

（1）安全文化的定义

安全文化有广义和狭义之分。广义的安全文化是指在人类生存、繁衍和发展历程中，在其从事生产、生活乃至生存实践的一切领域内，为保障人类身心安全并使其能安全、舒适、高效地从事一切活动，预防、避免、控制和消除意外事故和灾害，为建立起安全、可靠、和谐、协调的环境和匹配运行的安全体系，为使人类变得更加安全、康乐、长寿，使世界变得友爱、和平、繁荣而创造的物质财富和精神财富的总和。

狭义的安全文化是指企业安全文化。关于狭义的安全文化，比较全面的是英国安全健康委员会下的定义：一个单位的安全文化是个人和集体的价值观、态度、能力和行为方式的综合产物。安全文化分为三个层次。

1）直观的表层文化，如企业的安全文明生产环境与秩序。

2）企业安全管理体制的中层文化，它包括企业内部的组织机构、管理网络、部门分工和安全生产法规与制度建设。

3）安全意识形态的深层文化。

国内普遍认可的安全文化的定义是，企业安全文化是企业在长期安全生产和经营活动中逐步形成的，或有意识塑造的为全体员工接受、遵循的，具有企业特色的安全价值观、安全思想和意识、安全作风和态度、安全管理机制及行为规范、安全生产和奋斗目标，为保护员工身心安全与健康而创造的安全、舒适的生产和生活环境，是企业安全物质因素和安全精神因素的总和。由此可见，安全文化的内容十分丰富，应主要包括三点：一是处于深层的安全观念文化；二是处于中间层的安全制度文化；三是处于表层的安全行为文化和安全物质文化。

《企业安全文化建设导则》（AQ/T 9004—2008）给出了企业安全文化的定义：被企业组织的员工群体所共享的安全价值观、态度、道德和行为规范的统一体。

（2）安全文化的内涵

一个企业的安全文化是企业在长期安全生产和经营活动中逐步培育形成的、具有本企业特点、为全体员工认可遵循并不断创新的观念、行为、环境、物态条件的总和。企业安全文化包括保护员工在从事生产经营活动中的身心安全与健康，既包括无损、无害、不伤、不亡的物质条件和作业环境，也包括员工对安全的意识、信念、价值观、经营思想、道德规范、企业安全激励进取精神等安全的精神因素。企业安全文化是"以人为本"多层次的复合体，由安全物质文化、安全行为文化、安全制度文化、安全精神文化组成。企业文化是"以人为本"，提倡对人的"爱"与"护"，以"灵性管理"为中心，以员工安全文化素质为基础所形成的群体和企业的安全价值观和安全行为规范，表现为员工在受到激励后的安全生产的态度和敬业精神。企业安全文化是尊重人权、保护人的安全健康的实用性文化，也是人类生存、繁衍和发展的高雅文化。要使企业员工建起自护、互爱、互救，以企业为家，以企业安全为荣的企业形象和风貌，要在员工的心灵深处树立起安全、健康、高效的个人和群体的共同奋斗意识。安全文化教育，从法制、制度上保障员工受教育的权利，不断创造和保证提高员工安全技能和安全文化素质的机会。

（3）企业安全文化的主要功能

安全文化是指企业生产经营过程中，为保障企业安全生产，保护员工身心安全与健康所涉及的种种文化实践及活动。企业安全文化与企业文化目标是基本一致的，即"以人为本"，以人的"灵性管理"为基础。企业安全文化更强调企业的安全形象、安全奋斗目标、安全激励精神、安全价值观和安全生产及产品安全质量、企业安全风貌及"商誉"效应等，是企业凝聚力的体现，对员工有很强的吸引力和无形的约束作用，能激发员工产生强烈的责任感。

1）导向功能。企业安全文化所提出的价值观为企业的安全管理决策活动提供了被企业大多数职工所认同的价值取向，它们能将价值观内化为个人的价值观，将企业目标"内化"为自己的行为目标，使个体的目标、价值观、理想与企业的目标、价值观、理想有了高度一致性和同一性。

2）凝聚功能。当企业安全文化所提出的价值观被企业职工内化为个体的价值观和目标后就会产生一种积极而强大的群体意识，将每个职工紧密地联系在一起。这样就形成了一种强大的凝聚力和向心力。

3）激励功能。企业安全文化所提出的价值观向员工展示了工作的意义，员工在理解工作的意义后，会产生更大的工作动力，这一点已为大量的心理学研究所证实。一方面用企业的宏观理想和目标激励职工奋发向上；另一方面，它也为职工个体指明了成功的标准与标志，使其有了具体的奋斗目标。还可用典型、仪式等行为方式不断强化职工追求目标的行为。

4）辐射和同化功能。企业安全文化一旦在一定的群体中形成，便会对周围群体产生强大的影响作用，迅速向周边辐射。而且，企业安全文化还会保持一个企业稳定、独特的风格和活力，同化一批又一批新来者，使他们接受这种文化并继续保持与传播，使企业安全文化的生命力得以持久。

2. 安全文化建设的基本内容

（1）企业安全文化建设的总体要求

企业在安全文化建设过程中，应充分考虑自身内部的和外部的文化特征，引导全体员工的安全态度和安全行为，实现在法律和政府监管要求基础上的安全自我约束，通过全员参与实现企业安全生产水平持续提高。

（2）企业安全文化建设基本要素

1）安全承诺。企业应建立包括安全价值观、安全愿景、安全使命和安全目标等在内的安全承诺。安全承诺应做到：切合企业特点和实际，反映共同安全志向；明确安全问题在组织内部具有最高优先权；声明所有与企业安全有关的重要活动都追求卓越；含义清晰明了，并被全体员工和相关方所知晓和理解。

领导者应做到：提供安全工作的领导力，坚持保守决策，以有形的方式表达对安全的关注；在安全生产上真正投入时间和资源；制定安全发展的战略规划，以推动安全承诺的实施；接受培训，在与企业相关的安全事务上具有必要的能力；授权组织的各级管理者和员工参与安全生产工作，积极质疑安全问题；安排对安全实践或实施过程的定期审查；与相关方进行沟通和合作。

各级管理者应做到：清晰界定全体员工的岗位安全责任；确保所有与安全相关的活动均采用了安全的工作方法；确保全体员工充分理解并胜任所承担的工作；鼓励和肯定在安全方面的良好态度，注重从差错中学习和获益；在追求卓越的安全绩效、质疑安全问题方面以身作则；接受培训，在推进和辅导员工改进安全绩效上具有必要的能力；保持与相关方的交流合作，促进组织部门之间的沟通与协作。

每个员工应做到：在本职工作上始终采取安全的方法；对任何与安全相关的工作保持质疑的态度；对任何安全异常和事故保持警觉并主动报告；接受培训，在岗位工作中具有改进安全绩效的能力；与管理者和其他员工进行必要的沟通。

企业应将自己的安全承诺传达到相关方。必要时应要求供应商、承包商等相关方提供相应的安全承诺。

2）行为规范与程序。企业内部的行为规范是企业安全承诺的具体体现和安全文化建设的基础要求。企业应确保拥有能够达到和维持安全绩效的管理系统，建立清晰界定的组织结构和安全职责体系，有效控制全体员工的行为。行为规范的建立和执行应做到：体现企业的安全承诺；明确各级各岗位人员在安全生产工作中的职责与权限；细化有关安全生产的各项规章制度和操作程序；行为规范的执行者参与规范系统的建立，熟知自己在组织中的安全角色和责任；由正式文件予以发布；引导员工理解和接受建立行为规范的必要性，知晓由于不遵守规范所引发的潜在不利后果；通过各级管理者或被授权者观测员工行为，实施有效监控和缺陷纠正；广泛听取员工意见，建立持续改进机制。

程序是行为规范的重要组成部分。企业应建立必要的程序，以实现对与安全相关的所有活动进行有效控制的目的。程序的建立和执行应做到：识别并说明主要的风险，简单易懂，便于操作；程序的使用者（必要时包括承包商）参与程序的制定和改进过程，并应清楚理解不遵守程序可导致的潜在不利后果；由正式文件予以发布；通过强化培训，向员工阐明在程序中给出特殊要求的原因；对程序的有效执行保持警觉，即使在生产经营压力很大时，也不能容忍走捷径和违反程序；鼓励员工对程序的执行保持质疑的安全态度，必要时采取更加保守的行动并寻求帮助。

3）安全行为激励。企业在审查和评估自身安全绩效时，除使用事故发生率等消极指标外，还应使用旨在对安全绩效给予直接认可的积极指标。员工应该受到鼓励，在任何时间和地点，挑战所遇到的潜在不安全实践，并识别所存在的安全缺陷。对员工所识别的安全缺陷，企业应给予及时处理和反馈。

企业应建立员工安全绩效评估系统，建立将安全绩效与工作业绩相结合的奖励制度。审慎对待员工的差错，应避免过多关注错误本身，而应以吸取经验教训为目的。应仔细权衡惩罚措施，避免因处罚而导致员工隐瞒错误。企业宜在组织内部树立安全榜样或典范，发挥安全行为和安全态度的示范作用。

4）安全信息传播与沟通。企业应建立安全信息传播系统，综合利用各种传播途径和方式，提高传播效果。企业应优化安全信息的传播内容，将组织内部有关安全的经验、实践和概念作为传播内容的组成部分。企业应就安全事项建立良好的沟通程序，确保企业与政府监管机构和相关方、各级管理者与员工、员工相互之间的沟通。沟通应满足：确认有关安全事项的信息已经发送，并被接受方所接收和理解；涉及安全事件的沟通信息应真实、开放；每个员工都应认识到沟通对安全的重要性，从他人处获取信息和向他人传递信息。

5）自主学习与改进。企业应建立有效的安全学习模式，实现动态发展的安全学习过程，保证安全绩效的持续改进。企业应建立正式的岗位适任资格评估和培训系统，确保全体员工充分胜任所承担的工作。应制定人员聘任和选拔程序，保证员工具有岗位适任要求的初始条件；安排必要的培训及定期复训，评估培训效果；培训内容除有关安全知识和技能外，还应包括对严格遵守安全规范的理解，以及个人安全职责的重要意义和因理解偏差或缺乏严谨而产生失误的后果；除借助外部培训机构外，应选拔、训练和聘任内部培训教师，使其成为企业安全文化建设过程的知识和信息传播者。

企业应将与安全相关的任何事件，尤其是人员失误或组织错误事件，当作能够从中汲取经验教训的宝贵机会，从而改进行为规范和程序，获得新的知识和能力。应鼓励员工对安全问题予以关注，进行团队协作，利用既有知识和能力，辨识和分析可供改进的机会，对改进措施提出建议，并在可控条件下授权员工自主改进。经验教训、改进机会和改进过程的信息宜编写到企业内部培训课程或宣传教育活动的内容中，使员工广泛知晓。

6）安全事务参与。全体员工都应认识到自己负有对自身和同事安全做出贡献的重要责任。员工对安全事务的参与是落实这种责任的最佳途径。企业组织应根据自身的特点和需要确定员工参与的形式。员工参与的方式可包括但不局限于以下类型：建立在信任和免责基础上的微小差错员工报告机制；成立员工安全改进小组，给予必要的授权、辅导和交流；定期召开有员工代表参加的安全会议，讨论安全绩效和改进行动；开展岗位风险预见性分析和不安全行为或不安全状态的自查自评活动。

所有承包商对企业的安全绩效改进均可做出贡献。企业应建立让承包商参与安全事务和改进过程的机制，将与承包商有关的政策纳入安全文化建设的范畴；应加强与承包商的沟通和交流，必要时给予培训，使承包商清楚企业的要求和标准；应让承包商参与工作准备、风险分析和经验反馈等活动；倾听承包商对企业生产经营过程中所存在的安全改进机会的意见。

7）审核与评估。企业应对自身安全文化建设情况进行定期的全面审核，审核内容包括：领导者应定期组织各级管理者评审企业安全文化建设过程的有效性和安全绩效结果；领导者应根据审核结果确定并落实整改不符合、不安全实践和安全缺陷的优先次序，并识别新的改进机会；必要时，应鼓励相关方实施这些优先次序和改进机会，以确保其安全绩效与企业协调一致。在安全文化建设过程中及审核时，应采用有效的安全文化评估方法，关注安全绩效下滑的前兆，给予及时的控制和改进。

（3）推进与保障

1）规划与计划。企业应充分认识安全文化建设的阶段性、复杂性和持续改进性，由企业最高领导人组织制定推动本企业安全文化建设的长期规划和阶段性计划。规划和计划应在实施过程中不断完善。

2）保障条件。企业应充分提供安全文化建设的保障条件，包括：明确安全文化建设的领导职能，建立领导机制；确定负责推动安全文化建设的组织机构与人员，落实其职能；保证必需的建设资金投入；配置适用的安全文化信息传播系统。

3）推动骨干的选拔和培养。企业宜在管理者和普通员工中选拔和培养一批能够有效推动安全文化发展的骨干。这些骨干扮演员工、团队和各级管理者指导老师的角色，承担辅导和鼓励全体员工向良好的安全态度和行为转变的职责。

3. 企业安全教育培训

安全教育是企业安全文化建设的重要步骤。

（1）安全教育培训的内涵

安全教育培训包括安全教育和安全培训两个部分。

安全教育是通过各种形式，包括学校的教育、媒体宣传、政策导向等，努力提高人的安全意识和素质，学会从安全的角度观察和理解要从事的活动和面临的形势，用安全的观点解释和处理自己遇到的新问题。

安全教育主要是一种意识的培养，是长时间的甚至贯穿于人的一生的，并在人的所有行为中体现出来，而与其所从事的职业并无直接关系。而安全培训虽然也包含有关教育的内容，但其内容相对于安全教育要具体得多，范围要小得多，主要是一种技能的培训。安全培训的主要目的是使人掌握在某种特定的作业或环境下正确并安全地完成其应完成的任务。

安全生产教育工作是实现安全生产的一项重要基础工作，通过安全知识和安全技能的教育，提高从业人员重视安全生产的自觉性、积极性和创造性，增强人的安全意识，激励从业人员自觉遵守安全生产规章制度，严格按操作规程施工，达到安全生产的目的。

1）特点。安全教育培训既是施工企业安全管理工作的重要组成部分，也是施工现场安全生产的一个重要工作方面。安全教育培训具有以下几个特点：

①安全教育培训的全员性。安全教育培训的对象是企业内所有从事生产活动的人员。

因此，从企业经理、项目经理，到一般管理人员和普通工人，都必须接受安全教育培训。安全教育培训是企业所有人员上岗前的先决条件，任何人不得例外。

②安全教育培训的长期性。安全教育培训是一项长期性的工作，这个长期性体现在三个方面。

a. 安全教育培训贯穿于每个职工工作的全过程。从新工人进企业开始，就必须接受安全教育培训，这种教育培训尽管存在着形式、内容、要求、时间等的不同，但对个人来讲，在其一生的工作经历中，都在不断、反复地接受着各种类型的安全教育培训，这种全过程的安全教育培训是确保职工安全生产的基本前提条件。

b. 安全教育培训贯穿于每个工程施工的全过程。从施工队伍进入现场开始，就必须对职工进行入场安全教育培训，使每个职工了解并掌握本工程施工的安全生产特点；在工程的每个重要节点，要对职工进行施工转折时期的安全教育培训；在节假日前后，要对职工进行安全思想教育，稳定情绪；在突击加班赶进度或工程临近收尾时，更要针对麻痹大意思想，进行有针对性的教育等。

c. 安全教育培训贯穿于施工企业生产的全过程。有生产就有安全问题，安全与生产是不可分割的统一体。哪里有生产，哪里就要讲安全；哪里有生产，哪里就要进行安全教育培训。

③安全教育培训的专业性。施工现场生产所涉及的范围广、内容多。安全生产既有管理性要求，也有技术性知识，安全生产的管理性与技术性结合，使得安全教育培训具有专业性要求。教育者既要有充实的理论知识，也要有丰富的实践经验，这样才能使安全教育培训做到深入浅出、通俗易懂，并且收到良好的效果。

2）基本原则。安全教育培训原则是进行安全教育培训活动中所应遵循的行动准则。主要包括教育的目的性原则、理论与实际结合原则、调动教与学双方积极性原则、巩固性与反复性原则。

①目的性原则。目的性原则是指对于不同对象，教育的目的性不同，应当针对不同对象的安全教育培训目的做到有的放矢，提高安全教育培训的效果。例如，对于各级领导，应着重安全认识和决策技术的教育；企业职工应着重安全态度、安全技能和安全知识的教育；对于安全管理人员应着重安全科学技术的教育；还应对职工家属进行教育，帮助其了解职工工作性质、规律和相关的安全知识。

②理论与实践结合的原则。理论与实践结合的原则是指进行安全教育培训的最终结果是对事故有所防范，只有通过工作中的实际行动才能较好地达到这一结果。所以安全教育培训一定要注意理论结合实践，采用现场教育、案例分析等教育形式将很好地做到理论结合实践。

③调动教与学双方积极性原则。调动教与学双方积极性原则是指要让受教育培训者了

解，接受安全教育培训将对自身安全健康、家庭幸福、社会稳定等诸多方面带来很多有利影响，应促使其主动自愿接受安全教育培训，使其对接受安全教育培训产生一种发自内心的要求。

④巩固性与反复性原则。巩固性与反复性原则是指为避免已掌握的安全知识技能随工作方式改变和时间推移而淡忘，要经常对这些知识和技能进行巩固和反复。

（2）安全教育培训的对象和时间

1）培训对象。国家相关法律法规规定，生产经营单位应当对从业人员进行安全生产教育和培训，保证从业人员具备必要的安全生产知识，熟悉有关的安全生产规章制度和安全操作规程，掌握本岗位的安全操作技能。未经安全生产教育和培训或考核不合格的从业人员，不得上岗作业。施工项目安全教育培训率必须实现100%。施工项目安全教育培训的对象一般包括以下六类人员：企业法定代表人、项目经理；企业专职安全管理人员；企业其他管理人员和技术人员；企业特殊工种（包括电工、焊工、架子工、司炉工、爆破工、机械操作工、起重工、塔吊司机及指挥人员、人货两用电梯司机等）；企业其他职工；企业待岗、转岗、换岗的职工。

2）培训时间。建设工程施工企业从业人员每年应接受一次专门的安全培训，可分为定期和不定期的培训。定期培训如管理人员和特殊工种人员的年度培训；不定期培训如一般性操作工人的安全基础知识培训、企业安全生产规章制度和操作规程培训、分阶段的危险源专项培训等。专门的安全培训时间具体要求如下：

①企业法定代表人、项目经理每年接受安全培训的时间，不得少于30学时。

②企业专职安全管理人员取得岗位合格证书并持证上岗外，每年还必须接受安全专业技术业务培训，时间不得少于40学时。

③企业其他管理人员和技术人员每年接受安全培训的时间，不得少于20学时。

④企业特殊工种在通过专业技术培训并取得岗位操作证后，每年仍须接受有针对性的安全培训，时间不得少于20学时。

⑤企业其他职工每年接受安全培训的时间，不得少于15学时。

⑥企业待岗、转岗、换岗的职工，在重新上岗前，必须接受一次安全培训，时间不得少于20学时。

（3）安全教育培训的内容

安全教育包括的内容很广，本节讲的安全教育内容是指对施工企业的领导、管理人员、基层操作人员的教育内容，主要包括思想、法制、安全生产知识、安全生产技能四个方面的教育。

1）思想教育。思想教育的目的是为安全生产奠定思想基础，通常从加强思想路线、方针政策教育和劳动纪律教育两个方面进行。

①思想路线和方针政策教育。一是提高各级领导干部和广大职工对安全生产重要意义的认识，从思想上、理论上认识搞好安全生产的重大意义，树立关爱生命、以人为本的观点；二是通过安全生产方针、政策教育，提高各级领导、管理干部和广大员工的政策水平，使其正确全面理解党和国家的安全生产方针、政策，严肃认真地执行安全生产方针、政策和法规。

②劳动纪律教育。主要是使广大职工懂得严格执行劳动纪律对实现安全生产的重要性。企业的劳动纪律是劳动者进行共同劳动时必须遵守的规则和秩序，严格执行安全操作规程，遵守劳动纪律是贯彻安全方针、减少伤亡事故、保障安全生产的重要保障。

2）法制教育。安全法制教育培训就是要使每个劳动者懂得遵章守法的道理。作为劳动者，既有劳动的权利，也有遵守劳动安全法规的义务。要通过学法、知法来守法，守法的前提首先是"从我做起"，自己不违章违纪；其次是要同一切违章违纪和违法的不安全行为做斗争，以制止并预防各类事故的发生，实现安全生产的目的。

法律法规教育培训的基本内容主要包括《安全生产法》《建设工程安全生产管理条例》和《安全生产许可证条例》的相关知识。了解安全生产责任主体及其责任、施工单位主要负责人的安全生产责任、对企业安全生产制度上的要求、从业人员的权利和义务、企业主要负责人和安全生产管理人员的任职条件、事故应急求救的有关要求、施工企业的法律责任等。

3）安全技术知识教育。安全技术知识教育内容包括：一般生产技术知识、生产安全技术知识及专业性的安全知识。

①生产技术知识是指企业的基本生产概况、施工工艺流程、作业方法及与工艺、作业相适应的机具设备性能和知识、操作技术等。

②生产安全技术知识是企业所有职工都必须具备的基本安全技术知识。主要内容有：企业内特别危险区和设备，以及安全保护的基本知识和注意事项；有关电气设备（动力及照明）的基本安全知识；起重机械和场内运输的有关安全知识；生产中使用的有毒有害材料或可能散发的有毒有害物质的安全防护基本知识；企业中的一般消防制度和规则；个人劳动防护用品的正确使用；发生事故的紧急救护及伤亡事故报告办法；各特种作业工种的安全操作技术知识教育等。

③专业性安全技术知识是指安全技术、工业卫生技术和专业的安全技术操作制度。主要内容有特种作业人员所操纵驾驶的设备、设施、锅炉、受压容器、起重机械、电气、焊接（气割）、防爆、防尘、防毒、噪声控制等。

4）在开展安全生产教育中，可以结合典型经验和事故教训进行教育，宣传先进经验，这既是教育职工找差距的过程，又是学、赶先进的过程，事故教育可以从事故教训中吸取有益的东西，防止以后类似事故的发生。

（4）安全教育培训方式

对于建设工程单位的安全培训，一般可根据职工文化程度的不同，采用不同的方式方法，力求做到切实有效，使职工受到较好的安全教育。当对象是管理人员时，因管理人员一般具有丰富的实践经验，对某些问题还有自己独到的见解，所以建议积极研究和推广交互式教学等现代培训方法。当对象是一般性操作人员时，应遵循易懂、易记、易操作、趣味性的原则。建议采用发放图文并茂的安全知识手册、播放安全教育多媒体教程的方式增加培训效果。

安全生产教育培训的形式是多种多样的，在开展时应当结合建设工程施工生产特点，采取多种形式，有针对性地进行。目前安全教育培训的形式如下：

1）讲授。讲授者向被教育者口头传授教材内容，即叙述、描绘事实，解释论证概念和规律。

2）计算机辅助教学。利用计算机辅助教学（CAI）的方法可以和各种视听教材相结合使用，能适用于高度复杂的学习内容，并且掌握各学员的学习进度。

3）演示。演示包括陈设各种实物或其他直观教材，如板报、录像、电视等；进行示范试验，使受教育者获得关于事故或现象的感性认识。

4）参观。根据实际要求，组织和指导学员到一定的场所直接观察事故及现象，以获得感性认识。

5）讨论。根据指导者提出的问题，交流意见，加强对知识的体会。

6）宣传。采用宣传画、警告牌、板报、广播、刊物等形式进行广泛宣传教育。

4. 企业安全文化建设评价

安全文化评价是为了解企业安全文化现状或企业安全文化建设效果而采取的系统化测评行为，并得出定性或定量的分析结论。《企业安全文化建设评价准则》（AQ/T 9005—2008）给出了企业安全文化评价的要素、指标、减分指标、计算方法等。

（1）评价指标

1）基础特征。包括企业状态特征、企业文化特征、企业形象特征、企业员工特征、企业技术特征、监管环境、经营环境、文化环境等。

2）安全承诺。包括安全承诺内容、安全承诺表述、安全承诺传播、安全承诺认同等。

3）安全管理。包括安全权责、管理机构、制度执行、管理效果等。

4）安全环境。包括安全指引、安全防护、环境感受等。

5）安全培训与学习。包括重要性体现、充分性体现、有效性体现等。

6）安全信息传播。包括信息资源、信息系统、效能体现等。

7）安全行为激励。包括激励机制、激励方式、激励效果等。

8）安全事务参与。包括安全会议与活动、安全报告、安全建议、沟通交流等。

9）决策层行为。包括公开承诺、责任履行、自我完善等。

10）管理层行为。包括责任履行、指导下属、自我完善等。

11）员工层行为。包括安全态度、知识技能、行为习惯、团队合作等。

（2）减分指标

包括死亡事故、重伤事故、违章记录等。

（3）评价程序

1）建立评价组织机构与评价实施机构。企业开展安全文化评价工作时，首先应成立评价组织机构，并由其确定评价工作的实施机构。

企业实施评价时，由评价组织机构负责确定评价工作人员并成立评价工作组。必要时可选聘有关咨询专家（组）。咨询专家（组）的工作任务和工作要求由评价组织机构明确。

评价工作人员应具备以下基本条件：熟悉企业安全文化评价相关业务，有较强的综合分析判断能力与沟通能力。具有较丰富的企业安全文化建设与实施专业知识。坚持原则、秉公办事。评价项目负责人应有丰富的企业安全文化建设经验，熟悉评价指标及评价模型。

2）制定评价工作实施方案。评价实施机构应制定《评价工作实施方案》。方案中应包括所用评价方法、评价样本、访谈提纲、测评问卷、实施计划等内容，并应报送评价组织机构批准。

3）下达评价通知书。在实施评价前，由评价组织机构向选定的样本单位下达评价通知书。评价通知书中应当明确：评价的目的、用途、要求，应提供的资料及对所提供资料应负的责任，以及其他需要在评价通知书中明确的事项。

4）调研、收集与核实基础资料。根据设计评价的调研问卷，根据《评价工作方案》收集整理评价基础数据和基础资料。资料收集可以采取访谈、问卷调查、召开座谈会、专家现场观测、查阅有关资料和档案等形式进行。评价人员要对评价基础数据和基础资料进行认真检查、整理，确保评价基础资料的系统性和完整性。评价工作人员应对接触的资料内容履行保密义务。

5）数据统计分析。对调研结构和基础数据核实无误后，可借助 Excel、SPSS、SAS 等统计软件进行数据统计，然后根据建立的数学模型和实际选用的调研分析方法，对统计数据进行分析。

6）撰写评价报告。统计分析完成后，评价工作组应该按照规范的格式，撰写"企业安全文化建设评价报告"，报告评价结果。

7）反馈企业征求意见。评价报告提出后，应反馈企业征求意见并做必要修改。

8）提交评价报告。评价工作组修改完成评价报告后，经评价项目负责人签字，报送评价组织机构审核确认。

9）进行评价工作总结。评价项目完成后，评价工作组要进行评价工作总结，将工作背景、实施过程、存在的问题和建议等形成书面报告，报送评价组织机构，同时建立好评价工作档案。

第二章　建设工程及行业危险源辨识

1. 了解建设项目的基本知识、建设工程参建单位和基本建设程序。
2. 熟悉建筑物的概念、分类及组成。
3. 掌握建筑行业危险源的辨识、事故的分级及分类。

第一节　建设工程概述

一、建设工程的定义与特点

1. 定义

建设工程是指依法立项的新建、改建、扩建的各类工程，包括土木工程、建筑工程和安装工程等。建设工程项目是指为完成依法立项的建设工程而进行的、有起止日期的、达到规定要求的一组相互关联的受控活动组成的特定过程，包括策划、勘察、设计、采购、施工、试运行、竣工验收和移交等。

2. 特点

（1）设计与施工任务往往由不同的实施主体承担。

（2）实施过程参与主体多，组织关系和合同关系复杂，界面管理复杂，矛盾突出。

（3）实施过程中往往广泛涉及社会公众利益，不确定因素多，干扰大。

（4）生产过程与工程交易过程多层面交织，错综复杂。

（5）项目的单件性和生产者选择的特殊性。

（6）生产的不可逆性和控制过程的阶段性。

二、建设项目的定义及分类

建设项目又称基本建设项目。凡是在一个场地上或几个场地上按一个总体设计组织施工，建成后具有完整的系统，可以独立地形成生产能力或使用价值的建设工程，称为一个建设项目。对于每一个建设项目，都要编写计划任务书和进行独立的总体设计。例如，工业建设的一个联合企业，或一个独立的工厂、矿山；农林水利建设的独立农场、林场、水库工程；交通运输建设的一条铁路线路、一个港口；文教卫生建设的独立的学校、报社、影剧院等。同一总体设计内分期进行建设的若干工程项目均应合并算为一个建设项目；不属于同一总体设计范围内的工程，不得作为一个建设项目。建设工程项目可以有以下三种分类方法。

1. 按建设性质划分

按建设性质划分，建设工程项目可分为新建项目、扩建项目、改建项目、迁建项目和恢复项目。

其中新建项目有两种情况：从无到有；在扩建的过程中，新增的固定资产价值超过原有固定资产价值的三倍以上。

2. 按建设规模划分

按建设规模划分，建设工程项目可分为大型、中型和小型项目三类；更新改造项目按照投资额分为限额以上项目和限额以下项目两类。

（1）按总投资划分的项目，能源、交通、原材料工业项目5 000万元以上，其他项目3 000万元以上的为大中型（或限额以上）项目。

（2）其他为小型（或限额以下）项目。

3. 按建设项目组成划分

（1）单项工程

单项工程是建设项目的组成部分。一个建设项目可以是一个单项工程，也可能包括几个单项工程。单项工程是具有独立的设计文件，建成后可以独立发挥生产能力或效益的一组配套齐全的工程项目。生产性建设项目的单项工程一般是指能独立生产的车间，包括厂房建设等。非生产性建设项目的单项工程，如一所学校的办公楼、教学楼、图书馆、食堂、宿舍等。

（2）单位工程

单位工程是单项工程的组成部分，单位工程是指具有独立的设计文件，可以独立组织施工和单项核算，但不能独立发挥其生产能力和使用效益的工程项目。单位工程不具有独立存在的意义，只是单项工程的组成部分。如车间的厂房建筑是一个单位工程，车间的设备安装又是一个单位工程，此外，还有电气照明工程、工业管道工程、给排水工程等。

（3）分部工程

分部工程是单位工程的组成部分，是指按工程的部位、结构形式的不同而划分的工程项目。如房屋建筑单位工程可划分为基础工程、墙体工程、屋面工程等；也可以按工种划分，如土石方工程、混凝土结构工程、砖石工程、装饰工程等。

（4）分项工程

分项工程是分部工程的组成部分，分项工程是根据工种、构件类别、使用材料的不同而划分的工程项目。分项工程是工程项目划分的基本单位。如混凝土结构工程可划分为模板工程、钢筋工程、混凝土工程等分项工程；一般墙基工程可划分为开挖基槽、铺设垫层、基础层、防潮层等分项工程。

4. 建设项目划分的目的和意义

（1）可以更清晰地认识和分解建筑。

（2）方便开展相关工作。

例如，设计是在总体设计的基础上，一般是以一个单项工程进行组织的；建筑工程施工是按分部工程、分项工程开展的；造价预算定额是按分项工程收费的。

三、建设工程参建单位

与建设工程安全生产有关的单位包括建设单位、施工单位、工程监理单位、勘察单位和设计单位、其他单位。

1. 建设单位

建设单位也称为业主单位或项目业主，指建设工程项目的投资主体或投资者，它也是建设项目管理的主体。建设单位有权选择勘察、设计、施工、工程监理单位，可以自行选购施工所需的主要建筑材料，检查工程质量、控制进度、监督工程款的使用，对施工的各个环节实行综合管理。但是，建设单位也必须依法规范自己的安全责任。

在建设活动中，建设单位是将建设工程中的人力、物力和知识产权等资源集成为工程实体或建筑产品的总组织者，是建设工程管理的核心。建设单位作为建设活动的"组织者"，具有强势地位，对包括工程质量、安全、进度、费用等在内的生产管理活动具有巨大的影响力。在这种情况下，建设工程的安全生产显然不能仅仅局限于施工单位的生产安全行为，还取决于建设单位为保证整个施工过程无事故而采取的一切行动，其表现形式主要有主导、引导、督促、服务与参与、制约、资金投入等。

尽管安全是所有人的共同责任，这一认识被普遍接受，但在法律层面关于主体责任的确定及分配上，建筑业与其他行业却有着显著的不同。非建筑业的生产者作为雇主和生产经营单位，在国内外相关法律中都被确定为安全管理的唯一责任主体，对雇员和其他人员在生产场所的人身安全有着无可推卸的责任和义务。建筑业受国际通行合同惯例的影响，通常认为承包商应对所有现场作业和施工方法的充分、稳定和安全负完全责任。在我国，建筑业各方主体的安全生产责任主要受到《安全生产法》《建筑法》和《建设工程安全生产条例》的约束，但三者之间有关安全生产的责任分配并不一致。其中，《安全生产法》要求生产经营单位对生产安全负全部责任，通常建筑业的"生产经营单位"即承包商。因为工程建设项目的大部分伤害事故都发生在施工阶段，而施工过程完全由施工单位来管理，我国相关法律规范也明确规定了施工单位为现场安全负责。因此，与发达国家早期一样，国内大部分建设单位在很长一段时间内自然地认为安全管理完全是承包商的责任，而与建设单位无关。

但近几年来这种情况有所转变。直接原因有：①随着我国政府对建筑安全生产工作的更加重视，出台的法律规范中对建设单位安全管理责任的规定越来越严格；②开发商因为开发项目发生生产安全事故或违反建设程序所受的处罚越来越严厉。例如，吉林省住建厅2010年就对一家违反招标、施工许可等多项建设程序的某房地产开发商开出了100万元的巨额罚单，并在两年内不予受理其资质升级申请。《建筑法》指出"施工现场安全由建筑施工企业负责"。《建筑工程安全生产条例》则明确将建设单位、监理单位、设计单位和承包单位全部纳入法律责任的追究主体，且赋予了监理单位现场安全监督管理的职责。

基于以上原因，开发商的安全责任意识逐渐增强，一些开发商开始更多地参与安全管理工作。例如，在施工阶段进行独立的现场安全巡查、参加安全会议、制定安全激励措施及要求承包商提供定期安全报告等。但调研中发现，许多开发商对于如何系统地进行安全管理还不是非常清楚，在实际中存在"把安全管理工作全部交给监理"或者"把自己当成施工单位来进行管理"的两种现象，基于目前监理行业总体水平存在不足及开发商与施工单位管理职能不同，这两种做法都是不恰当的。需要进行安全管理、想进行安全管理但对如何管理及自身安全管理水平情况并不十分清楚就是当前开发商存在的"困惑"现状。

2. 施工单位

施工单位是指经过建设行政主管部门的资质审查，从事土木工程、建筑工程、线路管道设备安装、装修工程施工承包的单位。施工单位按资质分为总承包、专业承包和劳务分包，总承包又分为特级、一级、二级、三级总承包。施工单位必须在其资质等级许可的范围内承揽工程，禁止超越本单位资质等级许可的业务范围或者以其他施工单位的名义承揽工程。

我国的相关法律法规、国际上权威性的工程咨询业组织及我国住建部、水利部、国家电网公司等的有关合同条件范本中，均明确规定：承包商是工程施工安全的责任方。这里需要明确的一点是："承包商"是指施工企业法人单位。

在与业主方签订的工程承包合同中，承包商的最基本的义务就是应该在合同规定的竣工时间内，将一个质量合格的工程按时交付给业主。在工程建造过程中的一切事宜（包括施工组织设计、施工方法及施工机械的选用、安全管理、环境管理等）都是承包商为完成要交付给业主的永久性工程所采用的各种临时性措施，尽管监理工程师可以对这些措施进行审查、监督和检查，提出要求和建议，但承包商拥有对这些临时性措施的安排和决定权，因而承包商应对其生产中的安全负全部责任。关于对工作人员的工伤社会保险，《建筑法》《安全生产法》《建设工程施工合同（示范文本）》中均有明确的规定。要强调的一点是，如经业主批准工程延期竣工，则承包商要及时补办延长保险期限，否则将对此期间发生安全事故时涉及的有关工伤人员承担全部赔偿责任。

无论是建设单位、施工单位还是监理单位，三者都具有一定的角色复杂性。例如，建设单位的概念在工程建设中常常与甲方、业主等交互混用。施工单位的角色复杂性来自于工程建设项目单件性和离散性的特点，不同于制造业的生产经营单位，建筑行业的施工单位以承包方式组织项目施工，在承包方式上存在多家施工单位平行承包和多级总分包的复杂形式，更有违法层层分包和非法转包的情形。现行法律法规中，仅仅笼统地以"施工单位"为法律关系主体，列出了其应当履行的安全生产管理职责，并未考虑实际存在的复杂承包关系带来的各施工单位安全职责交叉混乱问题。

因此，根据项目的承发包方式和现场项目组织特点，细化总包单位、分包单位及平行承包单位、施工管理单位在平行作业、交叉作业和前后作业等各类情形下安全管理职责和法律责任的区分，不仅能从根源上消除组织混乱带来的安全水平提升障碍，还将有助于极大地提升业主和监理单位对施工安全生产的监督和管理效果。

3. 工程监理单位

监理单位是指经过建设行政主管部门的资质审查，受建设单位委托，依照国家法律法规要求和建设单位要求，在建设单位委托的范围内对建设工程进行监督管理的单位。我国的工程监理属于国际上业主方项目管理的范畴，履行相当于 FIDIC 和 ICE 合同条件中的"工程师"或 AIA 合同条件中的"建筑师"的职责和行使相应的权力，在国际上把这类服务归为工程咨询（工程顾问）服务。建设工程监理单位的资质等级分为甲、乙、丙三级，不同资质等级的建设工程监理单位承担不同的建设工程监理业务。

监理工程师是受雇于业主，按照业主与监理工程师的合同中规定的职责范围，以及业主和承包商签订的合同中规定的监理工程师的职责和权限，行使合同中赋予的权力，为业主进行项目管理。监理工程师属于业主的人员，不是独立的第三方，无权更改合同，也无权解除业主和承包商任一方的义务或责任。

　　监理工程师应按照业主和承包商签订的合同管理工程项目的实施，以使业主按合同规定的工期得到一个质量合格的工程，同时协助业主控制投资。监理工程师应对承包商的施工工作进行检查、监督和管理，而不宜对承包商的施工方法、各类临时工程的修建和施工措施（包括安全措施）具体指挥和干预。如果监理工程师发现承包商的工作计划拖延或施工措施不当，将影响到工程质量时，可以及时提出意见和建议，但这是为了业主的利益，具体的改进措施应该由承包商来决定和负责。如果工程师由于渎职或未尽到其监督和管理的职责，从而给业主造成了损失，也应承担一定的赔偿责任，但以监理合同中的约定为限。在国外这种赔偿一般均通过职业责任保险来解决。

　　依照我国《刑法》规定："建设单位、设计单位、施工单位、工程监理单位违反国家规定，降低工程质量标准，造成重大安全事故的，对直接责任人员，处五年以下有期徒刑，或者拘役，并处罚金；后果特别严重的，处五年以上十年以下有期徒刑，并处罚金"（第131条）。

　　在一些特殊情况下，监理工程师应对安全生产承担法律责任：

　　（1）《建筑法》规定："工程监理单位与建设单位或者建筑施工企业串通，弄虚作假、降低工程质量的，责令改正，处以罚款，降低资质等级或者吊销资质证书；有违法所得的，予以没收；造成损失的，承担连带赔偿责任；构成犯罪的，依法追究刑事责任"（第六十九条）。

　　（2）《建筑法》规定："工程监理单位与承包单位串通，为承包单位谋取非法利益，给建设单位造成损失的，应当与承包单位承担连带赔偿责任"（第三十五条）。

　　（3）监理工程师在施工过程中未对工程进行认真验收，从而发生工程质量事故，造成重大安全事故的。

　　（4）监理工程师存在腐败、受贿行为，批准不合格的分包商进场施工，从而造成工程质量事故，引发重大安全事故的。

　　（5）监理工程师存在腐败、受贿行为，与供货商勾结，批准使用不符合安全要求的材料和设备，从而导致重大安全事故的。

4. 勘察单位和设计单位

　　勘察单位是指已通过建设行政主管部门的资质审查，从事工程测量、水文地质和岩土工程等工作的单位。

　　工程勘察资质分为综合类、专业类和劳务类。综合类包括工程勘察所有专业；专业类是指岩土工程、水文地质勘察、工程测量等专业中的某一项；劳务类是指岩土工程治理、工程钻探、凿井等。综合类资质只设甲级；专业类资质原则上设甲、乙两个级别，确有必要设置丙级勘察资质的地区经住建部批准后方可设置专业类丙级；劳务类资质不分级别。

设计单位是指经过建设行政主管部门的资质审查，从事建设工程可行性研究、建设工程设计、工程咨询等工作的单位。

工程设计行业资质设甲、乙、丙三个级别，除建筑工程、市政公用、水利和公路等行业工程设计丙级资质可独立进入工程设计市场外，其他行业工程设计丙级资质设置的对象仅为企业内部所属的非独立法人设计单位。

在建设工程安全生产中，勘察设计单位的角色一直非常模糊。尽管要求"设计单位应当考虑施工安全操作和防护的需要"，但是仅在"未按照法律、法规和工程建设强制性标准进行勘察、设计"或"采用新结构、新材料、新工艺的建设工程和特殊结构的建设工程，设计单位未在设计中提出保障施工作业人员安全和预防生产安全事故的措施"的情况下，才可能在事故发生后被追究法律责任。因此设计单位在进行工程设计时，仍固守于传统的要求，而未认真思考施工安全技术的发展与创新。目前法律法规的规定使得设计单位很少参与安全生产活动，这从目前公开的事故处罚中很少见到设计单位被追究责任的情况可以得到证明。

但是，设计阶段却是主动影响建筑安全生产的关键，如图 2—1 所示。设计阶段对安全的影响类似于对项目其他目标（如费用、进度和质量）的影响，即设计单位通常可以预先采取措施消除或降低风险，从项目内在本质上提高工程建设的安全生产管理水平。一方面因为设计方案在很大程度上确立了施工的方法及工序，也基本上确定了项目可能存在的危害与必然面临的风险来源；另一方面，施工单位在施工中所能实行的安全控制方法，很大程度上受制于设计图样和施工规范。如果在设计阶段没有考虑施工阶段的作业活动和机具设备等本质安全需求，施工单位就只能被动地采取安全措施，去处理施工过程中面临的所有风险。

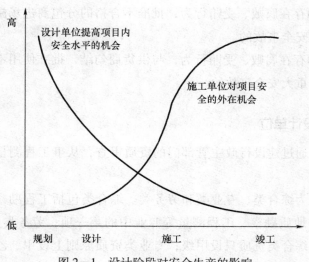

图 2—1　设计阶段对安全生产的影响

5. 其他单位

与建设工程安全生产相关的其他单位包括提供机械设备和配件的单位、出租单位、拆装单位、检验检测单位等。

第二节 基本建设程序

在我国，按照基本建设主管部门的规定，进行基本建设，必须严格执行程序。遵循基本建设程序，先规划研究，后设计施工，有利于加强宏观经济计划管理，保持建设规模和国力相适应；还有利于保证项目决策正确，又快又好又省地完成建设任务，提高基本建设的投资效果。

基本建设程序是对基本建设项目从酝酿、规划到建成投产所经历的整个过程中的各项工作开展先后顺序的规定。基本建设程序一般可划分为决策阶段、设计阶段、工程建设阶段、竣工验收阶段。从建设工程全寿命周期来看，还包括日常使用阶段、加固改造阶段和拆除阶段。

一、基本建设项目的决策阶段

基本建设程序，是指基本建设全过程中各项工作必须遵循的先后顺序。它是指基本建设全过程中各环节、各步骤之间客观存在的不可破坏的先后顺序，是由基本建设项目本身的特点和客观规律决定的；进行基本建设，坚持按科学的基本建设程序办事，就是要求基本建设工作必须按照符合客观规律要求的一定顺序进行，正确处理基本建设工作中从制定建设规划、确定建设项目、勘察、定点、设计、建筑、安装、试车，直到竣工验收交付使用等各个阶段、各个环节之间的关系，达到提高投资效益的目的，这是关系基本建设工作全局的一个重要问题，也是按照自然规律和经济规律管理基本建设的一个根本原则。

1. 项目建议书阶段

（1）概念

项目建议书是项目建设筹建单位，根据国民经济和社会发展的长远规划、行业规划、产业政策、生产力布局、市场、所在地的内外部条件等要求，经过调查、预测分析后，提出的某一具体项目的建议文件，是基本建设程序中最初阶段的工作，是对拟建项目的框架性设想，也是政府选择项目和进行可行性研究的依据。

（2）作用

项目建议书的主要作用是通过论述拟建项目的建设必要性、重要性、可行性，以及获得的可能性，向国家推荐建设项目，供政府有关部门选择并确定是否进行下一步的工作。

（3）基本环节

1）编制项目建议书。有些部门在提出项目建议书之前还增加了初步可行性研究工作，对拟建项目初步论证后，再进行编制项目建议书。

项目建议书的内容一般应包括以下几个方面：拟建项目的必要性和依据；产品方案，建设规模，建设地点初步设想；建设条件初步分析；投资估算和资金筹措设想；项目进度初步安排；效益估计；环境影响的初步评价等。

2）办理项目选址规划意见书。

3）办理建设用地规划许可证和工程规划许可证。

4）办理土地使用审批手续。

5）办理环保审批手续。

在完成以上工作的同时，可以做好以下工作：进行拆迁摸底调查，并请有资质的评估单位评估论证；做好资金来源及筹措准备；准备好选址建设地点的测绘。

大中型及限额以上项目建议书，先报行业归口主管部门，同时抄送国家发展与改革委员会。行业归口主管部门初审同意后报国家发展与改革委员会，国家发展与改革委员会根据建设总规模、生产总布局、资源优化配置、资金供应可能，外部协作条件等方面进行综合平衡，还要委托具有相应资质的工程咨询单位评审后审批。重大项目由国家发展与改革委员会报国务院审批。小型和限额以下项目建议书，按项目隶属关系由部门或地方发展与改革委员会审批。

2. 可行性研究阶段

（1）定义

可行性研究是指对项目在技术上是否可行和经济上是否合理进行科学的分析和论证。通过建设项目在技术、工程和经济上的合理性进行全面分析论证和多种方案比较，提出评价意见。

（2）作用

可行性研究的主要作用是为建设项目投资决策提供依据，同时也为建设项目设计、银行贷款、申请开工建设、建设项目实施、项目评估、科学实验、设备制造等提供依据。

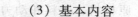

（3）基本内容

由经过国家资格审定的适合本项目的等级和专业范围的规划、设计、工程咨询单位承担项目可行性研究，并形成报告。可行性研究报告一般具备以下基本内容：

1）总论；建设规模和建设方案；市场预测和确定的依据。

2）建设标准、设备方案、工程技术方案；原材料、燃料供应、动力、运输、供水等协作配合条件。

3）建设地点、占地面积、布置方案；项目设计方案；节能、节水措施。

4）环境影响评价；劳动安全卫生与消防；组织机构与人力资源配置；项目实施进度。

5）投资估算；融资方案；财务评价；经济效益评价；社会效益评价；风险分析。

6）招标投标内容和核准招标投标事项；研究结论与建议；附图、附表、附件。

二、基本建设项目的设计阶段

设计阶段是对拟建工程的实施在技术上和经济上所进行的全面而详细的安排，是项目决策的具体化，是把先进技术和科研成果引入建设的渠道，是整个工程的决定性环节，是组织施工的依据。可行性研究报告经批准的建设项目应委托或通过招标选定设计单位，按照批准的可行性研究报告的内容和要求进行设计，编制设计文件。一般设计过程划分为两个阶段，即初步设计和施工图设计。对于重大项目和技术复杂项目，可根据不同行业的特点和需要，增加技术设计阶段，在初步设计后进行。

1. 初步设计阶段

为了使设计能做到技术先进、经济合理、便于施工，常在初步设计之前，于调查研究的基础上，设计出几种方案进行比较，经审查选优确定，然后再进入初步设计阶段。初步设计是根据批准的可行性研究报告和必要而准确的设计基础资料，对设计对象进行通盘研究，阐明在指定的地点、时间和投资控制数内，拟建工程在技术上的可能性和经济上的合理性。

承担项目设计单位的设计水平应与项目大小和复杂程度相一致。按现行规定，工程设计单位分为甲、乙、丙三级，低等级的设计单位不得越级承担工程项目的设计任务。设计必须有充分的基础资料，基础资料要准确；设计所采用的各种数据和技术条件要正确可靠；设计所采用的设备、材料和所要求的施工条件要切合实际；设计文件的深度要符合建设和生产的要求。

初步设计文件应包括：设计依据、原则、范围和设计的指导思想；自然条件和社会经济状况；工程建设的必要性；建设规模、建设内容、建设方案、原材料、燃料和动力等的用量及来源；技术方案及流程、主要设备选型和配置；主要建筑物、构筑物、公用辅助设施等的建设；占地面积和土地使用情况；总体运输；外部协作配合条件；综合利用、节能、节水、环境保护、劳动安全和抗震措施；生产组织、劳动定员和各项技术经济指标；工程投资及财务分析；资金筹措及实施计划；总概算表及其构成；附图、附表、附件。

初步设计不得随意改变批准的可行性研究报告中所确定的建设规模、产品方案、工程标准、建设地址和总投资等基本条件。如果初步设计提出的总概算超过可行性研究报告确定的总投资估算 10% 以上，或者其他主要指标需要变更时，应重新向原审批单位报批。

2. 技术设计阶段

为了进一步解决初步设计中的重大问题，如工艺流程、建筑结构、设备选型等，根据初步设计和进一步的调查研究资料进行技术设计。这一阶段可以使建设工程更具体、技术指标更合理，为顺利进入施工图设计阶段做好准备。

3. 施工图设计阶段

通过招标、比选等方式择优选择设计单位进行施工图设计。施工图设计的主要内容是根据批准的初步设计，绘制出正确、完整和尽可能详尽的建筑安装图样。施工图设计应结合实际情况，完整、准确地表达出建筑物的外形、内部空间的分割、结构体系及建筑系统的组成和周围环境的协调。其设计深度应满足设备材料的安排和非标设备的制作、建筑工程施工要求等。

在设计单位，设计图样是由建筑、结构、设备、电气等专业人员完成各个专业的施工图，设计完成后，进行校对、审核、专业会签等一系列环节，最后一套图样（一般以单项工程为单位）按一定的序列排列，装订成册后提交给委托单位。《建设工程质量管理条例》规定，建设单位应将施工图设计文件报县级以上人民政府建设行政主管部门或其他有关部门审查，未经审查批准的施工图设计文件不得使用。

三、基本建设项目的工程建设阶段

1. 建设准备阶段

（1）编制项目投资计划书，并按现行的建设项目审批权限进行报批。

（2）建设工程项目报建备案。省重点建设项目、省批准立项的涉外建设项目及跨市、州的大中型建设项目，由建设单位向省人民政府建设行政主管部门报建。其他建设项目按隶属关系由建设单位向县以上人民政府建设行政主管部门报建。

（3）建设工程项目招标。业主自行招标或通过比选等竞争性方式择优选择招标代理机构；通过招标或比选等方式择优选定设计单位、勘察单位、施工单位、监理单位和设备供货单位，签订设计合同、勘察合同、施工合同、监理合同和设备供货合同。招标的过程分为：项目核准；比选代理机构；发布招标公告；编制招标文件；发售招标文件；开标；评标、定标；中标候选人公示；中标通知；签订合同；中标备案。

2. 建设实施阶段

（1）开工前准备

项目在开工建设之前要切实做好以下准备工作：

1）征地、拆迁和场地平整。

2）完成"三通一平"，即通路、通电、通水，修建临时生产和生活设施。

3）组织设备、材料订货，做好开工前准备。包括计划、组织、监督等管理工作的准备，以及材料、设备、运输等物质条件的准备。

4）准备必要的施工图样。

（2）办理工程质量监督手续

持施工图设计文件审查报告和批准书，中标通知书和施工、监理合同，建设单位、施工单位和监理单位工程项目的负责人和机构组成，施工组织设计和监理规划（监理实施细则）等资料在工程质量监督机构办理工程质量监督手续。

（3）办理施工许可证

向工程所在地的县级以上人民政府建设行政主管部门办理施工许可证。工程投资额在30万元以下或者建筑面积在300 m² 以下的建筑工程，可以不申请办理施工许可证。

（4）项目开工前审计

审计机关在项目开工前，对项目的资金来源是否正当、落实，项目开工前的各项支出是否符合国家的有关规定，资金是否按有关规定存入银行专户等进行审计。建设单位应向审计机关提供资金来源及存入专业银行的凭证、财务计划等有关资料。

（5）报批开工

按规定进行了建设准备并具备了各项开工条件以后，建设单位向主管部门提出开工申请。建设项目经批准新开工建设，项目即进入了建设实施阶段。项目新开工时间，是指建设项目设计文件中规定的任何一项永久性工程（无论生产性或非生产性）第一次正式破土开槽开始施工的日期。不需要开槽的工程，以建筑物的正式打桩作为正式开工。公路、水库需要进行大量土石方工程的，以开始进行土石方工程作为正式开工。

四、基本建设项目的竣工验收阶段

建设工程按设计文件规定的内容和标准全部完成，并按规定将工程内外全部清理完毕后，达到竣工验收条件，建设单位即可组织竣工验收，勘察、设计、施工、监理等有关单位应参加竣工验收。竣工验收是考核建设成果、检验设计和施工质量的关键步骤，是由投资成果转入使用的标志。竣工验收后，建设单位应及时向建设行政主管部门或其他有关部门备案并移交建设项目档案。

1. 竣工验收的范围和标准

根据国家现行规定，凡新建、扩建、改建的基本建设项目和技术改造项目，按批准的设计文件所规定的内容建成，符合验收标准的，必须及时组织验收，办理固定资产移交手续。

进行竣工验收必须符合以下要求：

（1）项目已按设计要求完成，能满足生产使用。

（2）主要工艺设备配套设施经联动负荷试车合格，形成生产能力，能够生产出设计文件所规定的产品。

（3）生产准备工作能适应投产需要。

（4）环保设施、劳动安全卫生设施、消防设施已按设计要求与主体结构工程同时建成使用。

2. 申报竣工验收的准备工作

竣工验收依据：批准的可行性研究报告、初步设计、施工图和设备技术说明书、现场施工技术验收规范及主管部门有关审批、修改、调整文件等。

建设单位应认真做好竣工验收的准备工作。

（1）整理工程技术资料。各有关单位（包括设计、施工单位）将以下资料系统整理，由建设单位分类立卷，交生产单位或使用单位统一保管：

1）工程技术资料主要包括土建方面、安装方面及各种有关的文件、合同和试生产的情况报告等。

2）其他资料主要包括项目筹建单位或项目法人单位对建设情况的总结报告、施工单位对施工情况的总结报告、设计单位对设计总结报告、监理单位对监理情况的总结报告、质监部门对质监评定的报告、财务部门对工程财务决算的报告、审计部门对工程审计的报告等资料。

（2）绘制竣工图样。它与其他工程技术资料一样，是建设单位移交生产单位或使用单位的重要资料，是生产单位或使用单位必须长期保存的工程技术档案，也是国家的重要技术档案。竣工图必须准确、完整、符合归档要求，方能交付验收。

（3）编制竣工决算。建设单位必须及时清理所有财产、物资和未用完的资金或应收回的资金，编制工程竣工决算，分析预（概）算执行情况，考核投资效益，报主管部门审查。

（4）竣工审计。审计部门进行项目竣工审计并出具审计意见。

3. 竣工验收程序

（1）根据建设项目的规模大小和复杂程度，整个项目的验收可分为初步验收和竣工验收两个阶段进行。规模较大、较为复杂的建设项目，应先进行初验，然后进行全部项目的竣工验收。规模较小、较简单的项目可以一次进行全部项目的竣工验收。

（2）建设项目在竣工验收之前，由建设单位组织施工、设计及使用等单位进行初验。初验前由施工单位按照国家规定，整理好文件、技术资料，向建设单位提出交工报告。建设单位接到报告后，应及时组织初验。

（3）建设项目全部完成，经过各单项工程的验收，符合设计要求，并具备竣工图表、竣工决算、工程总结等必要文件资料，由项目主管部门或建设单位向负责验收的单位提出竣工验收申请报告。

4. 竣工验收的组织

竣工验收一般由项目批准单位或委托项目主管部门组织。

竣工验收由环保、劳动、统计、消防及其他有关部门组成，建设单位、施工单位、勘察设计单位参加验收工作。验收委员会或验收组负责审查工程建设的各个环节，听取各有关单位的工作报告，审阅工程档案资料并实地查验建筑工程和设备安装情况，并对工程设计、施工和设备质量等方面做出全面的评价。不合格的工程不予验收；对遗留问题提出具体解决意见，限期落实完成。

五、基本建设项目的全寿命周期各阶段

1. 使用阶段

工程建设项目的使用阶段又称运营和维护阶段。建设项目投入运营以后能否达到设计的要求，实现其功能，关键就是使用阶段的管理。本阶段管理的目的是维持项目的使用功能，控制项目的运营费用，提高建设项目运行的效率。工程项目使用阶段通常包括物业管

理、物业维护等。物业管理是指受物业所有人的委托，依据物业管理委托合同，对物业的房屋建筑及其设备，市政公用设施、绿化、卫生、交通、治安和环境容貌等管理项目进行维护、修缮和整治，并向物业所有人和使用人提供综合性的有偿服务。物业维护包括预防和发现房屋的"衰老"和"死亡"、维护和养护房屋、规范和指导业主或使用人正常合理地使用房屋、明确房屋维修养护的责任人等方面。

2. 加固改造阶段

建筑物的加固、改造作为改建或扩建工程同样适用《建筑法》《建设工程质量管理条例》等现有法律法规。但同建筑物勘察、设计与建造阶段相比，建筑物的加固与改造对于建筑物使用安全的作用不尽相同。加固与改造是保障建筑物安全性能适用于时代变化所带来的社会、经济、自然环境变化的手段。

总体而言建筑物的加固、改造主要由以下因素引起：

（1）因基本建设高潮的滞后效应，某一时期大量建筑物临近或达到原有设计使用寿命，但经改造加固后仍具有较好经济性和使用价值而进行的加固与改造。

（2）对根据低安全度设计规范建成的既有建筑进行安全校核后，为消除可能的安全隐患而进行的加固与改造。

（3）市场经济条件下由于建筑物归属关系、功能或使用环境变化而引起的建筑物加固与改造。

（4）遭受意外偶然作用，建筑物发生不同程度破坏后，受损的既有建筑灾后的修复性加固与改造。

3. 拆除阶段

为保证房屋建筑物拆除工作的科学合理合法，拆除工作应至少遵从以下程序进行：

（1）建筑物全部或其重要部分确有需要拆除的，其业主必须向当地建设主管部门递交申请，并必须在得到批准后方能拆除。房屋建筑物业主应对建筑物拆除的安全、环境卫生和建筑废料处理与弃置负责，并承担为此而发生的全部费用。

（2）短期废置的房屋建筑物应报当地建设行政主管部门备案，且业主应当采取必要的安全性处置和防范措施，并就相关事宜通知相邻业主或其他人。

（3）必须制定完善的拆除方案，并经当地建设主管部门和城管部门批准后，方可实施对房屋建筑物的拆除。拆除方案中必须包括拆除安全工作相关处置措施和废弃物处理计划。

（4）房屋建筑物的拆除应由具备拆除经验和资质及能够保证安全施工条件的建筑施工单位承担，其负责人及其技术负责人应对拆除工程的现场施工安全负责。

第三节　建筑的基本常识

一、建筑物的基本概念

建筑是建筑物和构筑物的统称。具体说，供人们进行生产、生活或其他活动的房屋和场所称为建筑物，如住宅、医院、学校、商店等；人们不能直接在其内进行生产、生活的建筑称为构筑物，如水塔、烟囱、桥梁、堤坝、纪念碑等。无论是建筑物还是构筑物，都是为了满足一定的功能，运用一定的物质材料和技术手段，依据科学规律和美学原理而建造的相对稳定的人造空间。

建筑通常由三个基本要素构成，即建筑功能、建筑的物质技术条件和建筑形象，简称"建筑三要素"。

1. 建筑功能

建筑功能是指建筑物在物质精神方面必须满足的使用要求。建筑的功能要求是建筑物最基本的要求，也是人们建造房屋的主要目的。不同的功能要求产生了不同的建筑类型，例如各种生产性建筑、居住建筑、公共建筑等。而不同的建筑类型又有不同的建筑特点。所以建筑功能是决定各种建筑物性质、类型和特点的主要因素。

2. 建筑的物质技术条件

建筑的物质技术条件包括材料、结构、设备和建筑生产技术（施工）等重要内容。材料和结构是构成建筑空间环境的骨架；设备是保证建筑物达到某种要求的技术条件；而建筑生产技术则是实现建筑生产的过程和方法。

建筑的物质技术条件受社会生产水平和科学技术水平制约。建筑在满足社会的物质要求和精神要求的同时，也会反过来向物质技术条件提出新的要求，推动物质技术条件进一步发展。物质技术条件是建筑发展的重要因素，只有在物质技术条件具有一定水平的情况下，建筑的功能要求和艺术审美要求才有可能充分实现。

3. 建筑形象

根据建筑的功能和艺术审美要求，并考虑民族传统和自然环境条件，通过物质技术条件的创造，构成一定的建筑形象。构成建筑形象的因素，包括建筑群体和单体的体形、内部和外部的空间组合、立面构图、细部处理、材料的色彩和质感及光影和装饰的处理等。如果对这些因素处理得当，就能产生良好的艺术效果，给人以一定的感染力。

建筑形象并不单纯是一个美观问题，它还常常反映社会和时代的特征，表现出特定时代的生产水平、文化传统、民族风格和社会精神面貌；表现出建筑物一定的性格和内容。例如埃及金字塔、希腊神庙、中世纪的教堂、中国古代宫殿、摩天大楼等，都有不同的建筑形象，反映着不同的社会文化和背景。

建筑三要素中，满足功能要求是建筑的首要目的；材料、结构、设备等物质技术条件是达到建筑目的的手段；而建筑形象则是建筑功能、技术和艺术内容的综合表现。

二、建筑的分类

1. 按建筑物的使用性质分类

建筑分为生产性建筑和非生产性建筑。生产性建筑又分为工业建筑和农业建筑，非生产性建筑又分为居住建筑和公共建筑。

（1）工业建筑

主要供工业生产用的建筑物。工业建筑如冶金、机械、食品、纺织等。

（2）农业建筑

指各类供农业生产使用的房屋，如粮仓、温室、种子库等。

（3）居住建筑

主要指供家庭和集体生活起居用的建筑物。包括各种类型的住宅、公寓和宿舍。

（4）公共建筑

供人们从事各种政治、文化、福利服务等社会活动用的公共建筑物。

2. 按建筑的层数或总高度分类

（1）低层建筑

指 1~3 层建筑。

（2）多层建筑

指 4~6 层建筑。

（3）中高层建筑

指 7~9 层建筑。

（4）高层建筑

指 10 层以上住宅。公共建筑及综合性建筑总高度超过 24 m 为高层。

（5）超高层建筑

建筑物高度超过 100 m 时，不论是住宅还是公共建筑均为超高层。

3. 按承重结构材料分类

按主要承重结构材料分为：砖木结构建筑、混合结构建筑、钢筋混凝土结构建筑、钢结构建筑等。

砖木结构建筑是用砖墙、木楼层和木屋架建造的房屋。这种结构耐火性能差，耗费木材多，已很少采用。

混合结构建筑的主要承重构件由两种以上不同材料组成，如砖墙和木楼板的砖木结构，砖墙和钢筋混凝土楼板的砖混结构等。

钢筋混凝土结构建筑的主要承重构件均用钢筋混凝土制作，这种结构形式普遍应用于单层或多层工业建筑、大型公共建筑及高层建筑中。

钢结构建筑的主要承重构件全部采用钢材。这种结构类型多用于工业建筑和高层、大空间、大跨的民用建筑中。

三、建筑材料

建筑材料是建设工程中所用材料（水泥、砂、石、木材、金属、沥青、合成树脂、塑料等）的总称。

建筑材料可分为结构材料、装饰材料和某些专用材料。结构材料包括木材、竹材、石材、水泥、混凝土、金属、砖瓦、陶瓷、玻璃、工程塑料、复合材料等；装饰材料包括各种涂料、油漆、镀层、贴面、各色瓷砖、具有特殊效果的玻璃等；专用材料指用于防水、防潮、防腐、防火、阻燃、隔音、隔热、保温、密封等的材料。

新型建筑材料是区别于传统的砖瓦、灰、砂石等建筑材料新品种，包括的品种和门类很多。从功能上分，有墙体材料、装饰材料、门窗材料、保温材料、防水材料、黏结和密封材料，以及与其配套的各种五金件、塑料件和各种辅助材料等。从材质上分，不但有天然材料，还有化学材料、金属材料、非金属材料等。

四、建筑构造组成

1. 建筑结构体系

建筑结构是构成建筑物并为使用功能提供空间环境的支承体，承担着建筑物的重力、风力、撞击、振动等作用下所产生的各种荷载；同时又是影响建筑构造、建筑经济和建筑整体造型的基本因素。为此，就要研究建筑物的结构体系和构造形式的选择；影响建筑刚度、强度、稳定性和耐久性的因素；结构与各组成部分的构造关系等。建筑结构体系的类型，基本可分为：木结构建筑、砖混结构建筑和骨架结构建筑（以上为传统结构体系建筑），装配式建筑和工具式模板建筑（以上为现代工业化施工的结构体系建筑），筒体结构建筑、悬挂结构建筑、薄膜建筑和大跨度结构建筑（以上为特种结构体系建筑）等。

2. 建筑部件

对于建筑物来说，屋顶、墙和楼板层等都是构成建筑使用空间的主要组成部件，它们既是建筑物的承重构件，又都是建筑物的围护构件。其功能是抵御和防止风、雨、雪、冻、地下水、太阳辐射、气温变化、噪声及内部空间相互干扰等影响，为提供良好的空间环境创造条件。

（1）基础

基础是建筑物底部与地基接触的承重结构，承受着建筑物的全部荷载，并把这些荷载传递给地基。因此，地基必须固定、稳定、可靠。

（2）墙（或柱）

砌体结构的墙体既是建筑物的承重构件，也是建筑物的围护构件。框架结构的柱是承重结构，而墙仅是分隔空间或抵挡风、雨、雪的围护构件。

（3）楼板层

楼板层是楼房建筑中水平方向的承重构件。楼板将整个建筑物分成若干层，它承受着人、家具及设备的荷载，并将这些荷载传递给墙或柱，它应该有足够的强度和刚度，卫生间、厨房等房间还应具有防水、防潮能力。

（4）地坪

地坪是房间与土层相接处的水平部分，它承受着底层房间中人和家具等荷载，不同性质的房间应该具有不同的功能，如防潮、防滑、耐磨、保温等。

（5）屋顶

屋顶是建筑物顶部水平的围护构件和承重构件。它抵御着自然界对建筑物的影响，承受着建筑物顶部的荷载，并将荷载传递给墙体或柱。屋顶必须具有足够的强度和刚度，并具有防水、保温、隔热等性能。

（6）楼梯

楼梯是建筑物中的垂直交通工具，作为人们上下楼和发生事故时紧急疏散之用。

（7）门窗

门主要用来通行和紧急疏散，窗主要用来采光和通风。开门以沟通室内外联系，开窗以沟通人和大自然的联系。处于外墙上的门和窗属于围护构件。

（8）附属部分

民用建筑中除了上述建筑部件外，还有一些附属部分，如阳台、雨篷、台阶、烟囱等。

3. 建筑配件

为了防止建筑物在使用过程中受到各种人为因素和自然因素的影响或破坏，必须研究下述问题，并采取安全措施，如建筑防火、建筑防震、建筑防爆、建筑防尘、建筑防腐蚀、建筑辐射防护、建筑屏蔽、地下室防水、外墙板接缝防水及变形缝等。

第四节　建筑行业危险源辨识

建筑施工安全危险源是指建设施工活动中可能导致人员伤亡、财产损失及物质损坏、环境破坏等意外潜在的不安全因素，包括人的不安全行为，物的不安全状态，环境、气候等条件的不安全因素，以及这些因素间的相互作用和影响。

在建设工程施工过程中，危险源或事故，既单独出现又互相影响、互为因果。同一危险源在不同的条件下导致的事故风险不尽相同。建筑施工现场安全管理所面对的问题是广泛和复杂的，必须科学、系统地去辨识施工现场的危险源，防止和减少安全事故的发生。

一、危险源及危险源辨识

1. 危险源定义

依据国家标准《职业健康安全管理体系规范》（GB/T 28001—2011），危险源是指可能造成人身伤害和（或）健康损失根源、状态或行为，或其组合。从本质上讲，危险源就是存在能量、有害物质和能量、有害物质失去控制而导致的意外释放或有害物质的泄漏与散发等。

系统安全研究认为危险源的存在是安全事故发生的根本原因，要预防事故就意味着要消除、控制系统中的危险源。

2. 危险源类别

安全科学理论根据危险源在事故发生，发展过程中的作用，把危险源划分为以下两大类（见表2—1）：

（1）第一类危险源

系统中存在的、可能发生意外释放的能量（能量源或能量载体）或危险物质统称为第一类危险源。一般存在于产生、供给能量的装置、设备，使人体或物体具有较高势能的装置、设备和场所、能量载体，一旦失控可能产生能量蓄积或突然释放的装置、设备和场所。

表 2—1　　　　　　　　　　　　　　　危险源类别

类别	特点	作用	备注
第一类危险源	能量与有害物质。系统具有的能量越大，存在的有害物质数量越多，系统的潜在危险性和危害性也相应越大	事故发生的前提，没有第一类危险源就没有能量或危险物质的意外释放，也就没有事故	如油罐、燃气管道等
第二类危险源	主要包括物的故障、人的失误和环境因素。第二类危险源出现的难易决定事故发生的可能性的大小	如果没有第二类危险源破坏对第一类危险源的控制，也不会发生能量或危险物质的意外释放	

（2）第二类危险源

正常情况下，生产过程中的能量或危险物质受到约束或限制，不会发生意外释放，即不会发生事故。但是，一旦这些约束或限制能量或危险物质的措施受到破坏或失效（故障），将发生事故。生产系统中存在的造成约束、限制能量和危险物质措施失效或破坏的各种不安全因素统称为第二类危险源。

在事故发生、发展过程中，两类危险源相互依存、相互作用。第一类危险源决定了发生事故后果的严重程度，第二类危险源决定事故发生的可能性大小。

3. 危险源范围

从危险源的定义得知，危险源所涉及的范围是极其广泛的。因为生产系统中所涉及的各种物质、能量、设备、设施，以及作业场所、作业条件等都是多方面的，所以危险源的范围应该包括：整个生产系统中足以导致火灾、爆炸、腐蚀、触电、灼伤、坠落、滑坡、落物、崩块、坍塌、滑倒、绊倒、碰、撞、碾、砸、压、挤、夹、刺、割、划、钩、挂等事故发生的各种物质、能量、设备、设施，以及作业场所、区域、岗位、环境、条件所潜在的各种不安全因素。

4. 危险源辨识

（1）危险源辨识定义

危险源辨识就是识别危险源并确定其特性的过程。

（2）危险源辨识方法

通常采用询问、讨论、问卷调查、现场观察、案例分析、工作任务分析、安全检查表（SCL）、故障树分析（FTA）等。

（3）危险因素辨识

在进行危险源辨识过程中，需恰当地描述危险、危险因素及后果。根据致因理论，事故是由于物、人、环境、管理几方面的缺陷造成的。在描述中，应把危害及其引起的结果、事故区别开来。对于危险、危险因素应具体，才能对其进行风险评价，即判断出事故发生的可能性和后果的严重程度。

5. 危险源评估

风险评价的方法为内部专家打分法，依据公式对"危险源辨识及评价表"中所列危险因素进行评定，编制"危险源辨识及评价表"。

评价计算公式如下：

$$D = LEC$$

式中　　D——危险性分值；

　　　　L——发生事故的可能性大小；

　　　　E——暴露于危险环境的频繁程度；

　　　　C——发生事故产生的后果。

评价因子取值见表 2—2。

表 2—2　　　　　　　　　　　　　　　L、E、C 取值表

L 值	可能性	E 值	频繁程度	C 值	后果
10	完全可以预料	10	连续暴露	100	大灾难，许多人死亡
6	相当可能	6	每天工作时间内暴露	40	灾难，数人死亡
3	可能，但不经常	3	每周一次，或偶然暴露	15	非常严重，一人死亡
1	可能性小，完全意外	2	每月暴露一次	7	严重，重伤
0.5	很不可能，可以设想	1	每年几次暴露	3	重大，致残
0.2	极不可能	0.5	非常罕见地暴露	1	明显，对基本的健康安全不利
0.1	实际不可能				

6. 重大危险源确定

在工业活动中，重大危险源可以定义为"危险物质或能量超过临界量的设备、设施或场所"。其划分主要是以化学物质性质及数量作为标准进行划分的。而按照 L、E、C 判定，可查看 D 值的大小，$D \geq 160$ 的确定为重大风险源。在实际管理中，往往会对危险源进行更为细致的划分，并确定响应部门及负责人等，以某地产公司开发房屋建设项目为例，其重大危险源的分级见表 2—3。

表 2—3 风险等级的处理要求

风险等级	分数值	管理措施要求
1	<20	现场即时控制和处理；班长或以上专业管理人员到场即时处理，事后报告物业服务中心研究布置解决方案
2	20~70	现场即时控制、处理和报告；部门经理到场处理，片区总监负责有关善后和预防纠正工作
3	70~160	现场即时控制、报告；品质管理中心经理即时赶赴现场协助处理，总经理助理研究布置解决方案
4	160~320	现场即时控制和处理；总经理即时赶赴现场指挥，研究布置解决方案
5	>320	现场即时控制和处理；公司所有资源投入解决，并向集团、地产寻求支持

此外，凡具备以下条件的均判定为重大危险源：

（1）不符合法律、法规和其他要求的。

（2）为相关方所强烈关注的。

（3）曾发生过事故，且没有采取有效防范控制措施的。

（4）直接观察到可能导致危险的错误，且无适当控制措施的。

二、建设工程事故概述

1. 定义

事故没有一个统一的定义，传统上认为，事故是在生产和行动进程中突然发生的与人们愿望和意志相反的使上述进程停止或受到干扰的事件。事故的结果总是使上述进程停止或受到干扰，同时可能伴随着人体伤害和物质损坏。《职业健康安全管理体系 要求》（GB/T 28001—2011）将事故定义为造成死亡、职业相关病症、伤害、财产损失或其他损失的意外事件，其他还有很多关于事故的不同定义。

基于以上认识，事故的概念可表述为：人类活动过程中，危险源的风险值达到一定程度时发生的负效应，从而导致生命、健康损失，工作效率降低，以致达不到工作或活动的预期目的。建设工程事故则界定为：在建设工程安全领域，建设生产活动过程中发生的一个或一系列意外的，可导致人员伤亡事件。

2. 分类

从建筑物的建造过程及建筑施工的特点中可以看出，施工现场的操作人员从基础、主体、屋面等分项工程的施工，要从地面到地下，再回到地面，再上到高空。经常处在露天、高处和交叉作业的环境中，因此建设工程事故多发。

根据《企业职工伤亡事故分类》（GB 6441—1986）规定可以将事故分为 20 类，即物体打击、车辆伤害、机械伤害、起重伤害、触电、淹溺、灼烫、火灾、高处坠落、坍塌、冒顶片帮、透水、放炮、瓦斯爆炸、火药爆炸、锅炉爆炸、容器爆炸、其他爆炸、中毒和窒息、其他伤害等。其中，建筑施工的高处坠落、物体打击、触电和机械伤害四个类别的伤亡事故多年来一直居高不下，被称为"四大伤害"。随着建筑物的高度从高层到超高层，其地下室也从地下一层到地下二层甚至地下三层，土方坍塌事故增多，特别是在城市里拆除工程增多，因此，在"四大伤害"的基础上增加了坍塌事故，建设工程施工也就从"四大伤害"变成了"五大伤害"，即高处坠落、物体打击、触电、机械伤害和坍塌。

3. 分级

根据《生产安全事故报告和调查处理条例》，按生产安全事故造成的人员伤亡或者直接经济损失，事故一般分为以下等级：

（1）特别重大事故，是指造成30人以上死亡，或者100人以上重伤（包括急性工业中毒，下同），或者1亿元以上直接经济损失的事故。

（2）重大事故，是指造成10人以上30人以下死亡，或者50人以上100人以下重伤，或者5 000万元以上1亿元以下直接经济损失的事故。

（3）较大事故，是指造成3人以上10人以下死亡，或者10人以上50人以下重伤，或者1 000万元以上5 000万元以下直接经济损失的事故。

（4）一般事故，是指造成3人以下死亡，或者10人以下重伤，或者1 000万元以下直接经济损失的事故。

三、常见的事故类型分析

1. 高处坠落

高处坠落是指由于危险重力势能差引起的伤害事故。常易发生的部位有：人员从临边、洞口，包括屋面边、楼板边、阳台边、预留洞口、电梯井、楼梯口等处坠落；从脚手架上坠落；龙门架（井字架）物料提升机和塔吊在安装、拆除过程中坠落；安装、拆除模板时坠落；结构和设备吊装时坠落。

造成高处坠落事故最主要的原因是作业和设备因素，如图2—2所示。

其中作业因素比例较大的原因是"违反操作规程或劳动纪律"，即处于高空作业的施工人员大量的不安全行为使操作规程中对安全性的考虑并没有达到应有的保护作用，使事故多发。

而设备因素主要集中在"设备本身安全性考虑不足""设备缺陷"等可能存在的质量问题或安全隐患，没有充分考虑设备操作人员的安全问题；另外"安全防护用品配备不足

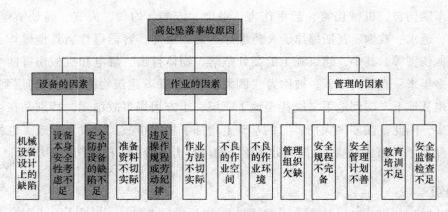

图 2—2 高处坠落事故类型的主要原因

注：阴影部分表示重要原因。

或有缺陷"也是重要的原因之一，它使高空作业人员在发生高空坠落时失去最后的安全保障，引发较多的高处坠落事故。

2. 坍塌

坍塌是指建筑物、堆置物等倒塌及土石塌方引起的事故。施工中发生的坍塌事故主要是：现浇混凝土梁、板的模板支撑失稳倒塌、基坑边坡失稳引起土石方坍塌、拆除工程中的坍塌、施工现场的围墙及在建工程屋面板质量低劣坍落。

造成坍塌事故最主要的原因是作业和设备因素，如图 2—3 所示。

造成坍塌的作业因素主要包括两方面原因："违反操作规程或劳动纪律"和"恶劣的作业环境"。如在隧道施工中未采用超前探孔方法而直接贸然开挖，遇到地质问题（松土层、溶洞或断裂带）则会造成隧道坍塌等严重的伤害事故；施工放坡、隧道等施工中若遇到恶劣的地质环境，也同样会造成坍塌等伤害事故。

造成坍塌的设备因素主要包括两方面原因："设备本身安全性考虑不足"及"设计技术上的缺陷"。设备自身的稳定性不够及设计技术上存在的质量缺陷容易导致操作过程中设备的失稳倒塌，造成人员的坍塌伤害。

3. 物体打击

物体打击是指失控物体的惯性力造成的人身伤害事故。常易发生的部位有：人员受到同一垂直作业面的交叉作业中和通道口处坠落物体的打击。

统计表明，引发物体打击事故的基本原因中，最主要的是设备和作业因素，如图 2—4 所示。

物体打击事故引发的客观条件是施工现场存在着大量的机械设备，它们本身的安全性

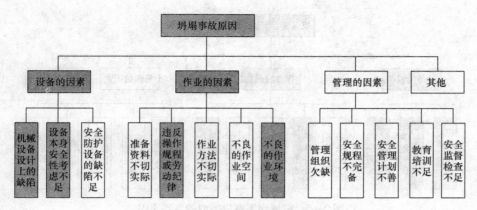

图 2—3　坍塌事故类型的主要原因

注：阴影部分表示重要原因。

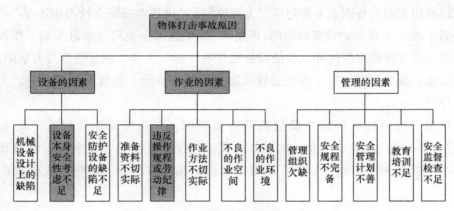

图 2—4　物体打击事故类型的主要原因

注：阴影部分表示重要原因。

考虑不足导致的设备倒塌等会对正在现场施工的人员造成很大的威胁，因此设备因素导致物体打击事故的比例会比较大；在进一步对设备因素的分析中发现，"设备本身安全性考虑不足"是最重要的原因。另外，对作业因素进行更细致的分析可知，"违反操作规程或劳动纪律"是最重要的原因，作业中的不安全操作使机械设备等的运行处于不安全状态而引发事故，如在用塔吊运输物料时没有按要求绑牢致使物料在高空中脱落伤及地面施工人员就是典型的例子，因此作业因素也是导致事故发生重要的原因之一。

4. 机械伤害

机械伤害是指机械设备与工具引起的绞、碾、碰、割、切等伤害，主要是垂直运输机械设备、吊装设备、各类桩机等对人的伤害。机械伤害包括机具伤害和起重伤害，如图 2—5 所示。

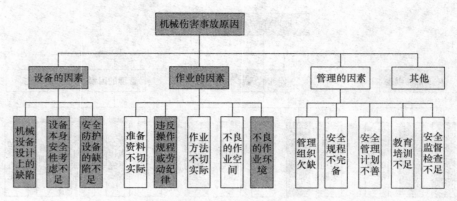

图2—5　机械伤害事故类型的主要原因

注：阴影部分表示重要原因。

造成机械伤害的设备因素主要包括三方面原因："设备本身安全性考虑不足""设计技术上的缺陷"及"安全防护设备的缺陷/不足"。一些施工企业只注重赶工期、拼设备，忽视了设备的安全管理和维修保养，致使设备经常带"病"工作，或买进本身有缺陷的设备，造成众多隐患，极易引发伤害。安全装置和防护设施不齐全、设置不当或失灵，无法起到安全防护作用。

造成机械伤害的作业因素主要包括两方面原因："违反操作规程或劳动纪律"和"不良的作业环境"。某些施工企业的操作人员不但技术素质差，安全意识和自我保护能力也差，有的甚至未经培训就上岗，出现冒险蛮干和违章作业，最终造成机械伤害事故的发生。

5. 触电

触电是指电流流经人体，造成生理伤害的事故。常易发生的情况有：对经过或靠近施工现场的外电线路没有或缺少防护，在搭设钢管架、绑扎钢筋或起重吊装过程中，碰触这些线路造成触电；使用各类电气设备触电；因电线破皮、老化，又无开关箱等触电。

造成触电伤害事故最主要的原因是作业因素。引发触电致死的现场人员多数是由于违反安全用电规程从事施工作业，因此作业因素的比例较高，如图2—6所示。

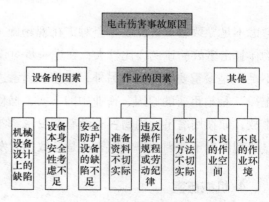

图2—6　电击伤害事故类型的主要原因

注：阴影部分表示重要原因。

四、建筑施工伤亡事故产生的原因

1. 建筑业事故的直接危险原因

建筑业事故的直接危险原因即建筑施工现场造成事故的直接因素，主要包括：

（1）违章指挥和违章作业大量存在

项目管理人员经常受到工期或成本的巨大压力，操作人员不了解或不熟悉安全规定和操作规程，而且总是存在侥幸心理。这些往往导致大量的违章指挥和违章作业行为。

（2）作业环境与作业条件本身存在危险

表现为施工现场地质条件复杂、空间密闭、场地狭窄、露天作业、高空作业等恶劣的工作环境及天气条件；铁路、交通、电力及水利等工程大多在远离城市的野外环境中施工作业，部分施工现场的岩体构造复杂，易受周边的地形地质条件影响等。

（3）施工设备与技术存在缺陷

表现为设备本质安全性不足，施工设备机具的设计与质量存在缺陷，维护保养不及时、不认真，施工技术和工法没有充分考虑安全问题等。

（4）安全防护设施存在缺陷

施工现场的防护设施设置不符合有关标准规定，设施与设备本身也存在缺陷或不足；工人只能配备简单的安全帽、安全带等个人防护用品，而特殊工种必需的呼吸面罩、护目镜、耳塞和安全鞋等则很难保证。

2. 引发建筑业事故直接危险的因素

引发建筑业事故直接危险的因素一般来自于企业和项目的组织与管理方面，主要包括：

（1）企业对安全生产仍然没有充分的理解和重视

企业的安全管理工作往往停留在口头上，落实不到位；大多企业对安全重视程度不够，只愿意把钱花在进度与质量上，而不愿花在安全上；建设、施工单位的中高层管理者对安全的认识更多是出于对"责任追究"的恐惧，而非出于对工人生命的尊重与爱护。

（2）企业安全方针和目标不明确、管理制度不完善且落实性差

绝大部分企业缺乏明确的安全与健康方针，部分企业尚缺乏明确的量化安全与健康的管理目标；安全管理制度严重滞后，安全组织机构、项目安全生产保证体系、安全生产责任制等管理制度体系不完善且没有针对性；绝大多数企业的安全与健康管理体系仅停留在纸面上，根本无法落实。

（3）企业各方责任不明确不落实

现行条例赋予设计方的安全责任过于笼统且没有细则，设计方在设计过程中不能充分

考虑施工安全操作和防护的需要，不能就防范生产伤害事故给予实质性的安全指导；监理单位的安全责任在实践中仍存在不少争议，安全监理的能力和经验不足，相应的费用也不落实；建设单位往往向施工单位提出技术和经济上难以达到的工期和成本要求而不考虑其带来的安全风险。处于弱势地位的施工单位不敢向监管机构反映真实情况，监管机构无法从承包商处了解到建设单位是否及时支付了足够的安全费用；建设单位很少承担事故责任。

（4）现场安全的监督检查和参与度不够

企业及项目管理人员对现场生产安全状况的监督检查不力；项目安全检查与安全会议的频率较低，项目经理很少参加；建设单位对安全管理的参与程度不够，更缺乏一线工人的直接参与。

（5）企业与项目的安全投入不到位

建设单位对必要的安全措施投入不够，资金、人员、措施均不落实，给安全生产带来极大隐患；施工企业和项目的安全投入严重不足，导致安全技术措施不到位，安全防护设备不足或质量低劣；安全人员数量和能力不足导致安全管理不够全面细致，有些方面处于真空状态。

（6）各级安全培训严重走过场

绝大部分企业三级教育的安全培训流于形式，没有贯彻落实；安全培训停留在宣传和文件上，措施不具体，工作不落实，而且内业资料不齐全、不规范，甚至没有相关记录。尤其是一线工人受教育程度较低，同时又缺乏系统充分的安全培训，安全意识薄弱，安全知识不足；建筑施工中安全生产有关的法规、标准和规程只停留在项目管理班子这一层，落实不到施工队伍身上。

（7）安全技术方案质量不高、不落实

工程施工中压缩工期、大量交叉作业和立体施工的情况普遍存在，安全措施不能及时到位，影响施工安全；安全技术方案编制存在照搬照抄规范、标准的现象，没有结合工程特点和项目部的实际情况；专项安全技术方案的技术交底不到位；未按标准规范编制专项方案、未经审批或专家论证就擅自进行施工，不按照技术方案和交底进行施工及安全技术方案、安全交底不能落实到班组和一线作业人员。

（8）隐瞒事故的情况时有发生

参建单位往往不重视施工过程安全，而是在事故发生以后千方百计隐瞒事故，通过各种渠道干扰事故调查，造成事故的少报、漏报、瞒报的现象大量存在。

3. 建筑市场与政府监管方面的深层原因

（1）建筑市场极不规范，缺少对分包商的安全管理

建筑市场非法分包、挂靠等现象十分严重；多重分包导致层层盘剥，现场的安全措施

费用投入严重不足；多重分包也导致安全信息沟通不畅，一线工人和管理层之间缺乏必要的安全信息的沟通交流，特别是必要的安全培训和安全会议往往流于形式。

（2）建筑市场的恶性竞争使得施工企业无力顾及安全生产

房建市场的激烈竞争导致建筑业行业利润率非常低，企业的技术改造和安全技术的进步受到严重制约；同时房屋市政建设市场的买方市场特点和最低价中标制度，造成承包商与项目经理往往选择降低安全投入，使项目的文明施工与安全费用严重不足。

（3）建筑工人的流动性对企业安全管理的影响很大

工人的流动性大使得企业不愿意花时间花钱去专门组织安全培训，使得一线工人普遍缺乏起码的安全知识。

（4）政府监管部门的资源不足且分工不够明确

政府安全监管执法的财政和人力资源有限，有些部门和地方行政主管部门安全监管机构不健全，人员配备不足，信息没有渠道，经费没有来源；各政府监管部门之间的职能分工不够明确，存在职能交叉和责权不统一的情况，如综合监管与行业监管之间的职能不够清晰且存在监管空白。

（5）政府监管的力度尚需加强

各级建筑安全监督机构对施工项目的定期检查和抽查的方法有待改进，对工地安全状况的检查监控效率不高；执法人员的专业素质和工作态度有待改进；交通、水利等建设行业的主管部门开展安全监管的时间尚短，监管经验不足，而且人员配备等方面存在资源紧张问题。

（6）事故统计和处理不够严格，违法成本过低

事故统计口径不一、范围模糊，数据失真；大量伤害事故没有得到完全统计，政府难以全面把握安全生产形势；法律法规的罚则不够严厉，企业违法成本低，起不到应有的威慑作用；事故的调查处理结果过于强调导致事故的客观原因，对管理方面的问题分析不够；此外，事故调查过程容易受到其他人员或单位的影响，导致事故处理起不到应有的作用。

（7）安全文化促进活动的作用有限

安全文化促进活动形式单一，多为表面化的短期行为，难以从深层次提升行业安全文化；如"创建文明工地活动"针对建设项目的硬环境提出了具体要求，很大程度上改善了现场的工作和生活环境，但对从深层次提高全员的安全意识强调不够；而"安全生产月"是针对所有行业的，一年一度的表面宣传和检查对建筑业的影响有限。

4. 政策法规和产业特征等原因

（1）法律法规和标准规范不完善、不合理

针对违反安全标准的行为处罚规定不够细致，处罚额度空间较大，且不同时期出台的法规处罚规定不一致；建筑安全方面的技术标准及管理规范均存在涉及内容不全面、规定

条目多限于定性的概括，指导性作用不强等问题；行业标准如公路工程等更新缓慢；法规标准之间存在内容重复或冲突问题，导致施工企业在贯彻各部委、各地方出台的法规标准的过程中，因其内容的重复或冲突使企业很难落实。

（2）建设工程本身的不安全特性

建设工程本身具有复杂性，建设过程中的安全性和可靠性不仅取决于施工人员的行为，还取决于各种施工机具、材料及建筑产品（统称为物）的状态；工程施工具有单件性，不同工程项目在不同施工阶段的事故风险类型和预防重点各不相同，项目施工过程中的各种风险层出不穷；工程施工具有离散性，施工工人分散于施工现场的各个部位，必须不断适应一直在变化的人—机—环境系统，并且对自己的作业行为做出决定；建设项目施工环境的多变性，施工大多在露天的环境中进行，工人的工作条件差，且工作环境复杂多变。

（3）建筑业劳动力密集、技术进步缓慢

建筑业机械化程度不高，属于劳动密集型产业，高度依赖工人超负荷的体力劳动；复杂地形地质环境下的施工技术不成熟，工人的安全防护手段也比较落后。

第三章 基础工程及安全技术

······📖 **本章学习目标**······

1. 了解基础工程的施工内容。

2. 掌握地基与基础工程的危险源辨识及安全管理措施。

第一节 基础工程概述

基础工程是整个建筑施工过程中最基础的工程，几乎每一项建筑工程都是从地基与基础工程施工开始的。

基础工程包括土石方工程、基坑工程、地基处理工程、桩基础工程。其中，土石方工程在地基与基础工程中占有很大一部分比重，其实土石方工程基本包含基坑工程的内容，也涉及地基处理的一些内容。因此，在下面介绍时将基坑工程的一部分内容融入土石方工程中介绍。

一、土石方工程

土石方工程是建筑工程施工中的主要工程之一，也是整个建筑工程全部施工过程中最基础的部分。

土石方工程主要包括土的挖掘、填筑和运输等过程，以及排水、降水和土壁支撑等准备和辅助过程。常见的土石方工程有场地平整、基坑（槽）及管沟开挖、地坪填土及基坑回填等。

土石方工程具有工程量大、施工工期长、劳动强度大的特点，如大型建设项目的场地平整和深基坑开挖中，施工面积可达数百万米^2，土石方工程量可达数百万米^{3}以上。土石方工程的另一个特点是施工条件复杂又多为露天作业，受气候、水文、地质和邻近建（构）筑物等条件的影响较大，且天然或人工填筑形成的土石成分复杂，难以确定的因素较多。因此在组织土石方工程施工前，必须做好施工前的准备工作，完成场地清理，仔细研究勘察设计文件并进行现场勘察；制定严密合理和经济的施工组织设计，做好施工方案，选择好施工方法和机械设备，尽可能采用先进的施工工艺和施工组织，实现土石方工程施工综合机械化。制定合理的土方调配方案、保证工程质量的技术措施和安全文明施工措施，对质量通病采取预防措施等。

1. 土的分类

土的分类方法很多，根据不同的分类依据将土的分类叙述如下：

（1）土根据其颗粒级配或塑性指数，可以分为碎石类土、砂土和黏性土。碎石类土根据颗粒形状和级配又分为漂石、块石、卵石、碎石、圆砾、角砾；砂土根据颗粒级配又分为砾砂、粗砂、中砂、细砂、粉砂；黏性土根据塑性指数又分为黏土、粉质黏土、黏质粉土。

（2）根据土的工程性质可将土分为岩石、碎石类土、砂类土、粉土、黏性土和人工填土。

（3）根据土所具有的特殊性质可分出特殊性土，如软土、膨胀土、黄土、红黏土、盐渍土和冻土。

（4）在土石方工程中为了施工需要，根据土石方开挖的难易程度从一类到八类依次分为松软土、普通土、坚土、砂砾坚土、软石、次坚石、坚石、特坚石，前四类是一般土，后四类是岩石。

2. 土石方工程施工

（1）土方施工前的准备工作

1）场地清理包括拆除施工区域内的房屋、古墓，拆除或搬迁通信和电力设备、上下水及其他构筑物，迁移树木，清除树墩及含有大量有机物的草皮、耕植土和河淤等。

2）地面水排除。场地内积水影响施工，故地面水和雨水均应及时排走，使场地内保持干燥。排除地面水一般采用排水沟、截水沟、挡水土坎等。临时性排水设施应尽可能与永久性排水设施相结合。

3）修好临时供水、供电、供压缩空气管线等临时设施，并试水、试电、试气。搭设必需的临时工棚（工具、材料库、油库、维修棚、休息棚、办公棚）等。

4）修建运输道路。修筑场地内机械运行的道路，宜结合永久性道路修建。路面两侧设排水沟。

5）做好设备运转。对进场的土方机械、运输车辆及各种辅助设备进行维修检查、试运转并运往现场。

6）编制土石方工程施工组织设计。主要确定挖、填土方和边坡处理方法，土方开挖机械及组织，填方土料及回填方法。

（2）土方开挖

在土方开挖之前应根据工程结构形式、开挖深度、地质条件、气候条件、周围环境、施工方法、施工工期和地面荷载等有关资料，确定土方开挖和地下水控制施工方案。

1）斜坡挖土方。斜坡开挖的施工中，要解决的问题是确保斜坡稳定，防止斜坡塌方。斜坡开挖土方，必须根据土的类别、开挖深度、边坡留置时间、坑边环境及地下水位等情况确定边坡坡度，确保边坡的稳定，从而保证施工的安全，杜绝塌方事故的发生。

2）滑坡地段挖土。滑坡通常是由于地表水及地下水的作用或受地震、爆破、切坡、堆载等因素的影响，斜坡土石体在重力的作用下，失去其原有的稳定状态，沿着斜坡方向向下做长期而缓慢的整体移动。

（3）填土

土壤是由矿物颗粒、水、气体组成的三相体系。其特点是分散性较大，颗粒之间没有坚固的连接，水容易浸入。因此，在外力作用下或自然条件下遭受浸水或冻融都会发生变形。为了保证填土的强度和稳定性要求，必须正确选择土料和填筑方法。

1）土料的选择

①碎石类土、砂土和爆破石渣可用于表层下的填料。

②含水量符合压实要求的黏性土，可用作各层填料。

③碎块草皮，仅用于无压实要求的填方。

④淤泥和淤泥质土一般不能用作填料，但在软土或沼泽地区，经过处理使含水量符合压实要求后，可用于填方中的次要部位。

⑤含有水溶性硫酸盐大于5%的土，不能用作回填土，在地下水作用下，硫酸盐会逐渐溶解流失，形成孔洞，影响土的密实性。

⑥冻土、膨胀性土等不应作为填方土料。

2）填土方法。填土应分层进行，每层厚度应根据所采用的压实机具及土的种类而定。

同一填方工程应尽量采用同类土填筑，如采用不同土填筑时，必须按类别分层铺筑，透水性较大的土层应置于透水性较小的土层之下。若已将透水性较小的土填筑在下层，则在填筑上层透水性较大的土壤之前，应将透水层较小的土层表面做成中央高些、四周略低的弧面排水坡度，以免填土内形成水囊。绝不能将各种土混杂在一起填筑。

当填方位于倾斜的地面时，应先将斜坡改成阶梯状，然后分层填土以防填土滑动。

（4）填土压实方法

填土的压实方法一般有碾压、夯实、振动压实等几种。

碾压法是由沿填筑面滚动的鼓筒或轮子的压力压实土壤，多用于大面积填土工程。

夯实法是利用夯锤自由下落时的冲击力来夯实土壤，主要用于基坑、沟及各种零星分散、边角部位的小型填方的夯实工作。优点是可以夯实较厚的土层，且可以夯实黏性土和非黏性土。

振动压实法是将振动压实机放在土层表面，借助振动机构使压实机械振动，土颗粒发生相对位移而达到紧密状态。这种方法主要用于非黏性土的压实。

影响土壤压实效果的因素有内因和外因两方面。内因指土质和土的湿度；外因指压实功能（如机械性能、压实时间和速度、土层厚度）、压实时的外界自然和人为的其他因素等。

3. 土方边坡

在土方开挖之前，在编制土石方工程的施工组织设计时，应确定出基坑（槽）和管沟的边坡形式及开挖方法，确保土方开挖过程中和基础施工阶段土体的稳定。永久性挖方或填方边坡，均应按设计要求施工。

（1）土方边坡表示方法

合理选择基坑、沟槽、路基、堤坝的断面和留设土方边坡，是减少土方量的有效措施。直线形边坡的表示方法如图 3—1a 所示，即：

$$土方边坡坡度 = \frac{h}{b} = \frac{1}{b/h} = 1:m \qquad (3—1)$$

其中 $m = b/h$，称为坡度系数。其意义为：当边坡坡度已知为 h 时，其边坡宽度 $b = mh$。边坡坡度应根据土的性质、开挖深度、开挖方法、地下水位、气候条件及工程特点而定，首先要保证土体稳定和施工安全，其次要节省土方。

（2）放坡的形式

放坡的形式由场地土、开挖深度、周围环境、技术经济的合理性等因素决定，常用的放坡形式有直线形、折线形、阶梯形和分级形，如图 3—1 所示。

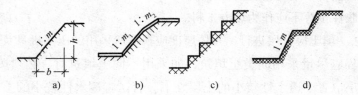

图 3—1　放坡形式
a）直线形　b）折线形　c）阶梯形　d）分级形

当场地为一般黏性土或粉土，基坑（槽）及管沟周围具有堆放土料和机具的条件，地下水位较低，或降水、放坡开挖不会对相邻建筑物产生不利影响，具有放坡开挖条件时，可采用局部或全深度的放坡开挖方法。如开挖土质均匀可放成直线形；如开挖土质为多层不均匀且差异较大，可按各层土的土质放坡成折线形或阶梯形。

（3）放坡坡度

1）根据土石方工程相关规范的规定，当土质均匀且地下水位低于基坑（槽）底或管沟底面标高，开挖土层湿度适宜且敞露时间不长时，其挖方边坡可做成直壁，不加支撑，但挖方深度不宜超过表 3—1 中的有关规定。

表 3—1　　　　　　基坑（槽）和管沟不加支撑时的容许深度　　　　　　　　　　m

土的类别	挖方深度
密实、中密的砂土和碎石土（充填物为砂土）	1.0
硬塑、可塑的粉质黏土及粉土	1.25
硬塑、可塑的黏土和碎石类土（充填物为黏性土）	1.50
坚硬的黏土	2.0

2）最陡坡度。在地质条件良好，土质均匀，且地下水位低于基坑（槽）或管沟底面标高时，挖方深度在 5 m 以内不加支撑的边坡的最陡坡度不得超过表 3—2 的规定。

表 3—2　　　深度在 5 m 内的基坑（槽）、管沟边坡的最陡坡度（不加支撑）

土的类别	边坡坡度（高：宽）		
	坡顶无荷载	坡顶有荷载	坡顶有动荷载
中密的砂土	1：1.00	1：1.25	1：1.50
中密的碎石类土（填充物为砂土）	1：0.75	1：1.00	1：1.25
硬塑的黏质粉土	1：0.67	1：0.75	1：1.00
中密的碎石类土（填充物为黏性土）	1：0.50	1：0.67	1：0.75
硬塑的粉质黏土、黏土	1：0.33	1：0.50	1：0.67
软土（经井点降水后）	1：1.00	—	—

注：①静荷载指堆土或材料；动荷载指机械挖土或汽车运输作业等。在挖方边坡上侧堆土或材料及移动施工机械时，应与挖方边缘保持一定距离，以保证边坡的稳定，当土质良好时，堆土或材料距挖方边缘 0.8 m 以外，高度不超过 1.5 m。

②当有成熟经验时，可不受本表限制。

3）岩石边坡。应符合表 3—3 的要求。

4）分级放坡开挖的要求。分级放坡开挖时，应设置分级过渡平台。对深度大于 5 m 的土质边坡，各级过渡平台的宽度为 1.0~1.5 m，必要时可选 0.6~1.0 m，小于 5 m 的土质边坡可不设过渡平台。岩石边坡过渡平台的宽度不小于 0.5 m，施工时应按上陡下缓原则开挖，坡度不宜超过 1：0.75。对于砂土和用砂填充的碎石土，分级坡高 $H \leqslant 5$ m，坡度按自然休止角确定；人工填土放坡坡度按当地经验确定。

表 3—3　　　　　　　　　　　　岩石边坡

岩石类别	风化程度	坡度容许值（高宽比）	
		坡高在 8 m 以内	坡高 8~10 m
硬质岩石	微风化	1：（0.10~0.20）	1：（0.20~0.35）
	中等风化	1：（0.20~0.35）	1：（0.35~0.50）
	强风化	1：（0.35~0.50）	1：（0.50~0.75）

续表

岩石类别	风化程度	坡度容许值（高宽比）	
		坡高在 8 m 以内	坡高 8~10 m
软质岩石	微风化	1：(0.35~0.50)	1：(0.50~0.75)
	中等风化	1：(0.50~0.75)	1：(0.75~1.00)
	强风化	1：(0.75~1.00)	1：(1.00~1.25)

注：表中碎石土填充物为坚硬或硬塑状态的黏性土。

4. 土壁支护

在基坑（槽）或管沟开挖时，为了缩小工作面，减小土方开挖量，或因土质不良且受场地限制不能放坡时应设置支护体系，即土壁支护体系。

支护体系主要由围护结构和撑锚结构两部分组成。围护结构主要承担土压力、水压力、边坡上的荷载，并将这些荷载传递到撑锚结构。撑锚结构为水平部分，除承受围护结构传递来的荷载外，还要承受施工荷载（如施工机具、堆放的材料、堆土等）和自重。所以说支护体系是一种空间受力结构体系。

围护结构一般为临时结构，待建筑物或构筑物的基础施工完毕，或管道铺设完毕即失去作用。所以常采用可回收再利用的材料，如木桩、钢板桩等；也可使用永久埋在地下的材料，如钢筋混凝土板桩、灌注桩、旋喷桩、深层搅拌水泥土墙和地下连续墙等，但在保证安全条件下使费用尽量低。在较深的基坑中，如采用地下连续墙或灌注桩，由于其所受土压力、水压力较大，配筋较多，因而费用较高，为了充分发挥地下连续墙的强度、刚度和整体性及抗渗性，可将其作为地下结构的一部分按永久受力结构复核计算；而灌注桩也可作为基础工程桩使用。这样可降低基础工程造价。

围护结构的类型有钢板桩、钢筋混凝土板桩、H 形钢支柱（或钢筋混凝土桩支柱）、钻孔灌注桩、旋喷桩帷幕墙、深层搅拌水泥土挡墙、地下连续墙等。

二、基坑工程

基坑工程是为保护基坑施工、地下结构的安全和周边环境不受损害而采取的支护、基坑土体加固、地下水控制、基坑开挖和回填等工程的总称，包括勘察、设计、施工、监测、试验检测等。

1. 基坑（槽）开挖

基坑开挖，应重视时空效应问题，要根据基坑面积大小、维护结构形式、开挖深度和工程环境条件等因素决定基坑（槽）和管沟开挖工艺。

基坑开挖程序一般是：测量放线→切线分层开挖→降排水→修坡→平整→预留土层等。

（1）基坑开挖，应先进行测量定位，抄平放线，定出开挖长度，按放线分块（段）分层挖土。根据土质和水文情况，采取在四周或两侧直立开挖或放坡，以保证施工操作安全。

（2）当开挖基坑（槽）的土体含水量大又不稳定，或基坑较深，或受到周围场地限制而需用较陡的边坡或直立开挖而土质较差时，应采用临时性支撑加固，基坑（槽）每边的宽度应比基础宽 15~20 cm，以便于设置支撑加固结构。挖土时，土壁要求平直，挖好一层，即进行一层支撑，挡土板要紧贴土面，并用小木桩或横撑木顶住挡板。

（3）在地下水位以下挖土时，应在基坑（槽）四周或两侧挖好临时排水沟和集水井，或采用井点降水，将水位降低至坑、槽底以下 500 mm，以利挖方进行。降水工作应持续到基础（包括地下水位下回填土）施工完成。

雨季施工时，基坑（槽）应分段开挖，挖好一段浇筑一段基础垫层，并在基槽四周设置土堤或挖排水沟，以防地面雨水流入基坑（槽）内，同时应经常检查边坡和支撑情况，以防止坑壁受水浸泡造成塌方。

（4）相邻基坑开挖时，应遵循先深后浅或同时进行的施工程序。挖土应自上而下水平分段分层进行，每层 0.3 m 左右，边挖边检查坑底宽度及坡度，不符合要求时及时修整，每 3 m 左右修一次坡。至设计标高，再统一进行一次修坡清底，检查坑底宽度和标高，要求坑底凹凸不超过 2 cm。

（5）基坑开挖应尽量防止对地基土的扰动。当采用人工挖土，基坑挖好后不能立即进行下道工序时，应预留 15~30 cm 的土不挖，待下道工序开始再挖至设计标高。采用机械开挖基坑时，为避免破坏基底土，应在基底标高以上预留一层由人工挖掘修整。使用铲运机、推土机时，保留土层厚度为 15~20 cm；使用正铲、反铲或拉铲挖土时保留土层厚度为 20~30 cm。

2. 基坑（槽）降水

在地下水位较高的地区开挖基坑或沟槽时，土的含水层被切断，地下水会不断地渗入基坑。雨季施工时，地面水也会流入基坑。为了保证施工的正常进行，防止出现流砂、边坡失稳和地基承载能力下降，必须在基坑或沟槽开挖前和开挖时，做好排水降水工作。基坑或沟槽的排水方法可分为明排水法和人工降低地下水位法。

（1）明排水法

明排水法又称集水井法，属重力降水，采用截、疏、抽的方法进行排水。即在基坑开挖过程中，沿基坑底周围或中央开挖排水沟，再在沟底设集水井，使基坑内的水经排水沟流向集水井，然后用水泵抽走。

明沟排水法由于设备简单和排水方便，在工地上比较广泛地采用。它适用于水流较大的粗粒土层的排水、降水，因为水流一般不致将粗粒带走，也可以用于渗水量较小的黏性土层降水。明沟排水法不适用于细砂土和粉砂土层，因为地下水渗出会带走细粒而发生流砂现象，使边坡坍塌、坑底凸起而难以施工。

（2）人工降低地下水位法

人工降低地下水位，就是在基坑（槽）开挖前，预先在基坑（槽）四周或一侧、两侧、三侧埋设一定数量深于坑底的滤水管（井），以总管连接或直接与抽水设备连接从中抽水，使地下水位降低至坑（槽）底标高以下，直至基础施工结束为止。这样，可使所挖的土始终保持干燥状态，改善施工条件；同时还可使动水压力方向向下，从根本上防止流砂发生，并增加土中有效应力，提高土的强度或密实度。在降水过程中，基坑（槽）附近的地基土壤会有一定的沉降，施工时应加以注意。

人工降低地下水位的方法有轻型井点、喷射井点、电渗井点、管井井点（大口井）、深井井点等，各种方法的选用视土的渗透系数、降水深度、工程特点、设备条件和经济比较等条件选用。其中以轻型井点的理论最为完善，应用较广。但目前很多深基坑（槽）降水都采用大口井方法，其设计是以经验为主，理论计算为辅。

井点降水方法的种类很多，主要根据水文地质情况、现场条件、施工特点，如水的补给源、井点布置形式、要求降水深度及邻近建筑管线情况、工程特点、场地及设备条件、施工技术水平等情况，进行经济技术及节能等综合因素比较，选用一种或两种，或井点与明排综合使用。

当土质情况良好，降水深度不大时，可采用一级轻型井点；当降水深度超过 6 m，且土层垂直渗透系数较小时，宜用二级轻型井点或多层轻型井点，或在坑中另布置井点，以分别降低上层土、下层土的水位。当土的渗透系数小于 0.1 m/天时，可在一侧增加电极，改用电渗井点降水。如土质较差，降水深度较大，采用多层轻型井点设备增多，土方量增大，经济上不合算时，可采用喷射井点降水较为适宜；如果降水深度不大，土的渗透系数大，涌水量大，降水时间长，可选用管井井点；如果降水很深，涌水量大，土层复杂多变，降水时间很长，此时宜选用深井井点降水，最为有效而经济。

三、地基处理工程

地基处理工程主要分为基础工程措施和岩土加固措施。有的工程不改变地基的工程性质，而只采取基础工程措施；有的工程同时对地基的土和岩石加固，以改善其工程性质。选定适当的基础形式，不需改变地基的工程性质就可满足要求的地基称为天然地基；反之，进行加固后的地基称为人工地基。

1. 地基处理要求

（1）在选择地基处理方法时，应综合考虑场地工程地质和水文地质条件、建筑物对地基要求、建筑结构类型和基础形式、周围环境条件、材料供应情况、施工条件等因素，经过技术经济指标比较分析后择优采用。

（2）地基处理设计时，应考虑上部结构、基础和地基的共同作用，必要时应采取有效措施，加强上部结构的刚度和强度，以增加建筑物对地基不均匀变形的适应能力。对已选定的地基处理方法，宜按建筑物地基基础设计等级，选择代表性场地进行相应的现场试验，并进行必要的测试，以检验设计参数和加固效果，同时为施工质量检验提供相关依据。

（3）经处理后的地基，当按地基承载力确定基础底面积及埋深而需要对地基承载力特征值进行修正时，基础宽度的地基承载力修正系数取零，基础埋深的地基承载力修正系数取 1.0；在受力范围内仍存在软弱下卧层时，应验算软弱下卧层的地基承载力。对受较大水平荷载或建造在斜坡上的建筑物或构筑物，以及钢油罐、堆料场等，地基处理后应进行地基稳定性计算。结构工程师需根据有关规范分别提供用于地基承载力验算和地基变形验算的荷载值；根据建筑物荷载差异大小、建筑物之间的联系方法、施工顺序等，按有关规范和地区经验对地基变形允许值提出设计要求。地基处理后，建筑物的地基变形应满足现行有关规范的要求，并在施工期间进行沉降观测，必要时应在使用期间继续观测，用以评价地基加固效果和作为使用维护依据。

2. 地基处理方法

常用的地基处理方法有换土法、强夯法、砂石桩法、振冲法、水泥土搅拌法、高压喷射注浆法、预压法、夯实水泥土桩法、水泥粉煤灰碎石桩法、石灰桩法、灰土挤密桩法和土挤密桩法、柱锤冲扩桩法、单液硅化法和碱液法等。

其他地基基础处理方法是砖砌连续墙基础法、混凝土连续墙基础法、单层或多层条石连续墙基础法、浆砌片石连续墙（挡墙）基础法等。

（1）强夯法

适用于处理碎石土、砂土、低饱和度的粉土与黏性土、湿陷性黄土、杂填土和素填土等地基。强夯置换法适用于高饱和度的粉土，软流塑的黏性土等地基土对变形控制不严的工程，在设计前必须通过现场试验确定其适用性和处理效果。强夯法和强夯置换法主要用来提高土的强度，减少压缩性，改善土体抵抗振动液化能力和消除土的湿陷性。对饱和黏性土宜结合堆载预压法和垂直排水法使用。

（2）砂石桩法

适用于挤密松散砂土、粉土、黏性土、素填土、杂填土等地基，提高地基的承载力和降低压缩性，也可用于处理可液化地基。对饱和黏土地基上变形控制不严的工程也可采用砂石桩置换处理，使砂石桩与软黏土构成复合地基，加速软土的排水固结，提高地基承载力。

（3）振冲法

分为加填料和不加填料两种。加填料的通常称为振冲碎石桩法。振冲法适用于处理砂土、粉土、粉质黏土、素填土和杂填土等地基。对于处理不排水抗剪强度不小于 20 kPa 的黏性土和饱和黄土地基，应在施工前通过现场试验确定其适用性。不加填料振冲加密适用于处理黏粒含量不大于 10%的中、粗砂地基。振冲碎石桩主要用来提高地基承载力，减少地基沉降量，还可用来提高土坡的抗滑稳定性或提高土体的抗剪强度。

（4）高压喷射注浆法

适用于处理淤泥、淤泥质土、黏性土、粉土、砂土、人工填土和碎石土地基。当地基中含有较多的大粒径块石、大量植物根茎或较高的有机质时，应根据现场试验结果确定其适用性。对地下水流速度过大、喷射浆液无法在注浆套管周围凝固等情况不宜采用。高压旋喷桩的处理深度较大，除地基加固外，也可作为深基坑或大坝的止水帷幕，目前最大处理深度已超过 30 m。

（5）预压法

适用于处理淤泥、淤泥质土、冲填土等饱和黏性土地基。按预压方法分为堆载预压法和真空预压法。堆载预压法分为塑料排水带或砂井地基堆载预压法和天然地基堆载预压法。当软土层厚度小于 4 m 时，可采用天然地基堆载预压法处理，当软土层厚度超过 4 m 时，应采用塑料排水带、砂井等竖向排水预压法处理。对真空预压工程，必须在地基内设置排水竖井。预压法主要用来解决地基的沉降和稳定问题。

（6）夯实水泥土桩法

适用于处理地下水位以上的粉土、素填土、杂填土、黏性土等地基。该法施工周期短、造价低、施工文明、造价容易控制，目前在北京、河北等地的旧城区危改小区工程中得到不少成功的应用。

（7）水泥粉煤灰碎石桩法

适用于处理黏性土、粉土、砂土和已自重固结的素填土等地基。对淤泥质土应根据地区经验或现场试验确定其适用性。基础和桩顶之间需设置一定厚度的褥垫层，保证桩、土共同承担荷载形成复合地基。该法适用于条形基础、独立基础、箱形基础、筏形基础，可用来提高地基承载力和减少变形。对可液化地基，可采用碎石桩和水泥粉煤灰碎石桩多桩型复合地基，达到消除地基土的液化和提高承载力的目的。

（8）灰土挤密桩法和土挤密桩法

适用于处理地下水位以上的湿陷性黄土、素填土和杂填土等地基，可处理的深度为5~

15 m。当用来消除地基土的湿陷性时，宜采用土挤密桩法；当用来提高地基土的承载力或增强其水稳定性时，宜采用灰土挤密桩法；当地基土的含水量大于24%、饱和度大于65%时，不宜采用这种方法。灰土挤密桩法和土挤密桩法在消除土的湿陷性和减少渗透性方面效果基本相同，土挤密桩法地基的承载力和水稳定性不及灰土挤密桩法。

3. 地基处理方案的步骤

地基处理方案的确定可按下列步骤进行：

（1）收集详细的工程地质、水文地质和地基基础的设计材料。

（2）根据结构类型、荷载大小和使用要求，结合地形地貌、土层结构、土质条件、地下水特征、周围环境和相邻建筑物等因素，初步选定几种可供考虑的地基处理方案。另外，在选择地基处理方案时，应同时考虑上部结构、基础和地基的共同作用；也可选用加强结构措施（如设置圈梁和沉降缝等）和处理地基相结合的方案。

（3）对初步选定的各种地基处理方案，分别从处理效果、材料来源和消耗、机具条件、施工进度、环境影响等方面进行认真的技术经济分析和对比，根据安全可靠、施工方便、经济合理等原则，因地制宜地确定最佳的处理方法。值得注意的是，每一种处理方法都有一定的适用范围、局限性和优缺点，没有一种处理方案是万能的。必要时也可选择两种或多种地基处理方法组成的综合方案。

（4）对已选定的地基处理方法，应按建筑物重要性和场地复杂程度，在有代表性的场地上进行相应的现场试验和试验性施工，并进行必要的测试以验算设计参数和检验处理效果。如达不到设计要求时，应查找原因、采取措施或修改设计以达到满足设计的要求为目的。

（5）地基土层的变化是复杂多变的，因此，确定地基处理方案，一定要由有经验的工程技术人员参加，对重大工程的设计一定要请专家参加。当前有一些重大工程由于设计部门缺乏经验和过分保守，往往使很多方案不合理，浪费也很严重，必须引起重视。

四、桩基础工程

桩基础是一种常用的基础形式，它是由若干根土中单桩、桩顶的承台或梁联系起来的基础形式。

1. 桩的作用与特点

桩的作用是将上部建筑物的荷载传递到承载力较大的深处土层中；或使软弱土层挤密，以提高地基土的密实度和承载力。当上部建筑物荷载比较大而地基软弱时，天然地基的承载能力、沉降量不能满足设计要求时，可采用桩基础。

桩基础具有承载力高、沉降量小而均匀、沉降速度慢，能承受竖向力、水平力、上拔力、振动力，施工速度快、质量好等特点。因此在工业建筑、高层建筑、高耸构筑物和抗震设防建筑中广泛应用。

2. 桩的分类

（1）桩按传力及作用性质不同分为端承桩和摩擦桩两种（见图3—2）。

1）端承桩是穿过软弱土层达到坚实土层的桩。上部建筑物的荷载主要由桩尖土层的阻力来承受。

2）摩擦桩只打入软弱土层一定深度，将软弱土层挤压密实，提高土层的密实度和承载力，上部建筑物的荷载主要由桩身侧面与土层之间的摩擦力和桩尖的土层阻力承担。

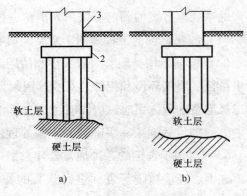

图3—2 桩基础
a）端承桩 b）摩擦桩
1—桩 2—承台 3—上部结构

（2）桩按施工方法分为预制桩和灌注桩。

预制桩是在工厂或施工现场制作的各种材料和形式的桩（钢管桩、钢筋混凝土实心方桩、离心管桩等），然后用沉桩设备将桩沉入土中。预制桩按沉桩方法不同分为锤击沉桩（打入桩）、静力压桩、振动沉桩和水中沉桩等。

灌注桩是在施工现场的桩位处成孔，然后在孔中安放钢筋骨架，再浇筑混凝土成桩，也称为就地灌注桩。灌注桩的成孔，按设计要求和地质条件、设备情况，可采用钻孔、冲孔、抓孔和挖孔等不同方式。成孔作业还分为干式作业和湿式作业，分别采用不同的成孔设备和技术措施。

（3）按施工方法分类

1）打入桩。通过锤击、振动等方式将预制桩沉入地层至设计标高形成的桩。

2）灌注桩。通过钻、冲、挖或沉入套管至设计标高后，灌注混凝土形成的桩。

3）静压桩。将预制桩采用无噪声的机械压入至设计标高形成的桩。

3. 钢筋混凝土预制桩施工

钢筋混凝土预制桩承载能力较大，桩的制作和沉桩具有工艺简单、施工速度快、沉桩机械普及、不受地下水位高低及潮湿变化影响等特点，比钢管桩和木桩坚固耐用。其施工现场干净、文明程度高，可按设计做成各种长度。

（1）锤击沉桩施工

锤击沉桩也称打入桩，是利用桩锤下落产生的冲击能量将桩沉入土中，锤击沉桩是预制钢筋混凝土桩最常用的沉桩方法，该法施工速度快、机械化程度高、适用范围广，但施工时有噪声、污染和振动，在城市中心和夜间施工时有限制。

1）打桩顺序。打桩时，由于桩对土体的挤密作用，先打入的桩被后打入的桩水平挤推而造成偏移和变位，或被垂直挤拔造成浮桩；而后打入的桩难以达到设计标高或入土深度，造成土体隆起和挤压，截桩过大。所以，群桩施打时，为了保证质量和进度、防止破坏周围建筑物，打桩前应根据桩的密集程度、桩的规格、长短和方便桩架移动来正确选择打桩顺序。

当桩较密集时（桩中心距小于等于 4 倍边长或直径），应采用由中间向两侧对称施打（见图 3—3a），或由中间向四周施打（见图 3—3b）。这样，打桩时土体由中间向两侧或四周挤压，易于保证施工质量。当桩数较多时，也可采用分区段施打。

当桩较稀疏时（桩中心距>4d），可采用由一侧向单一方向进行施打的方式（见图 3—3c），即逐排施打。这样，桩架单方向移动，打桩效率高。但打桩前进方向一侧不宜有防侧移、防振动的建筑物、构筑物、地下管线等，以防土体挤压破坏。

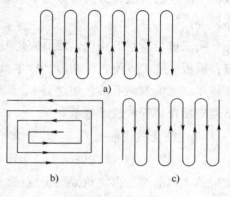

图 3—3　打桩顺序
a）由中间向两侧对称施打　b）由中间向
四周施打　c）逐排施打

当桩的规格、埋深、长度不同时，宜先大后小、先深后浅、先长后短施打。

2）打桩质量控制。打桩质量评定主要有两个方面：一是能否满足贯入度及桩尖标高或入土深度要求；二是桩的位置偏差是否在允许范围之内。

（2）静力压桩施工

静力压桩是利用压桩机桩架自重和配重的静压力将预制桩逐节压入土中的沉桩方法。这种方法节约钢筋和混凝土、降低工程造价，而且施工时无噪声、无振动，对周围环境的干扰影响小，适用于软土地区城市中心或建筑物密集处及精密工厂扩建工程等工程施工。

压桩施工前，应了解施工现场土层土质情况，检查桩机设备，以免压桩时中途中断，造成土层固结，使压桩困难。如果压桩过程需要停歇，则应考虑桩尖应停歇在软弱土层中，以使压桩启动阻力不致过大。压桩机自重大，行驶路基必须有足够承载力，必要时应加固处理。

（3）振动沉桩施工

振动沉桩是利用固定在桩顶部的振动器所产生的激振力，通过桩身使土颗粒受迫振动，改变排列组织，产生收缩和位移，使桩表面与土层间摩擦力减小，桩在自重和振动力共同作用下沉入土中。

振动沉桩设备简单，不需要其他辅助设备，质量轻，体积小，搬运方便，费用低，功效高，适合在黏土、松散砂土、黄土和软土中沉桩，更适合打钢板桩，同时借助起重设备可以拔桩。

4. 混凝土灌注桩施工

混凝土灌注桩是直接在施工现场桩位上成孔，然后在孔内安装钢筋骨架，浇筑混凝土成桩。灌注桩按成孔方法可分为钻孔灌注桩、套管成孔灌注桩、挖孔灌注桩和爆扩成孔灌注桩等。

灌注桩与预制桩相比，能适应持力层变化制成不同长度的桩，桩径大，具有节约钢筋、节省模板、施工方便、工期短、成本低等优点，而且施工时无振动、对土体和周围建筑物无挤压（除套管成孔灌注桩之外）。但施工质量要求严格，出现问题不易观测，施工时应严格遵守操作规程和技术规范。

（1）钻孔灌注桩施工

1）干作业成孔灌注桩施工。干作业成孔灌注桩是先用螺旋钻机在桩位处钻孔，然后在孔中放入钢筋笼，再浇筑混凝土成桩。干作业成孔灌注桩适用于地下水位以上的各种软硬土中成孔。干作业成孔机械有螺旋钻机、钻扩机、洛阳铲等。

2）泥浆护壁成孔灌注桩施工。干作业钻孔的灌注桩，一般应用于地下水位以上地质条件较好的情况，当地下水位较高或土质较差（如淤泥、淤泥质土、砂土等）容易塌孔时，应采用泥浆护壁成孔的方法进行施工，这种桩也称为湿作业成孔灌注桩。

泥浆护壁成孔灌注桩施工时，先在施工现场测量放线定桩位，修筑泥浆池、安装桩架和导管架等。主要施工步骤包括埋设护筒、制备泥浆、钻孔成孔、清孔、安放钢筋笼、浇筑水下混凝土。

（2）套管成孔灌注桩施工

套管成孔灌注桩是利用锤击沉桩或振动沉桩方法，将带有桩尖的钢制桩管沉入土中，然后在钢管内放入钢筋骨架，边浇筑混凝土，边锤击、振动套管，边上拔套管，最后成桩。前者利用锤击沉管成孔，则称为锤击沉管灌注桩；后者利用振动沉管成孔，称为振动沉管灌注桩。套管成孔灌注桩于整个施工过程中在套管护壁条件下进行，不受地下水位和土质条件的限制，适于在地下水位高、地质条件差的可塑、软塑、流塑以上黏土、淤泥和淤泥质土、稍密和松散的砂土中施工。

（3）人工挖孔灌注桩施工

采用人工挖孔灌注桩，具有机具设备简单，施工操作方便，占用施工场地小，对周围建筑物影响小，施工质量可靠，可全面展开施工并缩短工期，可降低造价等优点，因此得到广泛应用。

　　人工挖孔灌注桩适用于土质较好、地下水位较低的黏土、亚黏土、含少量砂卵石的黏土层等地质条件，可用于高层建筑、公用建筑、水工结构作桩基，作支承、抗滑、挡土之用。对软土、流砂、地下水位较高、涌水量大的土层不宜采用。

第二节　地基与基础工程危险因素辨识

一、土方施工危险因素辨识

1. 常见危险因素

（1）高处坠落

1）没有设置跨越基坑的桥板，造成人员跳跃失足坠入基坑。

2）未设上下坑沟的梯子，使人员上下攀爬坠落。

3）桥板或梯子质量不合要求所造成的坠落。

（2）坍塌

1）机械土方开挖时，由于边坡放坡小，没有按容许值进行开挖而导致土的侧压力加大，引起坍塌。

2）开挖程序不对，没有从上而下分层分段、分块开挖。

3）使用机械进行土方开挖时，超标高挖土，使土的黏结力受到破坏，造成局部土方坍塌。

4）装土方时，由于机械距离坑边太近，造成坍塌。

（3）触电

1）由于图样资料不详、不准确而对地下原有电缆的埋设位置不了解，造成施工时电缆破损。

2）平整场地使用的打夯机绝缘不良。

3）进行四通一平工作时，使用的电动工具电线老化破损。

4）使用潜水泵抽水时，由于漏电造成的触电伤害。

（4）机械伤害

1）设备失灵，造成机械失控撞人和倾翻。

2）机械作业开始时，没有发出启动信号。

3）机械土方开挖过程中，铲斗工作半径范围内有人工作或穿行。

（5）车辆伤害

1）机械与人工同时作业，发生车辆伤害。

2）在施工场地中进行土方运输时，由于道路狭窄或司机误操作造成车辆伤害。

（6）物体打击

1）挖出的泥石堆，可能发生滚落，砸伤坑内的作业人员。

2）在沟边的材料不稳定，散落到基坑内伤人。

3）石方爆破时，人员未按规定撤离到安全范围内，导致碎石块伤人。

（7）爆炸

对地下管道的埋设不了解，进行土方开挖时，造成燃气管道破裂而引起爆炸。

2. 影响土方边坡稳定的本质原因

土方边坡的稳定主要是土体内土颗粒间存在的摩擦力和黏结力，使土体具有一定的抗剪强度。黏性土既有摩擦力，又有黏结力，抗剪强度较高，土体不易失稳，土体若失稳是沿着滑动面整体滑动（滑坡）；砂性土只有摩擦力，无黏结力，抗剪强度较差。所以黏性土的放坡可陡些，砂性土的放坡应缓些。

当外界因素发生变化，使土体的抗剪强度降低或土体所受剪应力增加时，就破坏了土体的自然平衡状态，边坡因失去稳定而塌方。成土体内抗剪强度降低的主要原因是水（雨水、施工用水）使土的含水量增加，土颗粒之间摩擦力和黏结力降低（水起润滑作用）。造成土体所受剪应力增加的原因主要是坡顶上部的荷载增加和土体自重的增大（含水量增加），以及地下水渗流中的动水压力的作用；此外地面水侵入土体的裂缝之中产生静水压力也会使土体的剪应力增加。所以，在确定土方边坡的形式及放坡大小时，既要考虑上述各方面因素，又要注意周围环境条件，保证土方和基础施工的顺利进行。

一旦土体失去平衡，土体就会坍塌，这不仅会造成人身安全事故，同时也会影响工期，甚至还会危及附近的建筑物。

3. 土方坍塌的外部原因

（1）不按土体特性放坡或加支撑

土体的稳定性不够引起塌方现象。尤其是在土质差、开挖深度大的坑槽中，常会遇到这种情况。较浅的基础土方施工常不被人们所重视，因而发生的事故也较多。非均质土体处理不当易导致塌方，在大片的密实性土体里可能存在回填土，若不能按各种土体的特性来放坡就会造成土方坍塌。

（2）沟沿超载而坍塌

沿沟边堆放大量土，停放机具、物料；车辆靠近沟边行驶；沟深超过附近建筑物或构筑物基础深度，而两基础间净距又小于其底面高差的 1~2 倍，则有可能造成原建筑物基础的塌陷而引起土方坍塌。

（3）沟内积水而坍塌

雨水、地下水渗入基坑，使土体泡软、质量增大和抗剪能力降低，这是造成塌方的主要原因。若从沟内向外排水时，还应注意渗透水流对土体稳定性的影响，易发生流砂。砂粒颗粒越细或地下水渗流流速越大，越容易产生流砂。流砂将会使边坡失稳，支撑板倒塌。

（4）振动也易使土坡失稳

如在土坡附近有打夯机等重型机械装置作业，或邻近铁路线火车频繁通过也容易引起土方失稳。

（5）解冻导致塌陷

解冻后土体的自由水增加，降低土体的内聚力，而造成边坡塌方。

（6）采用的支撑措施不正确而塌陷

所选用的支撑方式与土的类型不适应（如松散的土质采用不连续支撑），就起不到支撑的作用；支撑拆除的计划不周或方法不当，造成土坡失稳。

二、基坑工程危险因素

基坑工程主要有坍塌、高处坠落、物体打击、触电、车辆伤害、其他伤害等危险因素。

1. 坍塌

（1）进行基坑降水时，基坑内没有设置明沟和集水井，造成土体的抗剪强度降低。

（2）超过基坑深度（3 m 以上），不及时设置护壁支撑。

（3）支护用支撑材料强度不够。

（4）更换支架、支撑时，没有按先装后拆的程序进行。

（5）基坑周边无排水沟；雨后、解冻时期，没有及时观察边坡或坡顶处有无裂缝、疏松现象而未采取加固措施导致基坑坍塌。

（6）毗邻建筑物和重要管线、道路，没有进行沉降观测和位移观测，造成沉降和位移加剧而引起坍塌。

（7）基坑支护强度不符合要求，导致支护变形而又未对支护及时进行监测，导致坍塌事故发生。

2. 高处坠落

（1）基坑周边没有设置防护栏杆。

（2）防护栏杆材料强度不够，不能经受 1 000 N 的外力；或搭设防护栏杆的高度小于 1.2 m。

（3）挖掘机械或汽车等因操作失误或制动失灵等原因而引起高处坠落事故发生。

3. 物体打击

垂直作业面上下无隔离防护措施。

4. 触电

（1）使用泵时，电线老化、破皮，不使用漏电保护器或漏电保护器失效。

（2）作业过程中金属物体碰到没有防护的高压线路而引起触电事故。

（3）雨天施工时遭遇雷击而又无有效接地防雷措施。

5. 车辆伤害

（1）车辆行驶过程中因司机误操作而造成车辆伤害。

（2）施工场地道路规划不合理造成车辆和施工人员距离过近，引发车辆伤害。

6. 其他伤害

（1）基坑降水时，井点、井口工作完毕不及时进行覆盖造成人员失足踏空摔伤。

（2）基坑作业人员的作业面没有安全立足点引起摔伤。

三、地基处理工程危险因素

地基处理工程主要有机械伤害、触电、物体打击等危险因素。

1. 机械伤害

（1）灰土挤密桩施工准备阶段

竖立桩架前，各连接件连接不牢固；桩架起立过程中，下部有行人或停留人员；起架时行走和回转未制动。

（2）进行机械成孔作业时

机械未停机进行检修；外露传动部分防护罩不全；遇六级以上风时，桩机未顺风向停置。

（3）安装灰土挤密桩桩锤时，斜吊作业或未在立柱正前方 2 m 以内作业。

2. 触电

（1）灰土夯填机械无漏电保护器或漏电保护器失效。

（2）灰土夯填机械闸刀使用刀型开关未使用倒顺开关。

3. 物体打击

机组人员需要登高检查或维修时，无专用工具袋，随意向下抛物。

四、桩基础工程危险因素

桩基础工程主要有高处坠落、物体打击、触电、中毒和窒息、坍塌等危险因素。

1. 高处坠落

（1）人工挖孔灌注桩或钻孔灌注桩施工

作业后，井口未进行封闭或未设置警示灯；上下井攀登吊绳或未设安全软梯；挖孔人员不系安全带。

（2）混凝土预制桩施工

在桩机上维修时未挂安全带。

2. 物体打击

（1）人工挖孔灌注桩施工

弃土点距孔口太近，土块掉入孔内；井口未设置砖砌保护圈；井内作业人员未戴安全帽。

（2）混凝土预制桩施工

起吊桩时卡扣、索具固定不牢固。

3. 触电

（1）人工挖孔灌注桩施工时，孔内照明未使用安全电压。

（2）风枪和场内电线电缆破损。

4. 中毒和窒息

人工挖孔灌注桩施工时，作业前和过程中未及时对井内通风换气。

5. 坍塌

人工挖孔灌注桩施工时未及时设置护壁。

第三节　地基与基础工程安全管理措施

一、土石方工程安全管理措施

1. 基本安全管理措施

（1）土石方工程施工之前做好调查研究，掌握准确资料。包括：水文、地质、气象资料；施工现场地下设施资料，如天然气、煤气、电缆、通信、上下水和城市供热等各管线的分布位置和深度；周围建筑物基础的埋深；施工场地的大小与工程设计要求。

（2）选择合适的施工顺序和施工方法。

（3）开挖时，两人操作间距应大于 3 m，不得对头挖土；挖土面积较大时，每人工作面不应小于 6 m。挖土应由上而下，分层分段按顺序进行，严禁先挖坡脚或逆坡挖土，或采用底部掏空塌土方法挖土。

（4）挖土方不得在危岩、孤石的下边或贴近未加固的危险建筑物的下面进行。

（5）机械多台阶同时开挖，应验算边坡的稳定，挖土机离边坡应有一定的职业健康安全距离，以防塌方，造成翻机事故。

（6）基坑开挖应严格按照要求放坡，若设计无要求时，可按相关规定放坡。

操作时应随时注意土壁的变动情况，如发现有裂纹或部分坍塌现象，应及时进行支撑或放坡，并注意支撑的稳固和土壁的变化。当采取不放坡开挖，应设置临时支护，各种支护应根据土质和基坑深度经计算确定。

（7）在有支撑的基坑槽中使用机械挖土时，应防止碰坏支撑。在坑槽边使用机械挖土时，应计算支撑强度，必要时应加强支撑。

（8）基坑槽和管沟回填土时，下方不得有人，所使用的打夯机等要检查电器线路，防止漏电、触电，停机时要关闭电闸。

（9）拆除护壁支撑时，应按照回填顺序，从下而上逐步拆除，更换支撑时，必须先安装新的，再拆除旧的。

（10）爆破施工前，应做好爆破的准备工作，划好职业健康安全距离，设置警戒哨。电闪雷鸣时，禁止装药、接线，施工操作时严格按职业健康安全操作规程办事。

（11）炮眼深度超过 4 m 时，须用两个雷管起爆，如深度超过 10 m，则不能用火花起爆，若爆破时发现拒爆，必须先查清原因后再进行处理。

2. 放坡保证措施

土质边坡放坡开挖如遇边坡高度大于 5 m、具有与边坡开挖方向一致的斜向界面、有可能发生土体滑移的软淤泥或含水量丰富夹层、堆物有可能超载及各种易使边坡失稳的不利情况，应对边坡整体稳定性进行验算，必要时进行有效加固和支护处理。具体保证措施如下：

（1）对于土质边坡或易于软化的岩质边坡，在开挖时应采取相应的排水和坡角、坡面保护措施，基坑（槽）和管沟周围地面采取水泥砂浆抹面、设排水沟等防止雨水渗入的措施，保证边坡稳定范围内无积水。

（2）对坡面进行保护处理，以防止渗水和风化碎石土的剥落。保护处理的方法有水泥砂浆抹面（3~5 cm 厚），也可先在坡面挂铁丝网再抹水泥砂浆。

（3）对各种土质或岩石边坡，可用砂浆砌片石护坡或护坡脚，但护坡脚的砌筑高度要满足挡土的强度、刚度的要求。

（4）对已发生或将要发生滑坡失稳或变形较大的边坡，用砂土袋堆于坡脚或坡面，防止失稳。

（5）土质坡面加固。加固方法有螺旋锚预压坡面和砖石砌体护面等。螺旋锚由螺旋形的锚杆及锚杆头部的垫板和锁紧螺母构成，将螺旋锚旋入土坡中，拧紧锚杆头的螺母即可；砖石砌体护面根据砌体受力情况和砌体高度，按砖石砌体设计施工，保证安全。

（6）当放坡不能满足要求的坡度时（场地受限），可采用土钉和水泥砂浆抹面加固方法，但要保证土钉的锚固力，对于砂性土、淤泥土禁用。

3. 治理塌方的措施

为了保证土体稳定与施工安全，可采取以下措施：

（1）放足边坡

边坡的留设应符合规范的要求，其坡度的大小，则应根据土的性质、水文地质条件、施工方法、开挖深度、工期的长短等因素确定。例如：黏性土的边坡应陡些，砂性土可平缓些；井点降水或机械在坑底挖土时边坡可陡些，明沟排水、人工挖土或机械在坑上边挖土时应平缓些；当基坑附近有主要建筑物时，边坡应取 1：（1.0~1.5）。

（2）设置支撑

为了缩小施工面，减少土方，或受场地的限制不能放坡时则应设置土壁支撑。

4. 人工开挖安全措施

（1）人工挖土方或开挖基坑、基槽应结合周围条件和开挖范围，适当安排工人的数量，保证每人的必要工作面，避免由于工作面狭窄造成相互干扰，影响工效和发生伤害事故。

（2）土方开挖，宜从上至下分层依次连续进行，尽快完成。禁止采用底脚挖空的操作法。施工中应防止地面水流入坑、沟槽内，以免边坡塌方或基土遭到破坏，影响工程顺利进行。

（3）为了避免大雨冲刷及地表水的浸透，影响边坡稳定，留置时间较长的边坡表面宜抹水泥砂浆，或铺石块等防护措施。

（4）挖掘土方有地下水时，应采取降水措施，以保障施工安全（施工方案已确定采用水下作业方法除外）。

（5）人工挖沟槽，应先沿灰线直边切出槽边轮廓线。然后分步或分层向下开挖，每步土层厚度 300~350 mm，每层厚度 600~700 mm。所挖土方，可抛至槽边两侧。

（6）开挖深度超过 2 m 的，必须在边沿处设立两道护栏。在深坑（井）内作业时，应采用通风和测毒措施。发现可疑现象应立即停止工作并报有关部门处理。

（7）夜间施工必须有足够的照明设施。

（8）每天开挖前和开挖过程中，应检查基槽或管沟的支撑和边坡稳定情况。如发现异常（裂缝、疏松，支撑产生折断及移动等）应立即采取防范、补救、加固措施。

（9）挖大孔径桩和扩底桩施工前，必须按规定制定防人员坠落、防落物、防坍塌、防人员窒息等安全防护措施。

5. 人工填筑安全措施

基础两侧和建筑内的回填土常采用人工填筑方法。人工填土压实一般采用 600~800 N 重的木夯或蛙式打夯机进行。施工中应注意下列安全技术要求：

（1）向沟槽内回填土时，应先检查槽壁是否安全可靠。用小车向槽内卸土时，不得撒把，槽边应加横木板，并招呼槽内操作人员躲避。

（2）蛙式打夯机的操作人员应戴安全帽，戴绝缘手套并穿绝缘鞋，以防碰撞他物、摔倒或物体打击，伤及头部。

6. 场内运输安全措施

应加强对场内车辆运输的安全管理，减少因车辆运输而引起的车辆伤害和高处坠落事故。

（1）加强对车辆运输人员的安全教育，提高安全意识，禁止在场内行驶过快或醉酒驾驶。

（2）对场内道路进行平整和合理规划，制定安全规范，避免运输车辆在行走中与工作人员距离过近。

二、基坑工程安全措施

1. 施工前，做好地质勘查和调查研究，掌握地质和地下埋设物情况，清除 3 m 深以内的地下障碍物、电缆、管线等，以保证职业健康安全操作。

2. 操作人员应熟悉成槽机械设备性能和工艺要求，严格执行各专用设备使用规定和操作规程。

3. 沉井施工前，应查清沉井部位地质、水文和地下障碍物情况，摸清邻近障碍物、地下管道等设施影响情况，采取有效措施，防止施工中出现异常情况，影响正常、安全施工。

4. 严格遵循沉井垫架拆除和土方开挖程序，控制均匀挖土和速度，防止发生突然性下沉、严重倾斜现象，导致人身事故。

5. 沉井上部应设安全平台，周围设栏杆；井内上下层立体交叉作业，应设安全网、安全挡板，避开在出土的垂直下方作业；井下作业应戴安全帽，穿胶鞋。

6. 沉井内爆破孤石时，操作人员应撤离沉井，机械设备要进行保护性护盖，当烟气排出，清点炮数无误后才准下井清查。

7. 成槽施工中要严格控制泥浆密度，防止漏浆、泥浆液面下降，地下水位上升过快、地面水流入槽内，使泥浆变质等情况发生，由于槽壁面坍塌，而造成多头钻机埋在槽内，或造成地面下陷导致机架倾覆。

8. 钻机成孔时，如被塌方或孤石卡住，应边缓慢旋转，边提钻，不可强行拔出。以免损坏钻机和机架，造成职业健康安全事故。

9. 所有成槽机械设备必须由专人操作，实行专人专机，严格执行交接班制度和机具保养制度，发现故障和异常现象时，应及时排除，并由有关专业人员进行维修和处理。

三、地基处理安全措施

1. 灰土垫层、灰土桩等施工，粉化石灰和石灰过筛，必须戴口罩、风镜、手套、套袖等防护用品，并站在上风口；向坑（槽、孔）内夯填灰土前，应先检查电线绝缘是否良好，接地线、开关应符合要求，夯打时严禁夯击电线。

2. 夯实地基起重机应支垫平稳，遇软弱地基，须用长枕木或路基板支垫。提升夯锤前应卡牢回转制动，以防夯锤起吊后吊机转动失稳，发生倾翻事故。

3. 夯实地基时，现场操作人员要戴安全帽；夯锤起吊后，吊臂和夯锤下15 m范围内不得站人，非工作人员应远离夯击点至少30 m，以防夯击时飞石伤人。

4. 深层搅拌机的入土切削和提升搅拌，一旦发生卡钻或停钻现象，应切断电源，将搅拌机强制提起之后，才能启动电动机。

5. 已成的孔尚未夯填填料之前，应加盖板，以免人员或物件掉入孔内。

6. 当使用交流电源时，应特别注意各用电设施的接地防护装置；施工现场附近有高压线通过时，必须根据机具的高度、线路的电压，详细测定其职业健康安全距离，防止高压放电而发生触电事故；夜班作业时，应有足够的照明及备用安全电源。

四、桩基础工程安全措施

1. 打入桩

（1）打桩前，应对邻近施工范围内的原有建筑物、地下管线等进行检查，对有影响的工程，应采取有效的加固防护措施或隔震措施，施工时加强观测，以确保施工职业健康安全。

（2）打桩前应先全面检查机械各个部件及润滑情况，钢丝绳是否完好，发现问题及时解决；检查后要进行试运转，严禁带"病"工作。

（3）打桩机行走的道路必须平整、坚实，必要时铺设道砟，经压路机碾压密实。

（4）安设打桩机架应铺垫平稳、牢固。吊桩就位时，桩必须达到100%强度，起吊点必须符合设计要求。

（5）打桩时桩头垫料严禁用手拨正，不得在桩锤未打到桩顶就起锤或过早制动，以免损坏桩机设备。

（6）在夜间施工时，必须有足够的照明设施。

2. 灌注桩

（1）施工前，应认真查清邻近建筑物情况，采取有效的防震措施。

（2）灌注桩成孔机械操作时应保持垂直平稳，防止成孔时突然倾倒或冲锤突然下落，造成人员伤亡或设备损坏。

（3）冲击锤（落锤）操作时，距锤6 m范围内不得有人员行走或进行其他作业，非工作人员不得进入施工区域内。

（4）灌注桩已成孔尚未灌注混凝土前，应用盖板封严或设置护栏，以防掉土或人员坠入孔内，造成重大人身职业健康安全事故。

（5）进行高空作业时，应系好安全带；灌注混凝土时，装、拆导管人员必须戴安全帽。

第四章　高处作业及安全技术

1. 了解高处作业的概念和分类。
2. 掌握每种高处作业的定义和安全管理措施。
3. 熟悉常用防护用品的使用。

第一节　高处作业概述

根据国家标准《高处作业分级》（GB/T 3608—2008）中的规定，凡在坠落高度基准面2 m 以上（含 2 m）有可能坠落的高处进行的作业，即称为高处作业。

坠落高度，是指作业区各作业位置至相应坠落高度基准面之间垂直距离中的最大值。基准面即坠落下去的底面，如地面、楼面、楼梯平台、相邻建筑物的屋面、基坑的底面、脚手架的通道板等。底面可能高低不平，所以将基准面规定为发生坠落通过最低点的水平面。

一般将高处作业划分为临边、洞口、攀登、悬空、操作平台和交叉作业。

一、高处作业的分级和分类

1. 高处作业的分级

坠落高度越高，危险性也就越大，所以按不同的坠落高度，高处作业分级如下：

（1）一级高处作业，高处作业高度在 2~5 m。

（2）二级高处作业，高处作业高度在 5~15 m。

（3）三级高处作业，高处作业高度在 15~30 m。

（4）特级高处作业，高处作业高度在 30 m 以上。

2. 高处作业的分类

（1）一般高处作业

即在正常作业环境下的各项高处作业。

（2）特种高处作业

即在较复杂的作业环境下对操作人员具有一定危险性的高处作业，主要有以下八类：

1）强风高处作业，在阵风风力六级（风速 10.8 m/s）以上的情况下进行的高处作业。

2）异温高处作业，在高温或低温环境下进行的高处作业。

3）雪天高处作业，降雪时进行的高处作业。

4）雨天高处作业，降雨时进行的高处作业。

5）夜间高处作业，室外完成采用人工照明时进行的高处作业。

6）带电高处作业，在接近或者接触带电体条件下进行的高处作业。

7）悬空高处作业，在无立足点或无牢靠立足点的条件下进行的高处作业。

8）抢救高处作业，对突然发生的各种灾害事故进行抢救的高处作业。

二、高处作业事故的主要原因

在施工现场高处作业中，如果未佩戴安全防护用品或作业不当都可能发生人或物的坠落。人从高处坠落的事故称为高处坠落事故。高处坠落是高处作业事故中比例最大的，是建筑业导致伤亡事故的主要原因。物体从高处坠落砸到下面人的事故，称为物体打击事故。

超高建筑和深基础的出现使得施工难度增大，安全生产问题也越来越突出，稍不注意就容易发生安全事故，尤其是高处坠落事故，近年来一直居于各大类事故发生率之首。高处作业事故的主要原因如下：

（1）高处作业的安全防护措施不健全。如模板支撑系统钢杆、竹竿混用，无剪刀撑，缺少斜撑和水平杆。

（2）高处作业人员安全认知不足，缺乏自我保护意识。

（3）脚手架脚手板上摆放过多物品，脚手架跳板材质强度不够或不铺满。

（4）由于站位不当或操作失误引起的高处坠落或物体打击事故。

（5）施工单位重生产、轻安全，安全管理措施不到位。

三、高处作业的基本规定

为了避免在建筑施工过程中由高处作业引起的安全事故，应遵守以下规定：

（1）高处作业的安全技术措施及其所需料具，必须列入工程的施工组织设计。单位工程施工负责人应对工程的高处作业安全技术负责并建立相应的责任制。

（2）施工前，应逐级进行安全技术教育和交底，落实所有安全技术措施和人身防护用品，未经落实时不得进行施工。高处作业中的安全标志、工具、仪表、电气设施和各种设备，必须在施工前加以检查，确认其完好，方能投入使用。

（3）攀登和悬空高处作业人员及搭设高处作业安全设施的人员，必须经过专业技术培训和专业考试合格，持证上岗，并必须定期进行体检。

（4）施工中对高处作业的安全技术设施，发现有缺陷和隐患时，必须及时解决；危及人身安全时，必须停止作业。

（5）施工作业场所有有坠落可能的物件，应一律先行撤除或加以固定。高处作业中所用的物料，均应堆放平稳，不妨碍通行和装卸。工具应随手放入工具袋；作业中的走道、通道板和登高用具，应随时清扫干净；拆卸下的物件、余料和废料均应及时清理运走，不得任意乱放或向下丢弃。传递物件禁止抛掷。

（6）雨天和雪天进行高处作业时，必须采取可靠的防滑、防寒和防冻措施。水、冰、霜、雪均应及时清除。

（7）对进行高处作业的高耸建筑物，应事先设置避雷设施。遇有六级以上强风、浓雾等恶劣气候，不得进行露天攀登与悬空高处作业。暴风雪和台风暴雨后，应对高处作业安全设施逐一加以检查，发现有松动、变形、损坏或脱落等现象，应立即修理完善。

（8）因作业必需，临时拆除或变动安全防护设施时，必须经施工负责人同意，并采取相应的可靠措施，作业后应立即恢复。防护棚搭设与拆除时，应设警戒区，并应派专人监护。严禁上下同时拆除。

（9）高处作业安全设施的主要受力杆件，力学计算按一般结构力学公式进行，强度及挠度计算按现行有关规范进行，但钢受弯构件的强度计算不考虑塑性影响，构造上应符合现行的相应规范的要求。

四、高处作业安全防护设施的验收

1. 安全防护设施验收的基本要求

（1）建筑施工进行高处作业之前，应进行安全防护设施的逐项检查和验收。验收合格后，方可进行高处作业。验收可分层进行或分阶段进行。

（2）安全防护设施，应由单位工程负责人验收，并组织有关人员参加。

（3）安全防护设施的验收应按类别逐项查验，并做出验收记录。凡不符合规定者，必须修整合格后再行查验。施工工期内还应定期进行抽查。

2. 安全防护设施验收应具备的资料

（1）施工组织设计和有关验算数据。

（2）安全防护设施验收记录。

（3）安全防护设施变更记录和签证。

3. 安全防护设施验收的内容

（1）所有临边、洞口等各类技术措施的设置状况。

（2）技术措施所用的配件、材料和工具的规格、材质。

（3）技术措施的节点构造及其与建筑物的固定情况。

（4）扣件和连接件的紧固程度。

（5）安全防护设施的用品、设备的性能与质量是否合格的验证。

第二节 临边与洞口作业

一、临边作业安全管理

在施工现场、工作面周围无围护设施或围护设施高度低于 800 mm 的，属于临边作业。如屋面边、框架结构施工的楼层边、阳台边，基础施工时基坑的周边等无围护设施或窗台、墙等其围护设施高度低于 800 mm 时，近旁的作业属于临边作业。对于临边作业必须搭设防护栏杆，防止发生人员和物料的坠落。

1. 临边作业的防护

临边作业的安全管理必须做好"五临边"的防护，建筑行业中的"五临边"指的是尚未安装栏杆的阳台周边、无外架防护的屋面周边、框架工程楼层周边、上下跑道和斜道的两侧边、卸料平台的侧边。在"五临边"周围要设置好栏杆，防止事故发生，如图4—1、图4—2所示。

图4—1 楼层周边防护

图4—2 斜道的边侧防护

临边作业的安全规定如下：

（1）临边作业的安全防护，主要设置防护栏杆，并有其他的防护措施。

（2）基坑周边，尚未安装栏杆或栏板的阳台、料台与挑檐平台周边，雨篷与挑檐边，无外脚手架的屋面与楼层周边及水箱与水塔周边等处，都必须设置防护栏杆。

（3）头层墙高度超过3.2 m的二层楼面周边，以及无外脚手架的高度超过3.2 m的楼层周边，必须在外围架设安全平网一道。

（4）分层施工的楼梯口和梯段边，必须安装临时护栏。顶层楼梯口应随工程结构进度安装正式防护栏杆。

（5）井架与施工用电梯和脚手架等、建筑物通道的两侧边，必须设防护栏杆。地面通道上部应装设安全防护棚。双笼井架通道中间，应予以分隔封闭。

（6）各种垂直运输接料平台，除两侧设防护栏杆外，平台口还应设置安全门或活动防护栏杆。

2. 临边防护栏杆

临边防护栏杆的安全要求如下：

（1）临边防护栏杆的材质及规格

1）毛竹横杆小头有效直径不应小于70 mm，栏杆柱小头直径不应小于80 mm，并须用不小于16号的镀锌钢丝绑扎，不应少于3圈，并无懈滑。

2）原木横杆上杆梢径不应小于70 mm，下杆梢径不应小于60 mm，栏杆柱梢径不应小于75 mm，并须用相应长度的圆钉钉紧，或用不小于12号的镀锌钢丝绑扎，要求表面平顺和稳固无动摇。

3）钢管横杆上杆直径不应小于 16 mm，下杆直径不应小于 14 mm。钢管横杆和栏杆柱直径不应小于 18 mm，采用电焊或镀锌钢丝绑扎固定。

4）钢管栏杆均采用 φ48×（2.75~3.5）mm 的管材，以扣件或电焊固定。

5）以其他钢材如角钢等作防护栏杆杆件时，应选用强度相当的规格，以电焊固定。

（2）临边防护栏杆的搭设要求

防护栏杆应由上、下两道横杆和栏杆柱组成，上杆离地高度为 1.0~1.2 m，下杆离地高度为 0.5~0.6 m。坡度大于 1∶2.2 的层面，防护栏杆应高 1.5 m，并加挂安全立网。除经设计计算外，横杆长度大于 2 m 时，必须加设栏杆柱。屋面和楼层临边的防护栏杆如图 4—3 所示。

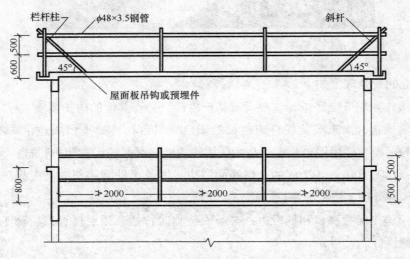

图 4—3　屋面和楼层临边的防护栏杆

（3）防护栏杆的固定要求

1）钢管离边口的距离，不应小于 50 cm。当基坑周边采用板桩时，钢管可打在板桩外侧。

2）当在混凝土楼面、屋面或墙面固定时，可用预埋件与钢管或钢筋焊牢。采用竹、木栏杆时，可在预埋件上焊接 30 cm 长的 ∟ 50×50 角钢，其上下各钻一孔，然后用 10 mm 螺栓与竹、木杆件拴牢。

3）当在砖或砌块等砌体上固定时，可预先砌入规格相适应的 80 mm×6 mm 弯转扁钢作预埋铁的混凝土块，然后固定。

4）栏杆柱的固定及其与横杆的连接，其整体构造应使防护栏杆在上杆任何处，能经受任何方向的 1 000 N 外力。当栏杆所处位置有发生人群拥挤、车辆冲击或物件碰撞等可能时，应加大横杆截面或加密柱距。

5）防护栏杆必须自上而下用安全立网封闭，或在栏杆下边设置严密固定的高度不低于18 cm的挡脚板或40 cm的挡脚笆。挡脚板与挡脚笆上如有孔眼，不应大于25 mm。板与笆下边距离底面的空隙不应大于10 mm。

6）当临边的外侧面临街道时，除防护栏杆外，敞口立面必须采取满挂安全网或其他可靠措施做全封闭处理。

二、洞口作业安全管理

施工现场中，作业区域之内有孔或洞，人员在孔与洞旁作业或人员通道旁有孔与洞的作业，均属洞口作业。孔是指楼板、屋面、平台面等横向水平面上短边尺寸小于25 cm，以及墙上等竖向平面上短边尺寸小于25 cm、高度小于75 cm的孔洞。洞是指横向平面上短边尺寸大于等于25 cm时，竖向平面上高度大于等于75 cm、宽度大于45 cm的孔洞。

洞口作业的安全管理必须做好"四口"的防护，主要是指建筑施工中的楼梯口、电梯井口、预留洞口、通道口等各种洞口的防护必须做好，如图4—4、图4—5所示。建筑行业属于事故多发的行业，研究其事故发生的规律，由于各种原因在施工过程中形成的洞口、临边是事故发生的最大隐患，人们在施工活动中之所以经常发生高处坠落和物体打击事故，往往是因为洞口的存在，而施工过程中留有洞口又是不可避免的，所以在施工之前采取可靠措施，对这些洞口进行防护，是高处作业中为施工人员创造安全作业条件所必需的。

图4—4　电梯洞口防护

图4—5　预留洞口防护

采取何种材料、何种形式的防护，依洞口形状、尺寸和作业条件而定。如小洞口设置牢固的盖板，较大洞口周边设置防护栏杆，并在洞口处用平网和脚手板或竹笆掩盖，也可在浇筑楼板时，洞口处连续铺设钢筋网，其上铺脚手板或竹笆。

（1）板与墙的洞口，必须设置牢固的盖板、防护栏杆、安全网或其他防坠落的防护设施。

（2）电梯井口必须设防护栏杆或固定栅门；电梯井内应每隔两层并最多隔10 m设一道安全网，如图4—6所示。

（3）钢管桩、钻孔桩等桩孔上口，杯形、条形基础上口，未填土的坑槽，以及人孔、天窗、地板门等处，均应按洞口防护设置稳固的盖件。

（4）施工现场通道附近的各类洞口与坑槽等处，除设置防护设施与安全标志外，夜间还应设红灯示警。

（5）楼板、屋面和平台等面上短边尺寸小于25 cm但大于2.5 cm的孔口，必须用坚实的盖板盖住。盖板应防止挪动移位。

（6）楼板面等处边长为25～50 cm的洞口、安装预制构件时的洞口及缺件临时形成的洞口，可用竹、木等做盖板盖住洞口。盖板须能保持四周搁置均衡，并有固定其位置的措施。

（7）边长为50～150 cm的洞口，必须设置以扣件扣接钢管而成的网格，并在其上满铺

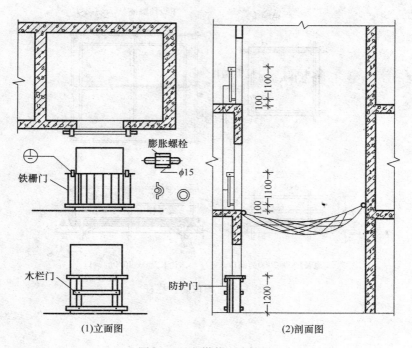

膨胀螺栓

铁栅门

φ15

木栏门

防护门

(1)立面图　　　　　　　　　(2)剖面图

图4—6　电梯井口防护门

竹笆或脚手板。也可采用贯穿于混凝土板内的钢筋构成防护网，钢筋网格间距不得大于20 cm。

（8）边长在150 cm 以上的洞口，四周设防护栏杆，洞口下张设安全平网。

（9）垃圾井道和烟道，应随楼层的砌筑或安装而消除洞口，或参照预留洞口做防护。管道井施工时，除按上述措施办理外，还应加设明显的标志。如有临时性拆移，需经施工负责人核准，工作完毕后必须恢复防护设施。

（10）位于车辆行驶道旁的洞口、深沟与管道坑、槽，所加盖板应能承受不小于当地额定卡车后轮有效承载力 2 倍的荷载。

（11）墙面等处的竖向洞口，凡落地的洞口应加装开关式、工具式或固定式的防护门，门栅网格的间距不应大于 15 cm，也可采用防护栏杆，下设挡脚板（笆）。

（12）下边沿至楼板或底面低于 80 cm 的窗台等竖向洞口，如侧边落差大于 2 m 时，应加设 1.2 m 高的临时护栏，如图 4—7 所示。

（13）对邻近的人与物有坠落危险性的其他竖向的孔、洞口，均应设盖板或加以防护，并有固定其位置的措施。

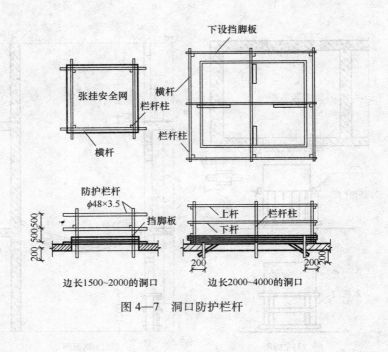

图4—7 洞口防护栏杆

第三节 攀登与悬空作业

一、攀登作业安全管理

攀登作业是指借助登高用具或登高设施,在攀登条件下进行的高处作业。如借助梯子攀登和攀登建筑结构、脚手架等及结构安装过程中人员的登高作业。这类作业由于条件多变,攀登设施不固定,容易发生危险,所以在编制施工组织设计时,预先考虑,并规定可以利用设施和不准用作跨越攀登的通道。

当使用梯子进行攀登作业时,必须针对梯子的种类和作业进行规定。当进行结构安装时,应根据结构形式和安装工艺,考虑人员上下通道和高处作业平台,并在通道的两侧和平台的边沿设置符合要求的防护栏杆,下部张挂安全网。

1. 攀登设施

(1)攀登设施的分类

在施工组织设计中应确定用于现场施工的登高和攀登设施。现场登高应借助建筑结构或脚手架等登高设施,也可采用载人的垂直运输设备。进行攀登作业时可使用梯子或采用其他攀登设施。梯子按不同种类可分为移动式梯子、折梯、固定式直爬梯。

（2）攀登设施的设置要求

1）柱、梁和行车梁等构件吊装所需的直爬梯及其他登高用拉攀件，应在构件施工图或说明内作出规定。

2）攀登的用具在结构构造上必须牢固可靠。供人上下的踏板其使用荷载不应大于1 100 N。当梯面上有特殊作业，质量超过上述荷载时，应按实际情况加以验算。

3）移动式梯子，均应按现行的国家标准验收其质量。

4）梯脚底部应坚实，不得垫高使用。梯子的上端应有固定措施。立梯工作角度以75°±5°为宜，踏板上下间距以30 cm为宜，不得有缺挡。

5）梯子如需接长使用，必须有可靠的连接措施，且接头不得超过1处。连接后梯梁的强度不应低于单梯梯梁的强度。

6）折梯使用时上部夹角以35°~45°为宜，铰链必须牢固，并应有可靠的拉撑措施。

7）固定式直爬梯应用金属材料制成。梯宽不应大于50 cm，支撑应采用不小于∟70×6的角钢，埋设与焊接均必须牢固。梯子顶端的踏棍应与攀登的顶面齐平，并加设1~1.5 m高的扶手。使用直爬梯进行攀登作业时，攀登高度以5 m为宜。超过2 m时，宜加设护笼，超过8 m时，必须设置梯间平台。

2. 攀登作业的防护

攀登作业容易发生危险，因此在施工过程中，各类人员都应在规定的通道内行走，不允许在阳台间与非正规通道登高或跨越，也不能利用傍架或脚手架杆件在施工设备中进行攀登。

（1）作业人员应从规定的通道上下，不得在阳台之间等非规定通道进行攀登，也不得任意利用吊车臂架等施工设备进行攀登。

（2）上下梯子时，必须面向梯子，且不得手持器物。

（3）安装钢柱登高时，应使用钢挂梯或设置在钢柱上的爬梯。

（4）钢柱的接柱应使用梯子或操作台。操作台横杆高度：当无电焊防风要求时，其高度不宜小于1 m，有电焊防风要求时，其高度不宜小于1.8 m。

（5）登高安装钢梁时，应视钢梁高度，在两端设置挂梯或搭设钢管脚手架（构造形式见图4—8）。在梁面上需行走时，其一侧的临时护栏横杆可采用钢索，当改用扶手绳时，绳的自然下垂度不应大于$l/20$，并应控制在10 cm以内。

（6）钢层架的安装，应遵守下列规定：

1）在层架上下弦登高操作时，对于三角形屋架应在屋脊处，梯形层架应在两端，设置攀登时上下的梯架。材料可选用毛竹或原木，踏步间距不应大于40 cm，毛竹梢径不应小于

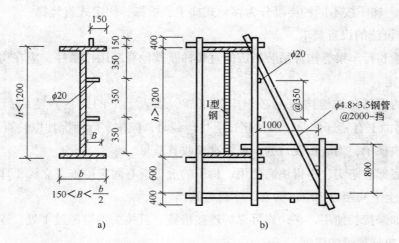

图 4—8　钢梁登高设施构造

a）爬梯　b）钢管挂脚手架

70 mm。

2）屋架吊装以前，应在上弦设置防护栏杆。

3）屋架吊装以前，应预先在下弦挂设安全网；吊装完毕后，即将安全网铺设固定。

二、悬空作业安全管理

悬空作业是指在无立足点或无牢靠立足点的条件下进行的高处作业。建筑施工中的构件吊装，利用吊篮进行外装修，悬挑或悬空梁板、雨篷等特殊部位支拆模板、扎筋、浇混凝土等项作业都属于悬空作业，由于是在不稳定的条件下施工作业，危险性很大。

悬空作业处应有牢靠的立足处，并必须视具体情况，配置防护栏网、栏杆或其他安全设施。悬空作业所用的索具、脚手板、吊篮、吊笼、平台等设备，均需经过技术鉴定或验证方可使用。在进行各种悬空作业时，要遵守以下安全要求：

1. 吊装构件和安装管道时的悬空作业

（1）钢结构的吊装，构件应尽可能在地面组装，并应搭设进行临时固定、电焊、高强螺栓连接等工序的高空安全设施，随构件同时上吊就位。拆卸时的安全措施，也应一并考虑和落实。高空吊装预应力钢筋混凝土层架、桁架等大型构件前，也应搭设悬空作业中所需的安全设施。

（2）悬空安装大模板、吊装第一块预制构件、吊装单独的大中型预制构件时，必须站在操作平台上操作。吊装中的大模板和预制构件及石棉水泥板等屋面板上，严禁站人和行走。

（3）安装管道时必须有已完成的结构或操作平台为立足点，严禁在安装中的管道上站立和行走。

2. 模板支撑和拆卸时的悬空作业

（1）支模应按规定的作业程序进行，模板未固定前不得进行下一道工序。严禁在连接件和支撑件上攀登上下，并严禁在上下同一垂直面上装、拆模板。结构复杂的模板，装、拆应严格按照施工组织设计的措施进行。

（2）支设高度在3 m以上的柱模板，四周应设斜撑，并应设立操作平台。低于3 m的可使用马凳操作。

（3）支设悬挑形式的模板时，应有稳固的立足点。支设临空构筑物模板时，应搭设支架或脚手架。模板上有预留洞时，应在安装后将洞盖住。混凝土板上拆模后形成的临边或洞口应进行防护。

（4）拆模高处作业，应配置登高用具或搭设支架。

3. 钢筋绑扎的悬空作业

（1）绑扎钢筋和安装钢筋骨架时，必须搭设脚手架和马道。

（2）绑扎圈梁、挑梁、挑檐、外墙和边柱等钢筋时，应搭设操作台架和张挂安全网。

（3）悬空大梁钢筋的绑扎，必须在满铺脚手板的支架或操作平台上操作。

（4）绑扎立柱和墙体钢筋时，不得站在钢筋骨架上或攀登骨架上下。3 m以内的柱钢筋，可在地面或楼面上绑扎，整体竖立。绑扎3 m以上的柱钢筋，必须搭设操作平台。

4. 混凝土浇筑时的悬空作业

（1）浇筑离地2 m以上框架、过梁、雨篷和小平台时，应设操作平台，不得直接站在模板或支撑件上操作。

（2）浇筑拱形结构，应自两边拱脚对称地相向进行。浇筑储仓，下口应先行封闭，并搭设脚手架以防人员坠落。

（3）特殊情况下如无可靠的安全设施，必须系好安全带并扣好保险钩，或架设安全网。

5. 预应力张拉的悬空作业

（1）进行预应力张拉时，应搭设站立操作人员和设置张拉设备的牢固可靠的脚手架或操作平台。

（2）雨天张拉时，还应架设防雨棚。

（3）预应力张拉区域标示明显的安全标志，禁止非操作人员进入。张拉钢筋的两端必须设置挡板。挡板应距所张拉钢筋的端部 1.5~2 m，且应高出最上一组张拉钢筋 0.5 m，其宽度应距张拉钢筋两外侧各不小于 1 m。

（4）孔道灌浆应按预应力张拉安全设施的有关规定进行。

6. 门窗安装的悬空作业

（1）安装门、窗，油漆和安装玻璃时，严禁操作人员站在檐子、阳台栏板上操作。门、窗临时固定，封填材料未达到强度，以及电焊时，严禁手拉门、窗进行攀登。

（2）在高处外墙安装门、窗，无外脚手架时，应张挂安全网。无安全网时，操作人员应系好安全带，其保险钩应挂在操作人员上方的可靠物件上。

（3）进行各项窗口作业时，操作人员的重心应位于室内，不得在窗台上站立，必要时应系好安全带进行操作。

第四节　操作平台与交叉作业

一、操作平台安全管理

操作平台指现场施工中用以站人、载料并可进行操作的平台。当平台可以搬移，用于结构施工、室内装饰和水电安装等，称为移动式操作平台。用钢构件制作，可以吊运和搁置于楼层边的，用于接送物料和转运模板等的悬挑式操作平台称为悬挑式钢平台（见图4—9、图4—10）。

1. 移动式操作平台防护

（1）操作平台应由专业技术人员按现行的相应规范进行设计，计算书及图样应编入施工组织设计。

（2）操作平台的面积不应超过 10 m²，高度不应超过 5 m。还应进行稳定验算，并采用措施减少立柱的长细比。

（3）装设轮子的移动式操作平台，轮子与平台的接合处应牢固可靠，立柱底端离地面不得超过 80 mm。

（4）操作平台可用 φ（48~51）×3.5 mm 钢管以扣件连接，也可采用门架式或承插式钢管脚手架部件，按产品使用要求进行组装。平台的次梁，间距不应大于 40 cm；台面应满铺

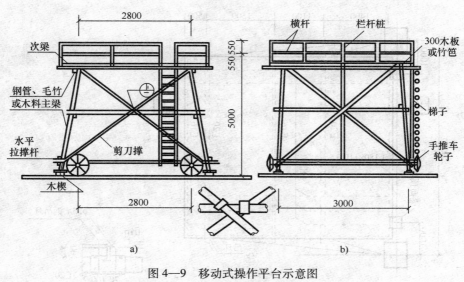

图 4—9 移动式操作平台示意图

a）立面图 b）侧面图

3 cm 厚的木板或竹笆。

（5）操作平台四周必须按临边作业要求设置防护栏杆，并应布置登高扶梯。

2. 悬挑式钢平台防护

（1）悬挑式钢平台应按现行的相应规范进行设计，其结构构造应能防止左右晃动，计算书及图样应编入施工组织设计。

（2）悬挑式钢平台的搁支点与上部拉结点必须位于建筑物上，不得设置在脚手架等施工设备上。

（3）斜拉杆或钢丝绳，构造上宜两边各设前后两道，两道中的每一道均应做单道受力计算。

（4）应设置 4 个经过验算的吊环。吊运平台时应使用卡环，不得使吊钩直接钩挂吊环。吊环应用甲类 3 号沸腾钢制作。

（5）钢平台安装时，钢丝绳应采用专用的挂钩挂牢，采取其他方式时卡头的卡子不得少于 3 个。建筑物锐角利口围系钢丝绳处应加衬软垫物，钢平台外口应略高于内口。

（6）钢平台左右两侧必须装置固定的防护栏杆。

（7）钢平台吊装，需待横梁支撑点电焊固定，接好钢丝绳，调整完毕，经过检查验收，方可松卸起重吊钩，上下操作。

（8）钢平台使用时，应由专人进行检查，发现钢丝绳有锈蚀损坏应及时调换，焊缝脱焊应及时修复。

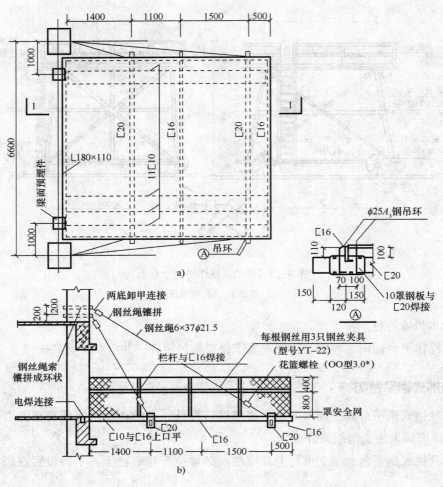

图4—10 悬挑式钢平台示意图
a）平面图 b）1-1 剖面图

二、交叉作业安全管理

交叉作业是指在施工现场的上下不同层次，于空间贯通状态下同时进行的高处作业。现场施工上部搭设脚手架、吊运物料，地面上的人员搬运材料、制作钢筋，或外墙装修四面打底抹灰、上面进行面层装饰等，都是施工现场的交叉作业。

由于建筑施工工艺的特殊性，会出现多人同时作业，上层部位进行主体施工的同时下层部位进行装修作业的现象，在上下立体交叉作业时，必须在前后左右保持一定安全距离，下方作业人员应避开坠落的半径范围。

施工现场的交叉作业中，若高处作业不慎碰掉物料，失手掉下工具或吊运物体散落，都有可能砸到下面的作业人员，发生物体打击伤亡事故。所以在进行交叉作业时，要遵守《建筑施工高处作业安全技术规范》的相关规定。

交叉作业安全要求如下：

（1）支模、粉刷、砌墙等各工种进行上下立体交叉作业时，不得在同一垂直方向上操作。下层作业的位置，必须处于依上层高度确定的可能坠落范围的半径之外。不符合以上条件时，应设置安全防护层。

（2）钢模板、脚手架等拆除时，下方不得有其他操作人员。

（3）钢模板部件拆除后，临时堆放处离楼层边沿不应小于 1 m，堆放高度不得超过 1 m。楼层边口、通道口、脚手架边缘等处，严禁堆放任何拆下物件。

（4）结构施工自二层起，凡人员进出的通道口（包括井架、施工用电梯的进出通道口）均应搭设安全防护棚。高度超过 24 m 的上层次的交叉作业，应设双层防护。

（5）由于上方施工可能坠落物件或处于起重机把杆回转范围之内的通道，在其受影响的范围内，必须搭设顶部能防止穿透的双层防护廊（交叉作业通道防护结构见图 4—11）。

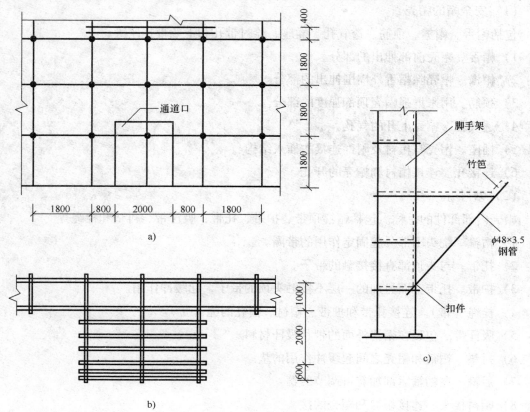

图 4—11 交叉作业通道防护

a）立面图 b）平面图 c）剖面图

第五节 劳动防护用品

一、安全帽

安全帽是对人体头部受外力伤害起防护作用的帽子，由帽壳、帽衬、下颏带、后箍等组成。安全帽是由具有一定强度的帽体、帽衬和缓冲结构构成，以承受和分散坠落物瞬间的冲击力，以便能使有害荷载分布在头盖骨的整个面积上，即头与帽和帽顶的空间位置共同构成吸收分流，以保护使用者头部能避免或减轻冲击力的伤害。

1. 安全帽的构造

（1）安全帽的帽壳

包括帽舌、帽檐、顶筋、透气孔、插座、栓衬带孔和下颏带挂座等。

1）帽舌。帽壳前部伸出的部分。

2）帽檐。帽壳除帽舌外周围伸出的部分。

3）顶筋。用来增强帽壳顶部强度的部分。

4）透气孔。帽壳上开的气孔。

5）插座。帽壳与帽衬及附件连接的插入结构。

6）连接孔。连接帽衬和帽壳的开孔。

（2）帽衬

帽壳内部部件的总称。包括帽箍顶带、护带、托带、吸汗带、衬垫和栓绳等。

1）帽箍。绕头围部分起固定作用的带圈。

2）托带。与头顶部直接接触的带子。

3）护带。托带上面另加的一层不接触头顶的带子，起缓冲作用。

4）栓绳（带）。连接托带和护带、帽衬、帽壳的绳（带）。

5）吸汗带。包裹在帽箍外面的带状吸汗材料。

6）衬垫。帽箍和帽壳之间起缓冲作用的垫。

7）后箍。在帽箍后部加有可调节的箍。

8）帽衬接头。连接帽衬和帽壳的接头。

（3）下颏带

系在颏上的带子。

（4）锁紧卡

调节下颏带长短的卡具。

（5）帽壳和帽衬的连接

1）插接。帽壳和帽衬采用插合连接的方式。

2）栓接。帽壳和帽衬采用栓绳连接的方式。

3）铆接。帽壳和帽衬采用铆钉铆合的方式。

（6）附件

附加于安全帽的装置。包括眼面部防护装置、耳部防护装置、主动降温装置、电感应装置、颈部防护装置、照明装置、警示标志等。

2. 安全帽的结构形式要求

（1）帽壳顶部应加强，可以制成光顶或有筋结构。帽壳制成无檐、有檐或卷边。

（2）塑料帽衬应制成有后箍的结构，能自由调节帽箍大小。

（3）无后箍帽衬的下颏带制成"Y"形，有后箍的允许制成单根。

（4）接触头前额部的帽箍，要透气、吸汗。

（5）帽箍周围的衬垫，可以制成条形或块状，并留有空间使空气流通。

3. 安全帽的一般技术要求

（1）帽箍可根据安全帽标识中明示的适用头围尺寸进行调整。

（2）帽箍对应前额的区域应有吸汗性织物或增加吸汗带，吸汗带宽度大于等于帽箍的宽度。

（3）系带应采用软质纺织物，可使用宽度不小于 10 mm 的带或直径不小于 5 mm 的绳。

（4）不得使用有毒、有害或引起皮肤过敏等对人体有害的材料。

（5）材料耐老化性能应不低于产品标识明示的日期，正常使用的安全帽在使用期内不能因材料原因导致其性能低于标准要求。所有使用的材料应具有相应的预期寿命。

（6）当安全帽配有附件时，应保证安全帽正常佩戴时的稳定性。安全帽配件应不影响安全帽的正常防护功能。

（7）质量。普通安全帽不超过 430 g，防寒安全帽不超过 600 g。

（8）帽壳内部尺寸。长 195~250 mm，宽 170~220 mm，高 120~150 mm。

（9）帽舌为 10~70 mm。帽檐≤70 mm。

（10）水平间距为 5~20 mm。

（11）帽壳内侧与帽衬之间存在的突出物高度不得超过 6 mm，突出物应有软垫覆盖。

（12）当帽壳留有通气孔时，通气孔总面积为 150~450 mm^2。

4. 安全帽的管理和使用

正确使用安全帽，能有效保护使用者的头部，减轻物体打击伤害。此外，当人员坠落时，若头部先着地，可减轻地面对头部的伤害。

（1）进入施工现场的所有作业人员必须正确佩戴安全帽，包括技术管理人员、检查人员和参观人员。

（2）安全帽应正确使用，扣好帽带。必须系紧下颏带，防止安全帽失去防护作用。不同头形或冬季佩戴在防寒帽外时，应随头形大小调节紧帽箍，保留帽衬与帽壳之间缓冲作用的空间。

（3）不得随意在安全帽上拆卸或添加附件，以免影响其原有的防护性能。

（4）不得私自在安全帽上打孔，不要随意碰撞安全帽，不要将安全帽当板凳坐，以免影响其强度。

（5）安全帽应经有关部门按国家标准检验合格后方可使用，不使用缺衬、缺带和破损的安全帽。在使用前一定要检查安全帽是否有裂纹、碰伤痕迹、凹凸不平、磨损，安全帽上如存在影响其性能的明显缺陷就应及时报废，以免影响防护作用。

（6）企业应定期对到期的安全帽进行抽查测试，合格后方可继续使用，以后每年抽验一次，抽验不合格则应将这批安全帽报废。

二、安全网

用来防止人、物坠落，或用来避免、减轻坠落和物体打击伤害的网具。安全网一般由网体、边绳、系绳等组成。

1. 安全网的分类

安全网按功能分为安全平网、安全立网和密目式安全立网。

（1）安全平网

安装平面不垂直于水平面，用来防止人、物坠落，或用来避免、减轻坠落和物体打击伤害的安全网，简称平网。

（2）安全立网

安装平面垂直于水平面，用来防止人、物坠落，或用来避免、减轻坠落和物体打击伤害的安全网，简称立网。

（3）密目式安全立网

网眼孔径不大于 12 mm，垂直于水平面安装，用于阻挡人员、视线、自然风、飞溅和失控小物体的网，简称密目网。

密目网一般由网体、开眼环扣、边绳和附加系绳组成。

1）A 级密目式安全立网。在有坠落风险的场所使用的密目式安全立网，简称 A 级密目网。

2）B 级密目式安全立网。在没有坠落风险或配合安全立网（护栏）完成坠落保护功能的密目式安全立网，简称 B 级密目网。

2. 安全网的技术要求

（1）安全平（立）网的技术要求

1）平（立）网可采用锦纶、维纶、涤纶或其他材料制成，其物理性能、耐候性应符合相关规定要求。

2）单张平（立）网质量不宜超过 15 kg。

3）平（立）网上所用的网绳、边绳、系绳、筋绳均应由不小于 3 股单绳制成。绳头部分应经过编花、燎烫等处理，不应散开。

4）平（立）网上的所有节点应固定。

5）平（立）网的网目形状应为菱形或方形，其网目边长不应大于 8 cm。

6）平网宽度不应小于 3 m，立网宽（高）度不应小于 1.2 m。平（立）网的规格尺寸与其标称规格尺寸的允许偏差为±4%。

7）平（立）网的系绳与网体应牢固连接，各系绳沿网边均匀分布，相邻两系绳间距不应大于 75 cm，系绳长度不小于 80 cm。当筋绳加长用作系绳时，其系绳部分必须加长，且与边绳系紧后，再折回边绳系紧，至少形成双根。

8）平（立）网如有筋绳，则筋绳分布应合理，平网上两根相邻筋绳的距离不应小于 30 cm。

（2）安全密网的技术要求

1）缝线不应有跳针、漏缝，缝边应均匀。

2）每张密目网允许有一个缝接，缝接部位应端正牢固。

3）网体上不应有断纱、破洞、变形和有碍使用的编织缺陷。

4）密目网各边缘部位的开眼环扣应牢固可靠。

5）密目网的宽度应介于 1.2~2 m。长度由合同双方协议条款指定，但最低不应小于 2 m。

6）开眼环扣孔径不应小于 8 mm。

三、安全带

安全带是高处作业工人预防坠落伤亡的防护用品。由带子、绳子和金属配件组成。凡在高处作业或悬空作业，必须系挂好符合标准和作业要求的安全带。

1. 安全带的构造

（1）安全绳

安全绳是安全带上保护人体不坠落的系绳。

（2）吊绳

吊绳是自锁钩使用的绳，要预先挂好，垂直、水平和倾斜均可。自锁钩在绳上可自由移动，能适应不同作业点的工作。

（3）自锁钩

自锁钩是装有自锁装置的钩，在人体坠落时，能立即卡住吊绳，防止坠落。

（4）缓冲器

当人体坠落时，缓冲器能减少人体受力，吸收部分冲击能量。

（5）攀登挂钩

攀登挂钩是保护作业人员在登高途中使用的一种挂钩。

（6）围杆带

围杆带是电工、园林工等工种在杆上作业时使用的带子。

（7）围杆绳

围杆绳是园林工、电工等工种在杆上作业时使用的绳。

（8）速差式自控器

速差式自控器是装有一定长度绳索的盒子，作业时可随意拉出绳索使用，坠落时因速度的变化引起自控。

2. 安全带的技术要求

（1）腰带必须是一整根，其宽度为 40~50 mm，长度为 1 300~1 600 mm。

（2）护腰带宽度不小于 80 mm，长度为 600~700 mm。带子接触腰部分垫有柔软材料，外层用织带或轻革包好，边缘圆滑无角。

（3）织带折头连接应使用线缝，不能使用铆钉、胶粘、热合等工艺。缝纫线应采用不会同织带材料起化学反应的材料，颜色同织带应有区别。

（4）带子颜色主要采用深绿、草绿、橘红、深黄，其次为白色等。

（5）腰带上附加小袋一个。

（6）安全绳直径不小于 13 mm，捻度为（8.5~9）/100 花/mm。吊绳、围杆绳直径不小于 16 mm，捻度为 7.5/100 花/mm。电焊工使用悬挂绳必须全部加套，其他悬挂绳仅部分加套，吊绳不加套。绳头要编成 3~4 道加捻压股插花，股绳不准有松紧。

（7）金属钩必须有保险装置，铁路专用钩例外。自锁钩的卡齿用在钢丝绳上时，硬度为 60HRC。金属钩舌弹簧有效复原次数不小于 2 万次，钩体和钩舌的咬口必须平整，不得偏斜。

（8）金属配件表面光洁，不得有麻点、裂纹；边缘呈圆弧形；表面必须防锈。不符合上述要求的配件，不准装用。

（9）金属配件中圆环、半圆环、三角环、8 字环、品字环、三道联不许焊接，边缘为圆弧形。调节环只允许对接焊。

3. 安全带的使用要求

（1）安全带应高挂低用，注意防止摆动碰撞。使用 3 m 以上长绳应加缓冲器，自锁钩用吊绳例外。

（2）缓冲器、速差式自控器和自锁钩可以串联使用。

（3）不准将绳打结使用。也不准将钩直接挂在安全绳上使用，应挂在连接环上用。

（4）安全带上的各种部件不得任意拆掉。更换新绳时要注意加绳套。

（5）安全带使用两年后，按批量购入情况抽验一次；围杆带做静负荷试验，以 2 206 N 的拉力拉 5 分钟，无破断可以继续使用。悬挂安全带做冲击试验时，80 kg 质量做自由落体试验，若不破断，该批安全带可继续使用。对抽试过的样带，必须更换安全绳后才能继续使用。

（6）使用频繁的绳，要经常做外观检查，发现异常时应立即更换新绳。安全带使用期为 3~5 年，发现异常应提前报废。

第五章　脚手架工程及安全技术

····· 本章学习目标 ···

本章学习目标

1. 了解脚手架的类型、构成和搭设。
2. 熟悉脚手架验收、使用和拆除的过程。
3. 掌握脚手架主要事故类型和安全防护措施。

第一节　脚手架的概述

　　脚手架是建筑施工中必不可少的临时设施。如砌筑砖墙、浇筑混凝土、抹灰、装饰和粉刷、结构构件的安装等，都需要在其旁边搭设脚手架，以便在其上进行施工操作、堆放施工用料和必要时的缩短水平运输。常见的脚手架有竹木脚手架、多立杆式脚手架、组合式装配脚手架等。

一、脚手架及脚手架工程

　　脚手架又名架子，是建筑施工中必不可少的临时设施，是保证高处作业安全、顺利进行施工而搭设的工作平台或作业通道。脚手架既要满足施工需要，又要为保证工程质量和提高工效创造条件，同时还应为组织快速施工提供工作面。脚手架虽然是随着工程进度而搭设，工程完毕就拆除，但它对建筑施工速度、工作效率、工程质量和工人的人身安全有着直接的影响，如果脚手架搭设不及时，势必会拖延工程进度；脚手架搭设不符合施工需要，工人操作就不方便，质量得不到保证，工效也提不高；脚手架搭设不牢固，不稳定，就容易造成施工中的伤亡事故。因此，对脚手架的选型、构造、搭设质量等不可疏忽大意、轻率处理。

　　脚手架总的趋势是向着轻质高强结构、标准化、装配化和多功能方向发展。材料由木、竹发展为金属制品，搭设工艺将逐步采用组装方法，尽量减少扣件、螺栓等零件；材质也将逐步采用薄壁型钢、铝合金制品等。提升脚手架的环保要求、成立专业化的脚手架承包公司等。长期以来，由于架设工具本身及其结构技术和使用安全管理工作处于较为落后的状态，致使事故发生率较高。相关统计表明：在中国建筑施工系统每年所发生的伤亡事故中，约有 1/3 直接或间接与脚手架及其使用的问题有关。因此，解决脚手架工程的安全问题显得尤为重要。

脚手架工程施工作业劳动强度大，工人多为露天作业，受天气、温度影响大，特别是对高层建筑，劳动对象庞大，工人围绕对象工作，劳动工具粗笨，工作环境不固定，危险源防不胜防，同时高温和严寒使得工人的体力和注意力下降，雨雪天气还会导致工作面湿滑，夜间照明不够，都容易导致事故。

由于脚手架是临时工程，施工单位有时不按规定要求去做，能省就省，尽量少投入人力物力，这些是脚手架发生安全事故的概率相当高的原因。随着建筑物高度的增加，脚手架工程的成本也会成倍增加。在建筑工程危险性较大的分部分项工程中，脚手架工程排在前列。《建设工程安全生产管理条例》中明确规定，对脚手架工程，施工单位要编制专项施工方案，并附具安全验算结果。

二、脚手架的类型

脚手架按其用途可分为主体结构脚手架、砌筑用脚手架、装修用脚手架和支撑（负荷）脚手架等；按其搭设位置可分为外脚手架和里脚手架；按支固方式划分有落地式脚手架、悬挑脚手架、附墙悬挂脚手架、吊脚手架、附着升降脚手架、水平移动脚手架等；按构造形式分种类繁多，包括多立杆式脚手架、门式脚手架、桥式脚手架、悬吊式脚手架、挂式脚手架、挑式脚手架等；按其使用材料可分为木脚手架、竹脚手架、金属脚手架，而金属脚手架又分为扣件式脚手架、碗扣式脚手架、门式脚手架等。

1. 竹、木脚手架

竹、木脚手架是由竹竿或木杆用镀锌铁线、麻绳、棕绳绑扎而成。木杆常用剥皮杉杆，缺乏杉杆时，也可用其他坚韧质轻的木料，桦木、椴木、油松和其他腐朽、易折裂及有枯节的木杆不得使用，杨木、柳木质脆易折，一般也不宜使用。

竹竿应用生长三年以上的毛竹，青嫩、枯黄、黑斑、虫蛀及裂纹连通两节以上的竹竿都不能使用（有轻度裂纹的木杆或竹竿可用 14~16 号镀锌铁线加箍补强后使用）。

木、竹脚手架的基本构造形式有双排和单排两种，但竹脚手架一般不宜搭单排，只有五步以下、荷载较轻时方可使用单排竹脚手架。

2. 多立杆式脚手架

多立杆式脚手架是设在建筑物外部周边，自下向上搭设，当前多用钢管材料，竹、木已不多见。根据要求可搭设为双排和单排脚手架，如图 5—1 所示。

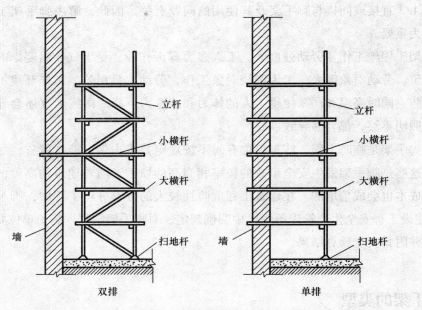

图 5—1　多立杆式脚手架

钢管多立杆式脚手架根据杆件连接方法，又可分为扣件式、螺栓式、承插式和碗扣式四大类。当前建筑，特别是高层建筑，用得最多最普遍的是扣件式钢管脚手架。

3. 组合式装配脚手架

将脚手架的某些部件、支撑结构或工作面，制成固定形式，使用时在现场进行安装即为组合式装配脚手架。此种脚手架组装速度快，使用方便，可调整高度。

4. 外挂式脚手架

外挂式脚手架是在结构构件内设置埋件吊点，将脚手架的吊钩挂在吊点上面形成工作平台。

三、脚手架的构成与搭设

1. 脚手架的构成

我国自从 20 世纪 60 年代以来开始使用扣件式钢管脚手架，由于其具有加工简便、施工技术要求低、搬运方便、通用性高、价格便宜等优点，获得了极大的发展和应用，目前，仍占据我国大部分市场。这里以扣件式钢管脚手架为例，介绍脚手架的组成。

扣件式钢管脚手架有双排与单排两种。单排脚手架只有一排立杆，横向水平杆的一端搁置在墙体上。双排脚手架由内外两排立杆和水平杆组成，靠近墙体一侧的立杆为内立杆，离开墙体一侧的立杆为外立杆或单排架立杆。

扣件式钢管脚手架由钢管杆件、扣件、底座和脚手板组成。

（1）钢管杆件

钢管杆件包括立杆、纵向水平杆（大横杆）、横向水平杆（小横杆）、剪刀撑、横向斜撑、连墙件等。

1）立杆。平行于建筑物并垂直于地面的杆件，既是组成脚手架结构的主要杆件，又是传递脚手架结构自重、施工荷载与风荷载的主要受力杆件。

2）纵向水平杆（大横杆）。平行于建筑物，在纵向连接各立杆的通长水平杆件，既是组成脚手架结构的主要杆件，又是传递施工荷载给立杆的主要受力杆件。

3）横向水平杆（小横杆）。垂直于建筑物，横向连接脚手架内、外排立杆，或一端连接脚手架结构的主要杆件，又是传递施工荷载给立杆的主要受力杆件。

小横杆设置在立杆与大横杆的相交处，用直角扣件与大横杆扣紧，且应贴近立杆布置，小横杆到立杆轴心线的距离不应大于 150 mm；当为单排脚手架时，小横杆的一端与大横杆连接，另一端插入墙内的长度不小于 180 mm。

4）剪刀撑（十字撑、十字盖）。设在脚手架外侧面、与墙面平行的十字交叉斜杆，可增强脚手架的纵向刚度，提高脚手架的承载能力。

5）横向斜撑。连接脚手架内、外排立杆的呈"之"字形的斜杆，可增强脚手架的横向刚度，提高脚手架的承载能力。

6）连墙件（连墙杆）。连接脚手架与建筑物的部件，是脚手架中既要承受并传递风荷载，又要防止脚手架在横向失稳或倾覆的重要受力部件。

连墙件的布置形式、间距大小对脚手架的承载能力有很大影响，它不仅可以防止脚手架的倾覆，而且还可以加强立杆的刚度和稳定性。正常情况下连墙件是不受力的，一旦脚手架发生变形，它可承受压力和拉力，起到分散荷载的作用。

（2）扣件

扣件用于钢管之间的连接，基本形式有直角扣件、旋转扣件和对接扣件三种。扣件与钢管的贴合面要严格整形，保证与钢管扣紧时接触良好，扣件夹紧钢管时，开口处的最小距离不应小于 5 mm。扣件的活动部位应使其转动灵活，旋转扣件的两旋转面间隙要小于 1 mm。

1）直角扣件。连接两根直交钢管的扣件，是依靠扣件与钢管表面间的摩擦力传递施工荷载、风荷载的受力连接件。

2）旋转扣件。连接两根任意角度相交钢管的扣件，用于连接支撑斜杆与立杆或横向水平杆的连接件。

3）对接扣件。钢管对接用的扣件，也是传递荷载的受力连接件。

（3）底座

底座是设在立杆下端，承受并传递立杆荷载的配件。底座的形式有内插式和外套式。

（4）脚手板

提供施工操作条件，承受、传递施工荷载给纵向、横向水平杆的板件，当设于非操作层时起安全防护作用。脚手板有钢脚手板、钢框镶板的钢木脚手板、竹木脚手板等。每块脚手板的质量不宜大于 30 kg，性能符合使用要求。

2. 脚手架的搭设

脚手架的搭设是脚手架工程安全管理的重要环节，搭设人员必须按照专项施工方案施工，施工单位技术负责人应当定期巡查专项方案实施情况，安全人员依据相关规定和方案要求进行现场监督检查，保证脚手架的搭设质量。

（1）技术要求

1）不管搭设哪种类型的脚手架，脚手架使用的材料和加工质量必须符合规定要求，绝对禁止使用不合格材料搭设脚手架，以防发生意外事故。

2）一般脚手架必须按脚手架安全技术操作规程搭设，对于高度超过 15 m 的高层脚手架，必须有设计，有计算，有详图，有搭设方案，有上一级技术负责人审批，有书面安全技术交底，然后才能搭设。

3）对于危险性大而且特殊的吊、挑、挂、插口、堆料等架子也必须经过设计和审批，编制单独的安全技术措施，才能搭设。

4）施工队接受任务后，必须组织全体人员认真领会脚手架专项安全施工组织设计和安全技术措施交底，研讨搭设方法，并派技术好、有经验的技术人员负责搭设技术指导和监护。

（2）搭设要求

1）搭设时认真处理好地基，确保地基具有足够的承载力，垫木应铺设平稳，不能有悬空，避免脚手架发生整体或局部沉降。

2）确保脚手架整体平稳牢固，并具有足够的承载力，作业人员搭设时必须按要求与结构拉结牢固。

3）搭设时，必须按规定的间距搭设立杆、横杆、剪刀撑、栏杆等。

4）搭设时，脚手架必须有供操作人员上下的阶梯、斜道。严禁施工人员攀爬脚手架。

5）脚手架的操作面必须满铺脚手板，不得有空隙和探头板。木脚手板有腐朽、劈裂、大横透节、有活动节子的均不能使用。使用过程中严格控制荷载，确保有较大的安全储备，避免因荷载过大而造成脚手架坍塌。

6）金属脚手架应设避雷装置。遇有高压线必须保持大于 5 m 或相应的水平距离，搭设隔离防护架。

7）6级以上大风、大雪、大雾天气下应暂停脚手架的搭设和在脚手架上作业。斜边板要钉防滑条，如有雨水、冰雪，要采取防滑措施。

8）脚手架搭好后，必须进行验收，合格后方可使用。使用中，遇台风、暴雨，以及使用期较长时，应定期检查，及时整改出现的安全隐患。

9）因故闲置一段时间或遇大风、大雨等灾害性天气后，重新使用脚手架时必须认真检查加固后方可使用。

（3）防护要求

1）搭设过程中必须严格按照脚手架专项安全施工组织设计和安全技术措施交底要求设置安全网和采取安全防护措施。

2）脚手架搭至两步及以上时，必须在脚手架外立杆内侧设置 1.2 m 高的防护栏杆。

3）架体外侧必须用密目式安全网封闭，网体与操作层不应有大于 10 mm 的缝隙；网间不应有 25 mm 的缝隙。

4）施工操作层及以下连续三步应铺设脚手板和 180 mm 高的挡脚板。

5）施工操作层以下每隔 10 m 应用平网或其他措施封闭隔离。

6）施工操作层脚手架部分与建筑物之间应用平网或竹笆等实施封闭，当脚手架里立杆与建筑物之间的距离大于 200 mm 时，还应自上而下做到四步一隔离。

7）操作层的脚手板应设护栏和挡脚板。脚手板必须满铺且固定，护栏高度为 1 m，挡脚板应与立杆固定。

3. 脚手板的铺设

脚手板是作业人员操作、堆放物料和在高处进行短距离运输的平台。脚手板搭设的规格及牢固与否，是作业人员安全操作的重要条件。

脚手板按其用途分为平面脚手板和斜面脚手板两种。平面脚手板主要是供作业人员操作、堆放物料和短距离运输使用。斜面脚手板主要是供高处作业人员上下，以及用人力向上运送小型材料时使用。

（1）脚手板的选择

脚手板在搭设前要认真加以选择，将不能使用的脚手板挑出来，堆放到一起，挂上不能使用的标志牌，防止他人误用。搭设用的脚手板必须保证每块应承受的荷载量，不至于在使用过程中发生断裂，造成事故。

脚手板选择的原则是：钢脚手板凡是有裂纹、扭曲、变形等缺陷的均不得使用；木脚手板凡是有腐朽、扭曲、斜纹、破裂或有大横透节等缺陷的均不得使用；竹片脚手板凡是有断片、严重变形、缺少连接螺栓等缺陷的均不得使用。竹片脚手板不宜做运输道使用。

不论哪种脚手板，上面的油污、冰雪应擦洗打扫干净，否则不准使用。

（2）脚手板的铺设

铺设脚手板要严格遵守安全技术操作规程和操作标准进行。要一块一块地铺，铺一块固定一块；要一空一空地铺，铺一空满一空。每块都要铺在小横杆上，块块要铺平，不准有"弹簧板"、探头板。脚手板的铺设有对头接和搭头接两种，如图5—2所示。

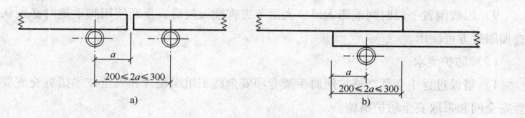

$200 \leqslant 2a \leqslant 300$

a)

$200 \leqslant 2a \leqslant 300$

b)

图5—2　脚手板的铺设

a）脚手板对头接　b）脚手板搭头接

1）对头接。就是脚手板的两个端头对在一起。要对严对平，每块板的端头下要有小横杆，小横杆离板端距离应不大于150 mm。钢脚手板坚韧结实，搭设时都采用对接方式，不但便于操作使用，还可节省脚手板用量。

2）搭头接。即脚手板的两个端头压在一起。要压平，其接头处必须在小横杆上，两块板端头的搭接长度为200～300 mm。

使用手推车运料的脚手板最好是对头接，如果为搭头接，搭接方向要与重车方向一致。脚手板的最终端挑出小横杆的长度为100～150 mm，不宜过长也不能过短。

平面脚手板的铺设宽度不小于1.2 m，离外墙皮不大于200 mm。斜面板脚手板的铺设宽度不小于1.5 m（行人用的斜道宽度不小于1 m），在板面上要每隔300 mm绑一根防滑条。斜面脚手板也有对头接和搭头接两种形式，其搭设方法与平面脚手板搭设方法相同。只是搭接板的搭接长度应不小于400 mm，要下边板压上边板，每块板的两端都要固定牢。

脚手板有铺不平之处，要用木块垫好，并用铁丝将木块绑在接头处的小横杆上（木脚手杆固定木块不准用钉子钉）。禁止用砖头、瓦片等物支垫。

（3）翻脚手板前，脚手板上有立封安全网的，要先拆除安全网，然后将脚手板上面的砖块、灰浆等杂物清理干净，并系好安全带再开始翻脚手板。作业时要上下两人共同操作，下边的人将拆下来的脚手板递给上边的人，上边的人将新的一层脚手板铺好并绑牢。翻脚手板要从里向外翻，即先将里边的板子翻上去，然后再按顺序翻外边的。翻到最边两块时，下边的人站在大横杆上，一只手勾住立杆，另一只手拿着板头，递给上边的人。翻三步以上的脚手板，应先将护身栏杆移到上一步。每隔三层楼高要留一步架的脚手板，以增加架子的整体稳定性；门口通道上面的脚手板也应保留，以防高处坠物伤人。脚手板翻完后，随即将立式安全网封上。

第二节　脚手架主要事故类型及原因

近年来，随着我国经济的迅速发展，各种大型建筑大量兴建，促使脚手架的应用日渐增多，但是，一些施工企业由于不重视脚手架工程在施工中的重要作用，导致安全事故不断发生。严重影响着工程质量、施工进度和工程造价。因此，研究脚手架事故伤害的特点，分析事故成因，寻找事故发生规律，从而采取相应的预防措施是十分必要的，也是极为紧迫的。

一、存在的危险因素

脚手架一旦发生故障，极易造成重大伤亡事故。脚手架在建筑施工过程中存在的主要危险有以下几个方面：

1. 高处坠落

（1）立杆、大横杆的间距没有按规定进行搭设，架体刚度不够、搭设困难等。

（2）脚手板铺设留有空隙，出现探头板，使用脚手板数量不够3块。

（3）操作层没有设置1.2 m高的防护栏杆和18 cm的挡脚板，人员失稳。

（4）施工层以下没有设置安全平网，或网与网之间连接不牢固。

（5）选用的脚手板材质不符合安全要求。

（6）遇雨雪天未及时清理脚手架就开始作业。

（7）风暴过后，未派人检查、维护脚手架就开始作业。

（8）搭设人员在搭设高度超过2 m后不使用安全带，或使用的安全带不符合安全要求。

（9）搭设人员穿硬底鞋操作。

（10）向上翻架配合不当。

（11）在防护栏上聊天或休息。

（12）工作完毕，不及时清理回收余料，引起摔倒，导致摔伤或高处坠落。

2. 物体打击

（1）垂直运输时，未绑扎牢固或长短混装起吊。

（2）操作人员使用的工具未装入专用工具袋。

（3）未使用结实的袋子或使用铁丝串联扣件进行吊运。

（4）脚手板外侧未设置密目式安全网，或安全网虽然设置了，但网与网之间不严密，物料坠落至脚手架外侧。

（5）上、下传递搭设材料采用抛掷方式。

（6）施工间歇留有未加固构件，构件跌落。

3. 坍塌

（1）搭设脚手架的基础处理不平、不实，承载力不够，外侧无排水措施。

（2）立杆下面无垫木、底座，或垫木、底座承载力不够，架体失稳。

（3）绑扎立杆基础时，不设扫地杆，架体失稳。

（4）搭设高度在 7 m 以上时，架体与建筑结构不连接，或虽有连接但不牢固，架体失稳。

（5）架体与建筑结构拉结，不按横向 7 m 以内、纵向 4 m 以内位置连接。

（6）架体不设置剪刀撑或虽设置但并未沿脚手架高度连续设置，或角度不符合 45°～60°的要求。

（7）脚手架上堆放荷载超过规定要求。

（8）施工中随意拆除基本杆件和连接杆件。

（9）搭设用的钢管严重弯曲和锈蚀、有裂纹，但继续使用。

（10）没有满足同步内隔一根立杆的接头在高度方向上错开不小于 500 mm 的规定，造成架体强度不够。

4. 机械伤害

车辆未停稳就开始卸料，易引起机械伤害事故。

二、发生脚手架事故的原因

1. 设计问题

（1）有关模板支撑架的安全技术规范不完善

目前现有标准规范中仅有《建筑施工扣件式钢管脚手架安全技术规范》（JGJ 130—2011）涉及有关模板支撑体系的计算与构造要求，但没有关于荷载取值和荷载组合计算等条款，对模板支撑体系的构造规定不明确。大量使用的碗扣式脚手架等没有相应的安全技术规范。

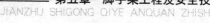

（2）脚手架设计方案有缺陷

因很多工程技术人员欠缺有关脚手架、模板支架的知识，又无实践经验，且很多是半路出家，编制的专项施工方案多是照本宣科，从手册或规范中摘录编写，无针对性，更谈不上对施工的指导作用了。由于对模板支架的认识不足，设计中往往忽略构造要求，有的虽有构造要求，但无具体设计，没有设计图示，施工中难以实施；很多施工企业直接让木工工长或架子工工长凭经验搭设，专项施工方案流于形式。

（3）施工方案荷载计算有误

荷载组合未按最不利原则考虑。如对泵送混凝土引起的动荷载因无依据可查在设计计算中估计不足，造成模板支撑体系的安全度大幅度下降。

2. 施工问题

（1）基础处理不当

搭设前未能周密考虑脚手架的受载情况和地基特点即盲目搭设，故在堆料使用后，发生严重的不均匀沉降，使脚手架倾斜而倒塌。

（2）拆架不按安全规定操作

拆除时，将已拆除的脚手架杆件或零件直接抛扔，而造成不必要的砸伤事故。

（3）防护栏杆未结合实际情况搭设

在搭设脚手架时，安全防护栏没有结合实际情况来确定绑扎高度和道数，而按一般高度（900 mm）绑扎安全栏杆，也易造成伤亡事故。

（4）脚手架与永久性结构不按规定进行拉结

由于脚手架本身结构稳定性差，因而要求与永久性结构拉结来保证其整体稳定。有些操作人员在进行外部装修时，嫌拉结点碍事就随意将其去掉，这样很容易使脚手架整片倒塌。

（5）随意加大步高

加大步高会加大立杆的长细比，使脚手架的承载能力下降，从而造成倒塌事故。

（6）扣件螺栓没有拧紧

正常螺栓扭力矩应为40~50 N·m，当扣件螺栓扭力矩仅为30 N·m时，脚手架承载力将下降20%，因承载力不够而造成事故。

（7）监理单位安全管理和现场检测问题

有些监理单位现场监管不力，对方案编制不审核，不对脚手架验收；由于监理人员素质参差不齐，有些监理单位或监理人员对施工现场存在的有关脚手架的安全隐患不能及时发现或制止。

3. 材料问题

（1）用料选材不严

脚手板和大小横杆存在裂缝、虫蛀等情况，而使用中又不严格选择，拿上就用，造成在堆料、运料或作业过程中突然断裂，因而发生高空坠落的伤亡事故。

（2）钢管弯曲

钢管经过多年使用后，将产生变形和弯曲，对脚手架进行设计时均按直线钢管来考虑，不考虑其弯曲变形。实际上钢管弯曲后的承载能力大为降低。

第三节　脚手架的安全防护管理

一、脚手架的基本安全要求

脚手架虽然随着工程进度而搭设，工程完毕就拆除，但它对建筑施工的速度、工作效率、工程质量和工人的人身安全有着直接的影响，如果脚手架搭设不牢固、不稳定，就容易造成施工中的伤亡事故。脚手架工程安全管理及技术方法，应遵守《建筑施工工具式脚手架安全技术规范》（JGJ 202—2010）等规范的要求。

（1）脚手架搭设人员必须是经过考核合格的专业架子工。上岗人员应定期体检，合格者方可持证上岗。

（2）搭设脚手架人员必须戴安全帽、系安全带、穿防滑鞋。

（3）脚手架的构配件质量与搭设质量，应按规定进行检查验收，合格后方准使用。

（4）作业层上的施工荷载应符合设计要求，不得超载。不得将模板支架、缆风绳、泵送混凝土和砂浆的输送管等固定在脚手架上；严禁悬挂起重设备。

（5）当有六级及六级以上大风和雾、雨、雪天气时应停止脚手架搭设与拆除作业。雨、雪后上架作业应有防滑措施，并应扫除积雪。

（6）脚手架的安全检查与维护应定期进行。安全网应按有关规定搭设或拆除。

（7）不得在脚手架基础及其邻近处进行挖掘作业，否则应采取安全措施，并报主管部门批准。

（8）在脚手架上进行电、气焊作业时，必须有防火措施和专人看守。

（9）搭拆脚手架时，地面应设围栏和警戒标志，并派专人看守，严禁非操作人员入内。

（10）工地临时用电线路的架设及脚手架接地、避雷措施等，应按标准《施工现场临时用电安全技术规范》（JGJ 46—2005）的有关规定执行。

二、脚手架的验收、使用与拆除

建筑工地是安全事故的多发地区之一，发生在建筑脚手架之中及与其有关的安全事故又是施工现场较为突出的问题之一，在高层建筑规模日益扩大的情况下，加强安全保障、减少事故的发生率及其损失显得异常重要。现将在建筑施工中进行建筑脚手架验收、使用及拆除工作中引起重视的几个问题作一陈述。

1. 脚手架的验收

（1）验收的方法

架子搭设和组装完毕，在投入使用前，应逐层、逐段由主管工长、架子班组长和专职安全人员一起组织验收。验收时，必须有主管审批架子施工方案的技术和安全部门参加，并填写验收单，验收记录上有工程施工负责人和验收人员的签名。

（2）验收的内容

验收时，要检查架子所使用的各种材料、配件、工具是否符合现行国家颁布的标准和各项有关规范的规定，以及是否符合施工方案的要求。验收的具体内容为：

1）架子的布置：立杆、大横杆、小横杆间距。

2）架子的搭设和组装，包括工具架起重点的选择。

3）连墙点与结构固定部分是否安全可靠；剪刀撑、斜撑是否符合要求。

4）架子的安全防护，安全保险装置必须有效，扣件和绑扎拧紧程度应符合规定的要求。

5）脚手架的起重机具、钢丝绳、吊杆的安装等，必须安全可靠，脚手板的铺设应符合规定。

6）脚手架基础处理、做法、埋深必须正确和安全可靠。

2. 脚手架的使用

脚手架是由一根根杆件连接而成的，而且搭拆频繁，为使脚手架在整个施工过程中处于完好状态，不发生倒塌事故，必须正确使用和经常维护。

（1）脚手架上堆放的材料必须整齐、平稳，不能过载。不得在脚手架上使用梯子或其他类似的工具来增加高度，并不得随便锯断脚手杆来缩短宽度；不准随意拆除各种杆件作他用，也不准解开脚手架的绑扣作他用。

（2）不准在脚手架上用气、电焊割、焊构件，也不准直接在脚手架上钻孔及利用脚手架作电焊二次接地线。上下脚手架时应从规定的扶梯或斜道上走，不准利用脚手架或绳索向上攀登；不准在脚手架上跑、跳或从高处往脚手架上投扔物体。

（3）雪后作业时，要将脚手板上和爬梯上的冰雪处理干净，必要时要在脚手板上垫上防滑物。

3. 脚手架的拆除

为了保证脚手架工程的安全施工，脚手架的拆除应遵循以下要求：

（1）在脚手架拆除前，单位负责人必须进行拆除安全技术交底。在脚手架拆除时必须划出安全区，设置警戒标志，并派专人看管。

（2）脚手架上的杂物和地面障碍物必须清除；必须全面检查脚手架的扣件及连墙件、支撑体系等受力部位，保证各部位满足构造要求，如果个别部位不符合要求，必须及时整改。

（3）脚手架的拆除作业顺序必须是由上而下逐层进行，严禁上下同时作业；连墙件必须随脚手架逐层拆除，严禁先将连墙件整层或数层拆除后再拆除脚手架。

（4）脚手架采取分段、分立面拆除时，必须首先确定分界处的技术处理方案，当分段拆除时，高差不应大于两步，如果高差大于两步，应增设连墙件加固。

（5）当脚手架拆至下部最后一根长立杆的高度时，应先在适当位置搭设临时抛撑加固后，再拆除连墙件；脚手架拆除时，应两个人协同作业，避免单人作业时出现闪失。

（6）拆除后的各配件应吊运至地面，严禁抛掷；拆除的构件应及时检查、检修与保养，并分类堆放，以便运输保管。

三、脚手架的防护措施

脚手架是高处作业设施，在搭设、使用和拆除过程中，为确保作业人员的安全，重点应落实好预防脚手架垮塌、防电防雷击、预防人员坠落的措施。

1. 脚手架预防垮塌措施

（1）材质关

严格按规定的质量、规格选择材料。

（2）尺寸关

必须按照规定的间距尺寸搭设立杆、横杆、剪刀撑、栏杆等。

（3）铺板关

架板必须铺满，不得有空隙和探头板、飞跳板，并经常清除板上杂物，保持清洁、平整。木板的厚度必须在 5 cm 以上。

（4）连接关

1）脚手架两端、转角处及每隔 6~7 根立杆应设一根立杆，与地面角度应不大于 60°。

2）脚手架在 7 m 以上，无法设支杆时，每高 4 m，水平每隔 7 m，脚手架与建筑物应至少有一个连接固定点。

3）剪刀撑，不论是木、竹脚手架还是钢管脚手架均应设在尽端双跨内和中间每隔 15 m 设纵向剪刀撑，其最大跨度不超过 6 跨，与地面成 45°~60°，从上到下连续设置。连接点拆除时也必须与脚手架的拆除同步进行。

（5）承重关

作业人员不准在脚手板上跑、跳、挤。堆料不能过于集中，钢管脚手架不得超过 3 kN/m²，堆砖只允许单行侧摆 3 层，装修工程脚手架不得超过 2 kN/m²。其他架子（桥架、吊篮、挂架等）必须经过计算和试验来确定其承重荷载；如必须超载，应采取加固措施。

（6）挑梁关

悬吊式脚手架，除吊篮按规定加工、设栏杆防护和立网外，挑梁架设要平坦和牢固。

（7）检验与维护关

验收合格后，方准上架作业。要建立安全责任制，按责任制对脚手架进行定期和不定期的检查和维护。使用过程中也要经常对架子进行检查，检查要仔细周密，对各种杆件、连接杆、跳板、安全设施和斜道上的防滑条要全面检查，不符合安全要求的要及时处理。要坚持雨、雪、风天之后和停工、复工之后的及时检查，对有缺陷的杆、板要及时更换，松动的要及时固定牢，发现问题要及时处理，确保使用安全。

2. 脚手架作业防电避雷措施

（1）钢管脚手架与架空输电线路的最小安全距离应满足表 5—1 的要求。

表 5—1　　　　　　　　　　钢管脚手架与输电线路的安全距离

线路电压（kV）	最小距离（m）	线路电压（kV）	最小距离（m）
<1	1.5	154	5.0
1~20	2.0	220	6.0
35~110	4.0	330	7.0

注：脚手架在搭设过程中，还要考虑作业活动的特点，如需拨杆、顺杆等，施工人员距输电线路实际距离应为上述最小安全距离的 2.5 倍，即留出一定的活动防护区域。如达不到这种条件，必须采取屏蔽隔离措施。

（2）一般电线不得直接捆在金属架杆上，必须捆扎时应加垫木隔离。

（3）脚手架需要穿越或靠近 380 V 以内的电力线路时，距离应在 2 m 以上；若距离在 2 m 以内，在架设和使用期间，应采取可靠的绝缘措施，主要有：对电线和脚手架进行包扎隔离，可用橡胶布等绝缘性能好的材料包扎；脚手架采取接地处理。

（4）脚手架若在相邻建筑物、构筑物防雷保护范围之外，则应安装防雷装置，防雷装置的冲击接地电阻不得大于 30 Ω。

（5）避雷针可用直径 25~32 mm、壁厚不小于 3 mm 的镀锌钢管或直径不小于 12 mm 的镀锌钢筋制作，设在房屋四角脚手架的立杆上，高度不小于 1 m，并将所有最上层的大横杆全部接通，形成避雷网络。

（6）接地线可采用截面不小于 16 mm² 的铝导线，或截面不小于 12 mm² 的铜导线，或直径不小于 8 mm 的圆钢或厚度不小于 4 mm 的扁钢。接地线的连接应保证接触可靠。在脚手架的下部连接时，应用两道螺栓卡，并加设弹簧垫圈，以防松动，保证接触面积不小于 10 cm²。接地线与接地板的连接应采用焊接，焊缝长度应大于接地线直径的 6 倍或扁钢宽度的 2 倍。

（7）接地板可利用工程的垂直接地板，也可用直径不小于 20 mm 的圆钢。水平接地板可用厚度不小于 4 mm、宽 25~40 mm 的角钢制作。接地板的设置，可按脚手架的长度不超过 50 m 设置一个，接地板埋入地下的最高点，应在地面下深度不浅于 500 mm。

（8）接地装置完成后，要用电阻表测定电阻是否符合要求。接地板的位置，应选择在人们不易走到的地方，以避免和减少跨步电压的危害和防止接地线遭机械损伤，同时应注意与其他金属物或电缆之间保持一定距离（一般不小于 3 m），以免发生击穿危害。在有强烈腐蚀性的土中，应使用镀铜或镀锌的接地板。

（9）在施工期间遇有雷雨时，钢脚手架上的操作人员应立即离开。

第六章 模板工程及安全技术

第一节 模板概述

模板工程是混凝土结构工程施工中的重要组成部分，在建筑施工中也占有相当重要的位置。在建筑工程中，模板和支撑系统是作为临时施工设施，而不是作为工程结构物来考虑。

一、模板工程简介

模板工程是为混凝土浇筑成型用的模板及其支架的设计、安装、拆除等一系列技术工作的总称。模板在现浇混凝土结构施工中使用量最大。模板系统由模板和支撑两部分组成。模板是指与混凝土直接接触，使新浇筑混凝土成型，并使硬化后的混凝土具有设计所要求的形状和尺寸。支撑是保证模板形状、尺寸及其空间位置的支撑体系，它既要保证模板形状、尺寸和空间位置正确，又要承受模板传来的全部荷载。

模板工程大多为高处作业，施工过程中需要脚手架、起重作业相配合，施工过程中容易发生高处坠落、物体打击、机械伤害、起重伤害、触电等安全事故。模板工程中引发的事故占混凝土整个工程安全事故的70%以上。模板和支撑系统虽然作为临时施工设施考虑，但要求各部分形状、尺寸准确，同时要求具有一定的安全性和施工性。近年来随着高层建筑的增多，模板工程的重要性更为突出。

二、模板的分类

1. 按材料分类

模板按照材料分类有木模板、胶合板模板、竹胶板模板、钢模板、钢框木胶模板、塑料模板、玻璃钢模板、铝合金模板等。以下主要介绍前4种。

（1）木模板

制作木模板的树种可按各地区实际情况选用，一般多为松木和杉木。由于木模板的木材消耗量大，重复使用率低，为了节约木材，在现浇混凝土结构施工中应尽量少用或不用木模板。

（2）胶合板模板

胶合板模板是由木材为基本材料压制而成，表面经酚醛薄膜处理，或经过塑料浸渍饰面或高密度塑料涂层处理的建筑用胶合板。这种模板制作质量好，表面光滑，脱模容易。模板的承载力、刚度较好，能多次重复使用；模板的耐磨性强，防水性好；材质轻，适宜加工大面模板，是一种较理想的模板材料，目前应用较多，但它需要消耗较多的木材资源。

（3）竹胶板模板

竹胶板模板以竹篾纵横交错编织热压而成。其纵横向的力学性能差异很小，强度、刚度和硬度比木材高；收缩率、膨胀率、吸水率比木材低，耐水性能好，受潮后不会变形；不仅富有弹性，而且耐磨、耐冲击，使用寿命长、能多次使用、质量较轻，可加工成大面模板；原材料丰富，价格较低，是一种理想的模板材料，应用越来越多，但施工安装不如胶合板模板方便。

（4）钢模板

钢模板一般做成定型模板，用连接构件拼装成各种形状和尺寸，适用于多种结构形式，在现浇混凝土结构施工中应用广泛。钢模板一次投资大，但周转率高，在使用过程中应注意保管和维护，防止生锈以延长使用寿命。

2. 按结构类型分类

各种现浇混凝土结构构件，由于其形状、尺寸、构造不同，模板的构造和组装方法也不同。模板按结构的类型不同，分为基础模板、柱模板、梁模板、楼板模板、墙模板、壳模板、烟囱模板等。

3. 按施工方法分类

模板按结构或构件的施工方法不同，分为现场装拆式模板、固定式模板和移动式模板。

现场装拆式模板是在施工现场按照设计要求的结构构件形状、尺寸和空间位置进行组装，当混凝土达到拆模强度后即拆除模板。现场装拆式模板多用定型模板和工具式支撑。

固定式模板多用于制作预制构件，是按构件的形状、尺寸于现场或预制厂制作，涂刷隔离剂，浇筑混凝土，当混凝土达到规定的强度后，即脱模、清理模板，再重新涂刷隔离剂，继续制作下一批构件。各种胎膜（如土胎模、砖胎模、混凝土砖模等）即属固定式模板。

移动式模板是随混凝土的浇筑，可沿结构竖直或水平方向移动的模板。如墙柱混凝土浇筑采用的滑升模板、爬升模板、提升模板、大模板及高层建筑楼板采用的飞模、筒壳、水平移动式模板等。

4. 按功能分类

（1）定型组合模板

定型组合模板包括定型组合钢模板、钢木定型组合模板、组合铝模板和定型木模板。目前我国推广应用量较大的是定型组合钢模板。

（2）墙体大模板

大模板有钢制大模板、钢木组合大模板及由大模板组合而成的筒子模等。

（3）飞模（台模）

飞模是用于楼盖结构混凝土浇筑的整体式工具式模板，具有支拆方便、周转快、文明施工的特点。飞模有铝合金桁架与木（竹）胶合板面组成的铝合金飞模，有轻钢桁架与木（竹）胶合板面组成的轻钢飞模，也有用门式钢脚手架或扣件钢管脚手架与胶合板或定型模板面组成的脚手架飞模，还有将楼面与墙体模板连成整体的工具式模板—隧道模。

（4）滑升模板

滑升模板是整体现浇混凝土结构施工的一项新工艺。广泛应用于工业建筑的烟囱、水塔、筒仓、竖井和民用高层建筑的剪力墙、框剪、框架结构施工。

滑升模板主要由模板面、围圈、提升架、液压千斤顶、操作平台、支撑杆等组成，滑升模板一般采用钢模板面，也可用木或木（竹）胶合板面。围圈、提升架、操作平台一般为钢结构，支撑杆一般用直径 25 mm 的圆钢或螺纹钢制成。

三、模板的构造

在建筑施工中，常用的模板有木模板、组合钢模板、滑升模板和爬升模板等。下面介绍这几种模板的构造。

1. 木模板

木模板所用的木材主要为松木（红松、白松、落叶松等）和杉木。为了保证受潮后不翘曲变形，木材的含水率应低于 19%，直接接触混凝土的木模板宽度不宜大于 200 mm，工具式木模板不宜大于 150 mm。

（1）基础模板

基础的特点是高度不大而体积较大，基础模板（见图 6—1）一般利用地基或基槽（坑）进行支撑。安装时，要保证上下模板不发生相对位移。

（2）柱模板

柱子的特点是断面尺寸不大但较高。柱模板（见图 6—2）由内拼板夹在两块外拼板之内组成，也可用短横板代替外拼板钉在内拼板上。柱模底部应留有清扫口，沿高度每隔 2 m 开一浇注口。待混凝土浇至其下口时，再将其钉上。柱模之间应用水平支撑、剪刀撑或斜撑固定，以保持稳定。

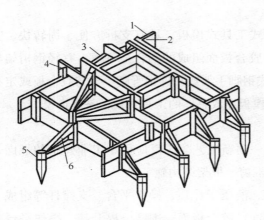

图 6—1　基础模板

1—第一阶侧板　2—挡木　3—第二阶侧板
4—轿杠木　5—木桩　6—斜撑

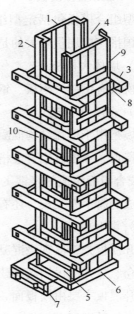

图 6—2　柱模板

1—内拼板　2—外拼板　3—柱箍　4—梁缺口
5—清扫口　6—木框　7—盖板　8—拉紧螺栓
9—拼条　10—活动板

（3）梁模板

梁的特点是跨度大而宽度小，梁底一般是架空的。梁模板主要由侧板、底板、夹木、托木、梁箍、支撑等组成。侧板可用厚 25 mm 的长条板加木挡拼制，底板一般用厚 40~50 mm 的长条板加木挡拼制，或用整块板。在梁底板下，每隔一定间距要设置顶撑，见图 6—3 所示。

2. 组合钢模板

（1）基础模板

阶梯形基础所选钢模板的宽度最好与阶梯高度相同，若阶梯高度不符合钢模板宽度的

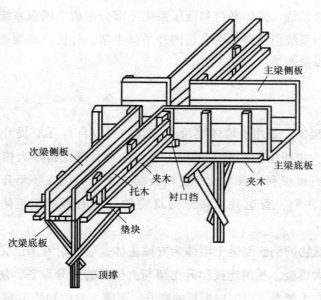

图 6—3 梁模板

模数，剩下不足 50 mm 宽度部分可加镶木板。上台阶外侧模板较长，需要两块模板拼接，拼接处除用两根 L 形插销外，上下可加扁钢并用 U 形卡连接。上台阶内侧模板长度应与阶梯等长，与外侧模板拼接处上下应加 T 形扁钢板连接。下台阶钢模板的长度最好与下阶梯等长，四角用连接角模拼接，若无合适长度的钢板，则可选用长度较长的钢模板，转角处用 T 形扁钢板连接，剩余长度可顺序向外伸出。

（2）柱模板

柱模板由四块拼板围成，梁及楼模板也是整体支设。梁的底模板与两侧模板用连接角模连接；柱顶梁缺口用钢模板组合往往不能满足要求，可在梁底标高以下用钢模板，以下与梁模板接头部分用木板镶拼。

（3）楼梯模板

组合钢模板构成的楼梯模板由梯段底模、梯板侧板、梯级侧板和梯级模板组成。梯段底模和梯板侧模用平面钢模板拼成，其上下端与楼梯梁连接部分可用木模板镶拼。梯级侧模可根据梯级放样图用钢模板及 ⊏ 8 槽钢用 U 形卡固定于梯板侧板上。梯级模板则插入槽钢口用木楔固定。

3. 滑升模板

滑升模板是一种工具式模板，用于现场浇筑高耸的构筑物和高层建筑物等，如烟囱、筒仓、电视塔、竖井、沉井、双曲线冷却塔和剪力墙体系及筒体体系的高层建筑等。目前我国有相当数量的高层建筑是用滑升模板施工的。

滑升模板由模板系统、操作平台和液压系统三部分组成。模板系统包括模板、围圈和提升架等。操作平台系统包括操作平台、内外吊脚手架、外挑三脚架等。液压系统包括支撑杆、千斤顶和操纵装置等。

4. 爬升模板

爬升模板简称爬模，是用于墙体混凝土浇筑的可以自行逐层提升的垂直移动式大模板。爬升模板是将大模板工艺和滑升模板工艺相结合，既保持了大模板施工墙面平整的优点，又保持了滑升模板利用自身设备使模板向上提升的优点。爬升模板是主要用于高层建筑墙体、电梯井壁、管道井、高耸构筑物的一种有效的模板体系，在我国已推广应用。

爬升模板以建筑物的钢筋混凝土墙体为支撑主体，通过附着在已完成的钢筋混凝土墙体上的爬升支架或大模板，利用连接爬升支架与大模板的爬升设备，使一方固定，另一方做相对运动，交替向上爬升，以完成模板的爬升、下降、就位和校正等工作。

爬升模板和大模板一样，是逐层分块安装的。因此其垂直度和平整度易于调整和控制，避免施工误差的积累，爬模施工工艺无法采取分段流水施工，其一次配置量大于大模板。

第二节　模板的设计

模板的设计应根据实际工程的结构形式、荷载大小、地基土类别、施工设备和材料，尽量采用先进的施工工艺，综合全面分析比较，找出最佳的设计方案。

一、模板工程设计基本要求

1. 模板设计内容

模板设计应包括根据混凝土的施工工艺和季节性施工措施，确定其结构和所承受的荷载；绘制配版设计图、支撑设计布置图、细节构造和异型模板大样图；按模板承受荷载的最不利组合对模板进行验算；制定模板安装、拆除的程序和方法；编制模板、配件的规格、数量汇总表和周转使用计划；编制模板施工安全、防火技术措施及设计、施工说明书。

2. 模板设计的原则

（1）实用性

实用性就是要保证混凝土结构工程的质量。保证混凝土结构和构件各部分形状尺寸、相互位置的正确；构造要简单，装拆要方便，并便于钢筋绑扎和安装及混凝土浇筑和养护工艺要求。

（2）安全性

模板必须具有足够的承载能力和刚度，支撑系统必须有足够的稳定性，以保证在施工过程中在各类荷载作用下不破坏、不倒塌，模板变形在容许范围内。

（3）经济性

结合工程实际因地制宜，就地取材，择优选用模板方案。综合考虑安全、质量、施工进度三者之间的关系，尽量减少模板的一次性投入，加快模板周转。

3. 模板设计的依据

（1）工程设计图样

模板设计时，应根据工程设计图样设计的构件各部分的位置、形状、尺寸合理地选用模板和支架类型。根据建筑装修设计的要求，确定模板的材料、安装方法。

（2）施工单位的技术经济条件

在进行模板设计时，要根据施工单位的技术经济条件对多种可行性方案进行比较选择，做到尽量充分利用施工单位现有模板和就地取材制作。

（3）施工组织设计

按照《建筑法》《建设工程安全生产管理条例》的相关规定，模板工程施工前应编制专项施工方案，经施工单位技术负责人、总监理工程师签字后实施。

二、模板的计算

1. 模板的荷载

模板支架必须承受作用于模板结构上的混凝土的质量、混凝土施工荷载和冲击荷载，模板板块必须承受混凝土质量、混凝土的侧压力、振捣和倾倒混凝土时产生的侧压力、风力等。

（1）模板和支架自重标准值

模板和支架自重应根据模板设计图按实际确定，对肋梁楼板和无梁楼盖模板的自重标准值见表6—1。

（2）新浇混凝土自重标准值

普通混凝土采用 $24 \ kN/m^2$，其他混凝土按实际质量密度确定。

表 6—1 　　　　　　　　　　模板和支架自重标准值　　　　　　　　　　kN/m²

模板构件的名称	木模板	组合钢模板	钢框胶合板模板
平板的模板和小楞	0.30	0.50	0.40
楼板模板（其中包括梁的模板）	0.50	0.75	0.60
楼板模板及其支架（楼层高度为 4 m 以下）	0.75	1.10	0.95

（3）钢筋自重标准值

钢筋质量标准值应根据工程的结构设计图样确定。对于一般钢筋混凝土梁板结构，钢筋自重标准值可采用下列数值：楼板 1.1 kN，梁 1.5 kN。

（4）施工人员和设备自重标准值

1）计算模板和小楞时，均布活荷载为 2.5 kN/m²，另以集中荷载 2.5 kN/m² 进行验算，取两者较大弯矩值。

2）计算直接支撑小楞结构构件，均布活荷载为 1.5 kN/m²。

3）计算支架支柱及其他支撑结构构件时，均布活荷载为 1.0 kN/m²，对大型浇筑设备如上料平台、混凝土输送泵等按实际情况计算。

（5）振捣混凝土时产生的荷载标准值

作用范围在有效压头高度之内，水平面模板为 2.0 kN/m²，垂直面模板为 4.0 kN/m²。

（6）新浇混凝土对模板的压力标准值

影响混凝土侧压力的因素很多，如混凝土的骨料种类、水泥用量、外加剂、坍落度等，但更重要的是外界影响，如混凝土的浇筑速度、温度、振捣方式、模板情况和构件厚度等。

2. 模板设计计算的规定

模板的设计计算要遵守相应的设计规范。如对定型模板、梁模板等主要考虑抗弯强度和挠度，对于支柱、井字架等系统主要考虑受压稳定性等问题。

验算模板及其支架的刚度时，其最大变形值不得超过下列允许值：

（1）对结构表面外露的模板，为模板构件计算跨度的 1/400。

（2）对结构表面隐蔽的模板，为模板构件计算跨度的 1/250。

（3）对支架的压缩变形值或弹性挠度，为相应结构计算跨度的 1/1 000。

第三节　模板工程常见事故类型及原因

近年来，大跨度、高净空混凝土结构大量出现，模板及其支架的施工难度越来越大，模板工程所产生的事故有逐渐增长的趋势，如胀凸、炸模、整体倒塌等时有发生，所以应根据这一趋势对模板工程的安全问题产生足够的重视。

一、常见危险因素

1. 高处坠落

（1）作业高度在 2 m 以上时，没有设置安全防护装置。

（2）在坡度大于 25°的屋面操作，没有设置防滑软梯，没有穿软底防滑鞋，檐口处没有按规定设安全防护栏，没有挂密目安全网。

（3）操作人员在墙顶、独立梁和其他高处狭窄而无防护的模板面上行走。

（4）操作人员登高时没有走人行梯道，而是利用模板支撑攀登上下。

（5）拆除电梯井和大型孔洞模板时，下层没有支搭安全网等可靠防坠落措施。

（6）拆模作业时，拆模人员没有站在平稳牢固可靠的位置，在拆除模板时，有可能失稳坠落。

（7）在没有模板的轻型屋面上安装石棉瓦等，屋架下弦没有支设水平安全网。

2. 物体打击

（1）拆模作业时，没有设置安全警戒区，没有专人看管，使得无关人员进入拆模现场。

（2）已经活动的模板，没有一次连续拆除完，留有悬空而未拆除的模板，有可能坠落伤人。

（3）拆除高而窄的预制构件模板时，没有随时加设支撑将构建支稳，造成构件倾倒伤人。

（4）电锯没有防护罩，造成锯木灰或木条弹出伤人。

（5）递送材料时，从上往下扔造成失手脱落，对他人造成伤害。

3. 坍塌

（1）作业前没有认真检查模板、支撑等构件是否符合要求，使用已经被腐蚀或者变形的模板。

（2）未进行支撑结构分析，导致支撑系统承受力不足或稳定性不够。

（3）使用未被检验合格的模板支撑或实施模板支撑结构验证。

（4）模板上堆物过多，使模板超过允许荷载。

（5）由于工人自身原因或是管理的疏忽，拆除模板时没有按照先支后拆、后支先拆的顺序；没有先拆非承重模板、后拆承重的模板和支撑，造成模板坍塌。

（6）拆除模板时没有经过工程技术部门同意，混凝土强度不够。

（7）混凝土浇筑过程中，未设专人观测模板支撑变形情况，发生问题未停止浇筑和采取加固措施。

4. 触电

（1）在临近高压线的现场进行模板塔式起重作业时，碰上高压线。

（2）电线破损，未设置有效接地；开关项不符合要求。

5. 其他伤害

（1）拆除的模板、支撑等材料，没有及时清理和码放整齐，有可能碰伤现场工作人员。

（2）铲车或搬运车后退时没有设置引导员，导致碰撞伤人。

二、导致模板坍塌事故的主要原因

1. 钢管和扣件的质量低劣

模板支架是由钢管和扣件组成的，并通过钢管与扣件受力传递用作施工临时承重结构，故钢管、扣件的质量直接影响模板支架的强度、刚度和稳定性。目前由于钢管、扣件生产及流通领域存在诸多问题，施工现场支架的钢管和扣件在采购、租赁过程中质量管理不严，导致施工现场使用的钢管部分为质量不合格产品，如钢管壁厚达不到规范要求，钢管的平直度较差，一些钢管已明显弯曲等，致使模板支撑力明显降低。模板支架使用这样的旧钢管和劣质扣件存在着极大的危害，只要有部分钢管、扣件承载力不足或局部失稳，将导致整体失稳和破坏，其结构安全性是难以保证的。

2. 模板工程设计方案存在缺陷

施工单位对水平混凝土构件模板支架高度超过 8 m 的模板工程，没有编制模板安全专项施工方案，擅自安排架工班盲目架设施工，导致搭设的模板支架不符合《建筑施工扣件式钢管脚手架安全技术规范》（JGJ 130—2011）的有关规定，不能保证施工安全的要求。

对大型或复杂重要的混凝土结构工程的模板施工未按程序进行，支架搭设开始后送交工地的施工方案中有关模板支架的设计方案过于简单，缺乏必要的细部构造大样图和相关的详细说明，且无计算书。

施工企业编制的施工方案荷载计算有误，荷载组合未按最不利情况考虑，对泵送混凝土引起的动力荷载在设计计算中估计不足等因素造成模板支撑体系的安全度大幅下降。

3. 作业因素

模板支撑搭设不规范。部分现场施工人员进行模板支架搭设操作不规范，随意性较大，不符合标准、规范和施工方案的要求；实际搭设的立杆顶部伸出长度不能满足荷载要求；搭设缺少剪刀撑和扫地杆，模板体系的整体稳定性无法保证；还有一些施工现场作业人员不重视模板支撑立杆底部的构造处理，雨季施工地基的不均匀沉降导致模板支撑产生较大的次应力，极易发生坍塌。模板搭设质量不好，给大跨度、高空、重载的模板支架留下了严重的安全隐患，也是引起模板支架倒塌的关键因素之一。

4. 管理因素

（1）施工现场管理不到位

项目施工单位虽设有安全生产管理制度，但岗位责任制存在层级衰减，不能真正落实到基层（项目部、班组、工人），对施工过程中有关部门提出整改的隐患问题，管理不严、监督不到位；不够重视设备、设施、施工材料等的更新投入，使搭设模架时材料不足，加上监督管理不力，导致盲目改变原设计施工方案，不按规范要求施工的现象发生；与建设单位签订承包合同时，没有充分考虑其场地、天气等因素，使施工工期十分紧张而出现日夜赶工，疏忽了施工安全。

施工组织管理混乱，安全管理失去有效控制，模板支架搭设无图样，无专项施工技术交底，施工中无自检、互检等手续，搭设完成后没有组织验收；搭设开始时无施工方案，有施工方案后未按要求进行搭设，支架搭设严重脱离原设计方案要求，致使支架承载力和稳定性不足，空间强度和刚度不足。

监理单位现场监管不力，在监理过程中对施工单位的违章行为不及时纠正，不认真审查施工单位编制的施工组织设计和专项施工方案；模板支架搭设过程没有严格把关，对模板支撑体系不验收，存在监理失职现象。

建设主管部门对模板工程没有履行好职责，监督不力。对模板工程搭设过程虽进行监督检查，但未发现架设存在的重大安全隐患；对施工现场蛮干施工、管理混乱的问题，虽下发了整改通知书要求暂缓施工，进行整改，但没有跟踪落实，致使施工单位继续违规施工。

（2）施工现场用工管理混乱

施工现场作业人员的安全教育跟不上，对施工人员未认真进行三级教育，尤其是部分特种作业人员无证上岗作业，致使部分管理和施工人员安全意识淡薄，容易出现蛮干冒进的违规操作现象。

第四节　模板工程安全管理措施

随着高层、超高层建筑的发展，现浇结构数量越来越大，相应模板工程发生的事故也在增加，主要原因多为模板支撑和立柱的强度及稳定性不够。模板工程的安全管理及安全技术方法应遵循《建筑施工模板安全技术规范》（JGJ 162—2008）的要求。

一、模板的安装

模板安装前应审查模板结构设计与施工说明书中的荷载、计算方法、节点构造和安装措施，设计审批手续应齐全。应进行全面的安全技术交底，操作班组应熟悉设计与施工说明书，并应做好模板安装作业的分工准备，考核合格后方可上岗。应对模板和配件进行挑选、检测，不合格者应剔除，并应运至工地指定地点堆放。

1. 模板安装的准备工作

（1）模板安装前由项目技术负责人向作业班组长做书面安全技术交底，再由作业班组长向操作人员进行安全技术交底和安全教育，有关施工和操作人员应熟悉施工图及模板工程的施工设计。

（2）施工现场设可靠的能满足模板安装和检查需用的测量控制点。

（3）现场使用的模板和配件应按规格、数量逐项清点、检查，未经修复的部件不得使用。

（4）钢模板安装前应涂刷脱膜剂。

（5）梁和楼板模板的支柱支设在土壤地面时，应将地面事先整平夯实，并准备柱底垫板。

（6）竖向模板的安装底面应平整坚实，并采取可靠的定位措施，竖向模板应按施工设计要求预埋支撑锚固件。

2. 模板安装要点

（1）对模板施工队进行全面的安全技术交底，施工队应是具有资质的队伍。

（2）挑选合格的模板和配件。

（3）模板安装应按设计与施工说明书循序拼装。

（4）竖向模板和支架支撑部分安装在基土上时，应加设垫板，如钢管垫板上应加底座。垫板应有足够强度和支撑面积，且应中心承载。基土应坚实，并有排水措施。对湿陷性黄土应有防水措施；对特别重要的结构工程可采用混凝土、打桩等措施防止支架柱下沉。对冻胀性土应有防冻融措施。

（5）模板及其支架在安装过程中，必须设置有效防倾覆的临时固定设施。

（6）现浇钢筋混凝土梁、板，当跨度大于 4 m 时，模板应起拱；当设计无具体要求时，起拱高度宜为全跨长度的 1/1 000~3/1 000。

（7）现浇多层或高层房屋和构筑物，安装上层模板及其支架应符合下列规定：

1）下层楼板应具有承受上层荷载的承载能力或加设支架支撑。

2）上层支架立柱应对准下层支架立柱，并于立柱底铺设垫板。

3）当采用悬臂吊模板、桁架支模方法时，其支撑结构的承载能力和刚度必须符合要求。

（8）当层间高度大于 5 m 时，宜选用桁架支模或多层支架支模。当采用多层支架支模时，支架的横垫板应平整，支柱应垂直，上下层支柱应在同一竖向中心线上，且其支柱不得超过两层，并必须待下层形成整体空间后，方允许支安上层支架。

（9）模板安装作业高度超过 2 m 时，必须搭设脚手架或平台。

（10）模板安装时，上下应有人接应，随装随运，严禁抛掷。且不得将模板支搭在门窗框上，也不得将脚手板支搭在模板上，并严禁将模板与井字架脚手架或操作平台连成一体。

（11）五级风及以上天气应停止一切吊运作业。

（12）拼装高度为 2 m 以上的竖向模板，不得站在下层模板上拼装上层模板。安装过程中应设置足够的临时固定设施。

（13）当支撑成一定角度倾斜，或其支撑的表面倾斜时，应采取可靠措施确保支点稳定，支撑底脚必须有防滑移的措施。

（14）除设计图另有规定者外，所有垂直支架柱应保证其垂直。其垂直允许偏差，当层高不大于 5 m 时为 6 mm，当层高大于 5 m 时为 8 mm。

（15）已安装好的模板上的实际荷载不得超过设计值。已承受荷载的支架和附件，不得随意拆除或移动。

3. 常见模板的安装

普通模板的安装包括基础模板安装、柱子模板安装、墙模板安装和梁板安装。

地面以下支模应先检查土壁的稳定情况，当有裂缝及塌方危险迹象时，应采取安全防护措施后，方可下人作业。当深度超过 2 m 时，操作人员应设梯上下。

在距基槽上口边缘 1 m 内不得堆放模板。向基槽内运料应使用起重机、溜槽或绳索；运下的模板严禁立放于基槽土壁上。

斜支撑与侧模的夹角不应小于45°，支于土壁的斜支撑应架设垫板，底部的对角楔木应与斜支撑连牢。高大长脖基础若采用分层支模时，其下层模板应该就位校正并支撑稳固后，方可进行上一层模板的安装。

二、模板的拆除

1. 模板拆除的基本要求

（1）模板拆除时，可采取先支的后拆、后支的先拆，先拆非承重模板、后拆承重模板的顺序，并应从上而下进行拆除。

（2）当混凝土强度达到设计要求时，方可拆除底模和支架；当设计无具体要求时，同条件养护试件的混凝土抗压强度应符合表6—2的规定。

表6—2 现浇结构拆模时所需混凝土强度

结构类型	跨度	按设计的混凝土强度标准的百分率计
板	≤2	500
	>2，≤8	75
	>8	100
梁、拱、壳	≤8	75
	>8	100
悬臂构件	≤2	75
	>2	100

注：设计的混凝土强度标准值是指与设计混凝土强度等级相应的混凝土立方体抗压强度标准值。

（3）当混凝土强度能保证其表面和棱角不受损伤时，方可拆除侧模。

（4）多个楼层间连续支模的底层支架拆除时间，应根据连续支模的楼层间荷载分配和混凝土强度的增长情况确定

（5）对于后张预应力混凝土结构构件，侧模宜在预应力张拉前拆除；底模支架不应在结构构件建立预应力前拆除。

（6）拆下的模板及支架杆件不得抛扔，应分散堆放在指定地点，并应及时清运。

（7）模板拆除后应将其表面清理干净，对变形和损伤部位应进行修复。

2. 模板拆除顺序

（1）一般是后支先拆，先支后拆，先拆非承重部位，后拆承重部分。

（2）拆除跨度较大的梁下支柱时，应先从跨中开始，对称拆向两端。

（3）多层楼板模板支柱在拆除下一层楼板的支柱时，应保证本层的永久性梁板结构足够承担上层所传递来的荷载，否则应推迟拆除时间。

3. 普通模板的拆除

普通模板的拆除包括基础模板拆除、柱子模板拆除、墙模板拆除和梁、板模板拆除。

（1）基础模板拆除

当拆除基础模板时，拆除前应先检查基槽土壁的安全状况，发现有松软、龟裂等不安全因素时，应在采取安全防范措施后进行作业。模板和支撑杆件等应随拆随运，不得在离槽上口边缘 1 m 以内堆放。

拆除模板时，施工人员必须站在安全地方。应先拆除内外木楞，再拆木面板；钢模板应先拆钩头螺栓和内外钢楞，后拆 U 形卡和 L 形插销，拆下的钢模板应妥善传递和用绳钩放至地面，不得抛掷。拆下的小型零配件应装入工具袋内和小型笼箱内，不得随处乱抛。

（2）柱子模板拆除

柱子模板拆除应分别采用分散拆除和分片拆除两种方法。

分散拆除的顺序应为：拆除拉杆或斜撑、自上而下拆除柱箍或横楞、拆除竖楞，自上而下拆除配件和模板、运走分类堆放、清理、拔钉、钢模维修、刷防锈油或脱模剂、入库配用。

分片拆除的顺序应为：拆除全部支撑系统，自上而下拆除柱箍和横楞、拆掉柱角 U 形卡、分两片和四片拆除模板、原地清理、刷防锈油或脱模剂、分片运至新支模地点备用。柱子拆下的模板和配件不得向地面抛掷。

（3）墙模板拆除

墙模板的拆除可分为墙模板的分散拆除和预组拼大块墙模板拆除两种。

墙模板分散拆除顺序应为：拆除斜撑或斜拉杆，自上而下拆除外楞和对拉螺栓，分层自上而下拆除木楞、零配件和模板，运走、分类堆放、拔钉、清理、检修以后刷防锈油或脱模剂，入库备用。

预组拼大块墙模板拆除顺序应为：拆除全部支撑系统，拆除大块墙模板接缝处的连接型钢及零配件，拧去固定埋设件的螺栓及大部分对拉螺栓，挂上吊装绳扣并略拉紧吊绳后拧下剩余对拉螺栓，用方木均匀敲击大块墙模板立楞和钢模板使其脱离墙体，用撬棍轻轻撬动大块墙模板使其全部脱离，指挥起吊、运走、清理、刷防锈油或脱模剂备用。

在拆除每一大块墙模板的最后两个对拉螺栓后，作业人员应撤离大模板下侧，以后的操作均应在上部进行。个别大块模板拆除后产生局部变形者应及时修整好。

大块模板起吊时，速度要慢，应保持垂直，严禁模板碰撞墙体。

（4）梁、板模板拆除

当拆除梁、板模板时，应先拆梁侧模，再拆板底模，最后拆除梁底模，并应分段分片进行，严禁成片撬落或成片拉拆。拆除时，作业人员应站在安全的地方进行操作，严禁站在已拆除或松动的模板上进行拆除作业。

拆除模板时，严禁用铁棍或铁锤乱砸，已拆的模板应妥善传递或用绳钩放在地面。严禁作业人员站在悬臂结构边缘敲拆下面的底模。待分片、分段的模板全部拆除后，方允许将模板、支架、零配件等按指定地点运出堆放，并进行拔钉、清理、整修、刷防锈油或脱模剂，入库备用。

4. 其他模板拆除

除了普通模板拆除，其他类型的模板拆除主要包括特殊模板、爬升模板、飞模等的拆除。

（1）特殊模板拆除

对于拱、薄壳、圆穹屋顶和跨度大于 8 m 的梁式结构，应按设计规定的程序和方式从中心沿环圈向外或从跨中对称向两边均匀放松模板支架支柱。

拆除圆形屋顶、筒仓下漏斗模板时，应从结构中心处的支架立柱开始，按同心圆层次对称地拆向结构的周边。

拆除带有拉杆拱的模板时，应在拆除前先将拉杆拉紧。

（2）爬升模板拆除

拆除爬升模板应有拆除方案，且应由技术负责人签署意见，拆除前应向有关人员进行安全技术交底后，方可实施。

拆除时应先清除脚手架上的垃圾杂物，并应设置警戒区由专人监护。设专人指挥，严禁交叉作业。拆除顺序应为：悬挂脚手架和模板、爬升设备、爬升支架。已拆除的物件应及时清理、整修和保养并运至指定地点备用。遇五级以上大风应停止拆除作业。

（3）飞模拆除

当梁、板混凝土强度等级达到设计强度的 75% 以上时，方准脱模。飞模的拆除顺序、行走路线和运到下一个支模地点的位置，均应按照台模设计的有关规定进行。

拆除时应先用千斤顶顶住下部水平连接管，再拆去木楔或砖墩（或拔出钢套管连接螺栓，提起钢套管）。推入可任意转向的四轮台车，松开千斤顶使飞模落于台车上，随后运至主楼板外侧搭设的平台上，用塔吊吊至上层重复使用。若不需重复使用时，应按普通模板的方法拆除。

飞模拆除必须由专人统一指挥，飞模尾部应绑安全绳，安全绳的另一端应套在坚固的建筑结构上，且在堆运时应徐徐放松。飞模推出后，楼层外侧边缘应立即绑好护身栏。

第七章 起重吊装工程机械操作安全

……🖾本章学习目标……

1. 了解起重吊装工程的内容和各种机械的安全管理措施。
2. 掌握吊装工具、垂直运输机械、水平运输机械和常用中小型机械的安全操作规程。

第一节 起重吊装作业概述

起重吊装技术是土木工程建设，包括建筑工程、道路与桥梁工程、设备安装等工程施工中直接关系到安全、质量、进度和施工成本的重要设施技术。随着我国建筑业的不断发展，吊装工程越来越多，尤其是工业厂房和钢结构工程涉及起重吊装的工程不断增加。

起重吊装工程引发的伤亡事故已成为建筑行业"四大伤害"事故之一，事故一旦发生易造成重大伤害。此类事故主要是施工方案和施工过程中的安全防护措施不到位造成的。因此，必须了解起重机具的基本性能，吊装作业安全技术、安全管理的基本方法和要求。

一、起重吊装作业的顺序和流程

1. 起重吊装作业的顺序

起重吊装作业的顺序是指一个单位吊装工程在平面上的吊装次序，例如，在哪一跨始吊，从何节间始吊；如何划分施工段，其流水作业的顺序如何等。确定起重吊装顺序需注意下列几点：

（1）应考虑土建和设备安装等后续工序的施工顺序，以满足单位工程施工进度的要求。如某一跨度内，土建施工复杂或设备安装复杂，需较长的工作天数，则往往要安排该跨度先吊装，以便让后续工序尽早开工。

（2）尽量与土建施工的流水顺序相一致。

（3）满足提高吊装效率和安全生产的要求。

（4）根据吊装工程现场的实际情况（如道路、相邻建筑物、高压线位置等），确定起重机从何处始吊，从何处退场。

2. 起重吊装作业的流程

起重吊装作业的流程一般涉及起重设备和机具的准备、绑扎、挂绳、起吊、就位、临时固定、校正和最后固定等。

（1）起重设备和机具的准备

根据吊装方案布置起重机具，例如，使用桅杆起重方案，应注意桅杆的稳定，地锚应牢固可靠。

（2）绑扎与挂绳

绑扎是设备、构件起吊前的准备工作。需要根据计算选择吊具、索具和吊点的位置、个数和绑扎的方法。绑扎即用吊绳、卡环等索具保证设备、构件在起吊中不发生永久变形或断裂，绑扎要牢固可靠并便于安装。

挂绳，即起吊钢丝绳的长度要适当，吊索之间夹角一般不应超过 60°，对于薄壁结构，吊索之间的夹角应更小。

（3）起吊与就位

起吊中要保证在空中起落与旋转都很平稳（事先在物件上系一根或几根溜绳，以防止物件转动，并控制它按要求的方向吊移），不得倾斜，绳索不应在吊钩上滑动。就位时，用目测或线锤对物件的平面位置与垂直度进行初步校正以缩短整个安装过程的时间。

（4）临时固定

为提高吊装效率，物件就位后，先进行临时固定，以便卸去吊钩后吊装下一个物件。临时固定应便于校正并保证校正时物件不倾倒。

（5）校正

校正是指将物件平面位置、标高与垂直度等进行校正，使其符合设计要求。

（6）最后固定

按设计规定的方法（如灌浆、焊接、铆接与螺栓连接等）将物件最后固定。

二、起重吊装作业与设备分类

1. 起重吊装作业分级

起重吊装作业按吊装重物的质量分为三级。

（1）吊装重物的质量大于 80 t 时，为一级吊装作业。

（2）吊装重物的质量大于等于 40 t，小于等于 80 t 时，为二级吊装作业。

（3）吊装重物的质量小于 40 t 时，为三级吊装作业。

2. 起重吊装作业分类

起重吊装作业按吊装作业级别分为三类。

（1）一级吊装作业为大型吊装作业。

（2）二级吊装作业为中型吊装作业。

（3）三级吊装作业为一般吊装作业。

3. 起重吊装设备分类

起重吊装设备是指用于各种建筑工程施工的工程机械、筑路机械、农业机械和运输机械等有关的机械设备的统称。根据起重设备的功能和结构特点可分为轻小型起重吊装设备、升降机、起重机和架空单轨系统等几类。

（1）轻小型起重吊装设备

其特点是轻便、结构紧凑、体积小、动作简单、使用方便，作业范围投影以点、线为主。轻小型起重吊装设备一般只有一个升降结构，它只能使重物做单一的升降运动。属于这一类的有千斤顶、滑车、吊具、手（气、电）动葫芦和绞车等。

（2）升降机

其特点是重物或取物装置只能沿导轨升降，升降机主要做垂直或近于垂直的升降运动，具有固定的升降路线，如施工升降机、升降台、竖井提升机和罐笼升降机等。

（3）起重机

它是在一定范围能垂直提升并水平搬运重物实现多动作组合的起重设备。根据水平运动形式的不同，分为桥架类型起重机和臂架类型起重机两大类别。

（4）架空单轨系统

它具有刚性吊挂轨道所形成的线路，在桥梁工程建设施工中应用广泛。

三、起重吊装作业的危险特点

起重事故是指在进行各种起重作业（包括吊运、安装、检修、试验）中发生的重物（包括吊具、吊重或吊臂）坠落、夹挤、物体打击、起重机倾翻、触电等事故。起重事故可造成重大的人员伤亡或财产损失。根据不完全统计，在事故多发的特殊工种作业中，起重作业事故的起数多，事故后果严重，重伤、死亡人数比例大。

起重吊装作业具有如下特点：

（1）起重机械通常具有庞大的结构和比较复杂的机构。

（2）所吊运的重物多种多样，荷载是变化的。

（3）大多数起重机械需要在较大的范围内运行，活动空间较大。

（4）有些起重机械，需要直接载运人员在导轨、平台或钢丝绳上做升降运动，其可靠性直接影响人身安全。

（5）暴露的、活动的零部件较多，且常与吊运作业人员直接接触（如吊钩、钢丝绳等），潜在许多偶发的危险因素。

（6）作业环境复杂。

（7）作业中常常需要许多人配合，共同进行一个操作。

四、起重吊装作业现场管理

1. 起重吊装作业操作人员管理

建筑起重机械操作工人是特殊工种作业人员，起重工包括起重机械司机、起重信号工（信号指挥员）、起重信号司索工（挂钩工）和起重机械安装拆卸工，均为特种作业人员，必须经过专业技术培训教育学习，考试合格，取得有效的"特种作业人员操作证"，持证上岗。建筑起重机械安装作业人员必须持有建筑起重机械安装拆卸特种作业人员操作资格证。

起重工应有健康的身体，两眼视力均不得低于1.0，无色盲、听力障碍、高血压、心脏病、癫痫病、眩晕、突发性昏厥及其他影响起重吊装作业的疾病与生理缺陷。

2. 起重吊装作业安全技术方案

起重吊装作业前应详细勘察现场，按照工程特点和作业环境编制专项安全施工方案，并经企业技术负责人审批，监理单位和建设单位批准。

（1）起重吊装作业和安装拆卸专项安全施工方案的主要内容

1）工程概况。危险性较大的分部分项工程概况、施工平面布置、施工要求和技术保证条件。

2）编制依据。相关法律、法规、规范性文件、标准、规范及图样、施工组织设计等。

3）施工计划。包括施工进度计划、材料与设备计划。

4）施工工艺技术。技术参数、工艺流程、施工方法、检查验收等。

5）施工安全保证措施。组织保障、技术措施、应急预案、监测监控等。

6）劳动力计划。专职安全生产管理人员、特种作业人员等。

7）计算书及相关图样。

（2）安全技术交底

1）施工企业应当对从业人员进行安全生产教育和培训，保证从业人员具备必要的安全生产知识，熟悉有关的安全生产规章制度和安全操作规程，掌握本岗位的安全操作技能。

未经安全生产教育和培训合格的从业人员，不得安排上岗作业。

2）起重工承担生产任务后，必须进行安全技术交底和学习《起重机械安全规程第1部分：总则》（GB 6067.1—2010）、《建筑施工高处作业安全技术规范》（JGJ 80—1991）、《建筑机械使用安全技术规程》（JGJ33—2012），熟悉作业环境，才可按批准的生产计划进行生产作业。与用电等其他工种的配合应由现场管理人员负责统一协调指挥。

（3）在起重吊装作业中，有下列情况之一者不准吊装（简称"十不吊"）：

1）被吊物重量超过机械性能允许范围、安全装置失灵、吊装物重量不明等。

2）指挥信号不明或违章指挥。

3）靠近高压线无可靠安全措施。

4）吊物上站人、重物下站人。

5）工件埋在地下。

6）斜拉歪挂斜牵物。

7）工件捆扎不牢、棱刃物件无防护措施、散物捆绑不牢。

8）立式构件、大模板等不用卡环，棱刃物体没有衬垫措施。

9）氧气瓶、乙炔瓶等易燃易爆物品直接绑扎，零碎物无容器。

10）光线太暗看不清。

3. 施工单位的安全管理职责

（1）根据不同施工阶段、周围环境和季节、气候的变化，对建筑起重机械采取相应的安全防护措施。

（2）制定建筑起重机械生产安全事故应急预案。

（3）在建筑起重机械活动范围内设置明显的安全警示标志，对集中作业区做好安全防护。

（4）设置相应的设备管理机构或者配备专职的设备管理人员。

（5）指定专职设备管理人员、专职安全生产管理人员进行现场监督检查。

（6）建筑起重机械出现故障或者发生异常情况的，立即停止使用，消除故障和事故隐患后，方可重新投入使用。

第二节　吊装工具与垂直运输机械

建筑工程吊装作业过程中，吊索具主要用来绑扎、搬运和起升建筑材料、设备、机具、构件等，常用的索具有麻绳、钢丝绳和绳扣，由绳索与吊钩、卡环等组成吊装作业中的吊具。当前，在施工现场用于垂直运输的机械主要有三种：起重机（主要包括塔式起重机、桅杆式起重机和履带式起重机等）、物料提升机和施工外用电梯。千斤顶、倒链、滑轮组和卷扬机等吊装机具在施工现场应用也十分广泛。

一、吊装索具

1. 麻绳

（1）分类

麻绳按材质分为白棕绳和混合麻绳两种。白棕绳质量好，被广泛使用。按捻制股数划分，有3股、4股、9股三种，又可分为浸油和不浸油两种。股数多的绳强度高，但捻制比较困难。浸油白棕绳的特点是不易腐烂，但质料变硬，不易弯曲，且浸油后的强度要降低10%~25%。

（2）特点

麻绳具有使用轻便、质软、携带方便、易于捆扎和结扣等优点，但其强度低、易磨损和腐烂，因此只能用于辅助性作业，如用于溜绳、捆绑绳和受力不大的揽风绳等，不适用于荷载大及有冲击荷载的机动机械工作中。

（3）白棕绳（麻绳）的允许拉力计算

白棕绳的允许拉力，按下列公式计算：

$$[F_z] = \frac{F_z}{K} \qquad (7-1)$$

式中　$[F_z]$——白棕绳的允许拉力，kN；

　　　F_z——白棕绳的破断拉力，kN，在有关的施工技术手册中查找，旧白棕绳的破断拉力取新绳的40%~50%；

　　　K——白棕绳的安全系数，当用作揽风绳，穿滑车组和吊索（无弯曲时），$K=5$；当用作捆绑吊索时，$K=8~10$。

（4）要求

1）原封整卷麻绳在拉开使用时，应先把绳卷平放在地上，并将绳头的一面放在底下，从卷内拉出绳头，根据需要长度切断，麻绳切断后，其断口需要用细铁丝或麻绳扎紧，防止断头松散。

2）麻绳使用前要进行检查。发现表面积损伤小于30%直径，局部破损小于截面面积的10%时，要降低负荷使用；如破损严重，应将此部分去掉，重新连接后使用；对于断股及表面损伤大于麻绳直径的30%和腐蚀严重的，应予以报废。

3）要防止麻绳打结。对某一段出现扭结时，要及时加以调直。当绳不够长时，不宜打结接长，应尽量采用编接方法接长。编接绳头、绳套时，编接前每股头上应用细绳扎紧，编接后相互搭接长度，绳套不能小于麻绳直径的 15 倍，绳头接长不小于麻绳直径的 30 倍。

4）用麻绳捆绑边缘锐利的物体时，应垫以麻布、木片等软质材料，避免被棱角处损坏。

5）使用时应将绳抖直，使用中发生扭结也应立即抖直，如有局部损伤的麻绳，应切去损伤部分。

6）使用中应严禁在粗糙的构件上或地上拖拉，并严防砂、石屑嵌入绳的内部损伤麻绳；吊装作业中的绳扣应结扣方便，受力后不得松脱，解扣应简易。

7）穿绕滑车时，滑轮的直径应大于麻绳直径的 10 倍，麻绳有结时，应严禁穿过滑车狭小之处；避免损伤麻绳发生事故，长期在滑车上使用的麻绳应定期改变穿绳方向，使绳磨损均匀。

2. 钢丝绳

钢丝绳（见图 7—1）是用直径 $0.4 \sim 3$ mm、强度 $140 \sim 200$ kg/mm^2 的钢丝绳合成股，再由钢丝股围绕一根浸过油的棉制或麻制的绳芯，拧成整根的钢丝绳，如图 7—1 所示。钢丝绳具有强度高、弹性大、韧性好、耐磨并能承受冲击荷载等特点，在起重作业中广泛应用，是吊装中的主要绳索。

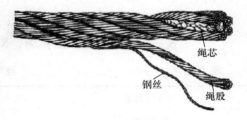

绳芯
钢丝
绳股

图 7—1　钢丝绳构造

（1）种类

按照捻制的方法分为同向捻、交互捻、混合捻几种；按绳股数及一股中的钢丝数分，常用的有 6 股 19 丝、6 股 37 丝、6 股 61 丝等几种。日常工作中以 6×19+1，6×37+1，6×61+1 来表示。

在钢丝绳直径相同的情况下，绳股中的钢丝数越多，钢丝的直径越细，钢丝越柔软，挠性也就越好。但细钢丝捻制的绳没有较粗钢丝捻制的钢丝绳耐磨损。因此，6×19+1 较6×37+1 的钢丝绳硬，耐磨损。

钢丝绳按绳芯不同分为麻芯、石棉芯和金属芯三种。用浸油的麻或棉纱作绳芯的钢丝绳比较柔软，容易弯曲，但不能受重压和在较高温度下工作；石棉芯的钢丝绳可以适应较高温度下的工作，不能重压；金属芯的钢丝绳可以在较高温度下的工作，且耐重压，但太硬不易弯曲。

（2）技术性能

1）钢丝绳的破断拉力。将整根钢丝绳拉断所需要的拉力大小，也称为整条钢丝绳的破断拉力，用 S_p 表示。求整条钢丝绳的破断拉力 S_p 值，应根据钢丝绳的规格型号从金属材料手册中的钢丝绳规格性能表中查出钢丝破断拉力总和 $\sum_i S$ 值，再乘以换算系数价 ϕ 值，即

$$S_P = \phi \sum_i S \qquad (7—2)$$

式中 ϕ——换算系数值，当钢丝绳为 6×19+1 时，$\phi = 0.85$；为 6×37+1 时，$\phi = 0.82$；为 6×61+1 时，$\phi = 0.800$。

钢丝绳在使用时由于搓捻得不均匀，钢丝之间存在互相挤压和摩擦的现象，各钢丝受力大小是不一样的，要拉断整根钢丝绳，其破断拉力要小于钢丝破断拉力总和，因此要乘一个小于 1 的系数。

2）钢丝绳的允许拉力。为了保证吊装的安全，钢丝绳根据使用时的受力情况，规定所能允许承受的拉力。其计算公式为

$$S = \frac{S_p}{k} \qquad (7—3)$$

式中 S——钢丝绳的允许拉力，N；

k——安全系数，见表 7—1；

S_p——钢丝绳的破断拉力，N。

表 7—1   丝绳安全系数 k 值

钢丝绳用途	安全系数	钢丝绳用途	安全系数
作缆风绳	3.5	作吊索无弯曲时	6~7
缆索起重机承重绳	3.75	作捆绑吊索	8~10
手动起重设备	4.5	用于载人的升降机	14
机动起重设备	5~6		

钢丝绳的允许拉力应低于钢丝绳破断拉力的若干倍，而这个倍数就是安全系数。它表明钢丝绳在使用中的安全可靠程度，因此要根据荷载情况、使用的频繁程度等因素，合理地选择钢丝绳的安全系数。

（3）安全使用

1）钢丝绳固定的安全要求

钢丝绳采用钢丝绳夹来固定与连接，用钢丝绳夹将钢丝绳末端或将两根钢丝绳固定在一起，为保证固定或连接处的安全，应注意以下问题。

①钢丝绳夹的间距一般为钢丝绳直径的 6~8 倍，U 形螺栓在钢丝绳的尾段上。

②每一连接处所需钢丝绳夹的最少数量根据钢丝绳的直径确定，但不得少于 3 根。

③绳夹正确布置时，固定处的强度至少为钢丝绳自身强度的 80%，绳夹在实际使用中

受载 1~2 次后螺母要进一步拧紧。

④离套环最近处的绳夹应尽可能地紧靠套环，紧固绳夹时要考虑每个绳夹的合理受力，离套环最远处的绳夹不得首先单独紧固。

2）钢丝绳安全使用

①钢丝绳使用前应检查钢丝绳的磨损、锈蚀、拉伸、弯曲、变形、疲劳、断丝、绳芯露出的程度，确定其安全使用条件。吊装作业中新使用的钢丝绳必须采用交互捻钢丝绳，新钢丝绳使用前和旧钢丝绳使用过程中，每隔半年应进行强度检验。

②钢丝绳端部用钢丝扎紧或用熔点低的合金焊牢，也可用铁箍箍紧；用錾子剁切钢丝绳时，剁切位置不应前后变化，操作人员应戴上护目镜。

③钢丝绳使用时不准拖地、抛掷，严禁超载，不准使钢丝绳发生锐角折曲，不准急剧改变升降速度，制动过程中必须平稳，避免冲击荷载。工作中的钢丝绳，不得与其他物体相摩擦；着地的钢丝绳应用垫板或滚轮托起。钢丝绳穿过滑轮时，严禁使用轮缘已破损的滑轮。

④使用中，钢丝绳表面如有油滴挤出，表示钢丝绳已承受相当大的力量，这时应停止增加负荷并进行检查，必要时更换新钢丝绳。若钢丝绳股缝间有大量的油挤出，这是钢丝绳破断的前兆，应立即停吊，查明原因。

⑤钢丝绳端部和吊钩、卡环连接，应该利用钢丝绳固接零件或使用插接绳套，不得用打结绳扣的方法来连接。

3）安全检查。当钢丝绳使用一定时间后，就会产生断丝、腐蚀和磨损现象，其承载能力减低。一般规定钢丝绳在一个节距内断丝的数量超过表 7—2 的数据时就应当报废，以免造成事故。

当钢丝绳表面锈蚀或磨损使钢丝绳直径显著减少时应将表 7—2 的报废标准按表 7—3 的给定系数折减并按折减后的断丝数报废。

表 7—2　　　　　　　钢丝绳报废标准（一个节距内的断丝数）

采用的安全系数	钢丝绳种类					
	6×19		6×37		6×61	
	交互捻	同向捻	交互捻	同向捻	交互捻	同向捻
6 以下	12	6	22	11	36	18
6~7	14	7	26	13	38	19
7 以上	16	8	30	15	40	20

表 7—3　　　　　　　钢丝绳锈蚀或磨损时报销标准的折损系数

钢丝绳表面锈蚀或磨损或磨损量（%）	10	15	20	25	30~40	大于 40
折减系数	0.85	0.75	0.70	0.60	0.50	报废

3. 绳扣

绳扣（千斤绳、带子绳、吊索）是把钢丝绳编插成环状或插在两头带有套鼻的绳索，是用来连接重物与吊钩的吊装专用工具。它使用方便，应用极广。

绳扣多是由人工编插的，也有用特制金属卡套压制而成的。人工插接的绳扣，其编结部分的长度不得小于钢丝绳直径的 15 倍，并且不得短于 300 mm，如图 7—2 所示。

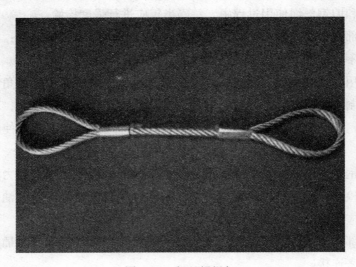

图 7—2 钢丝绳绳扣

4. 吊索内力计算与选择

吊装吊索内力的大小，除与构件重量、吊索类型等因素有关外，还与吊索和所吊重物间的水平夹角有关。水平夹角越大，则吊索内力越小，反之，吊索内力越大，同时其水平分力会对构件产生不利的水平压力。如果夹角太大，虽然能减小吊索内力，但吊索的起重高度要求很高，所以吊索和构件间的水平夹角一般取 45°～60°。若吊装高度受到限制，其最小夹角应控制在 30°。

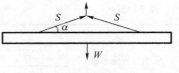

图 7—3 两点起吊

（1）两点起吊（见图 7—3）

1）内力计算

$$S = \frac{W}{n\sin\alpha} \qquad (7—4)$$

式中　　S——一根吊索所受拉力；

　　　　W——吊装构件自重；

　　　　n——吊索的根数；

　　α——吊索与构件的水平夹角。

　　2）强度计算

$$S \ll \frac{S_P}{k} \tag{7—5}$$

　　（2）四点起吊（见图7—4）

　　对平面尺寸较大而厚度较薄的板式构件，一般采用四点起吊。吊索的拉力 S 仍按式（7—3）计算，其中吊索的根数为4。考虑其中某一根吊索可能处于松软状态而不受力或受力很小，为安全起见，可按三根吊索承担构件自重，即用 $n = 3$ 代入公式计算。求出吊索拉力后，即可根据 k 值选择吊索的类型及直径。

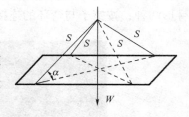

图7—4　四点起吊

二、吊装吊具

1. 吊钩

　　吊钩根据外形的不同分为单钩和双钩两种。单钩一般在中小型的起重机上用，也是常用的起重工具之一。在使用上单钩比双钩简便，但受力条件没有双钩好，所以起重量大的起重机用双钩较多。

　　（1）起重吊钩常用优质碳素钢锻成，锻成后要进行退火处理，吊钩表面应光滑，不得有剥裂、刻痕、锐角、裂缝等缺陷存在，并不准对磨损或有裂缝的吊钩进行补焊修理。

　　（2）吊钩在钩挂吊索时要将吊索挂至钩底，直接钩在构件吊环中时，不能使吊钩硬别或歪扭，以免吊钩产生变形或使吊索脱钩。

　　（3）吊钩的危险断面是指吊钩承载时，弯曲应力最大的截面处，该处弯矩最大。吊钩底部断面受剪切应力，吊钩的背弯部受弯曲应力最大（内侧受拉、外侧受压），吊钩上部受拉应力。当起重机械的吊钩有下列情况之一的应立即更换：

　　1）表面有裂纹、破口，开口度比原尺寸增加15%。

　　2）危险断面及钩颈有永久变形，扭转变形超过10°。

　　3）挂绳处断面磨损超过原高度的10%。

　　（4）吊钩衬套磨损超过原厚度的50%，芯轴（销子）磨损超过其直径的3%~5%。

　　（5）起重吊装作业中，由于挂钩时马虎或吊索间的角度过大，起吊中容易造成脱钩，所以吊钩上应装有防止脱钩的安全保险装置。

2. 卡环

卡环（见图7—5）又名卸甲，用于吊索和吊索或吊索与构件吊环之间的连接，是在起重作业中用得较广的连接工具。卡环由弯环与销子两部分组成，按弯环的形式分为 D 形和弓形两种；按销子与弯环的连接形式分，有螺栓式和抽销式卡环及半自动卡环。

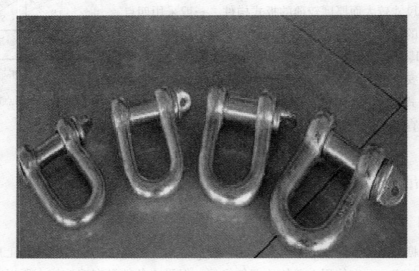

图7—5　卡环

（1）卡环允许荷载的估算

卡环各部强度及刚度的计算比较复杂，在现场使用时很难进行精确计算。为使用方便，现场施工可按下列的经验公式进行卡环的允许荷载计算：

$$\rho \approx 3.5 d^2 \tag{7—6}$$

式中　　ρ——允许荷载，kg；

　　　　d——销子的直径，mm。

（2）卡环的安全使用

1）卡环必须是锻造的，一般是用 20 号钢锻造后经过热处理而制成的。不能使用铸造的和补焊的卡环。

2）严禁利用焊接或补强法修补卡环缺陷。

3）在使用时不得超过规定的荷载，并应使卡环销子与环底受力（即高度方向），不能横向受力，横向使用卡环会造成弯环变形，尤其是在采用抽销卡环时，弯环的变形会使销子脱离销孔，钢丝绳扣柱易从弯环中滑脱出来。

4）抽销卡环经常用于柱子的吊装，它可以在柱子就位固定后，在地面上用事先系在销子尾部的麻绳将销子拉出，解开吊索，避免了摘扣时高空作业的不安全因素，提高了吊装效率。但在柱子的重量较大时，为提高安全度须用螺栓式卡环。

5）工作完毕后，要将卸扣收回擦干净，插入横销拧满螺纹，存放在干燥处，以防表面生锈。

3. 横吊梁

横吊梁（见图7—6）又称铁扁担，常用于柱和屋架等构件的吊装。用横吊梁吊柱容易使柱身保持垂直，便于安装；用横吊梁吊屋架可以降低起吊高度，减少吊索的水平分力对屋架的压力。常用的横吊梁有滑轮横吊梁、钢板横吊梁、钢管横吊梁等。

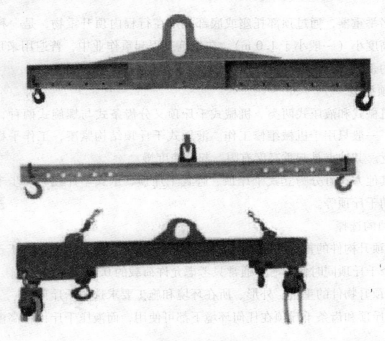

图7—6 横吊梁

（1）滑轮横吊梁一般用于吊装8 t以内的柱。它由吊环、滑轮和轮轴等部分组成，其中吊环用Q235圆钢锻制而成，环圈的大小要保证能够直接挂上起重机吊钩，滑轮直径应大于起吊柱的厚度，轮轴直径和吊环断面应按起重量的大小计算而定。

（2）钢板横吊梁一般用于吊装10 t以下的柱，它是由Q235钢板制作而成。钢板横吊梁中的两个挂卡环孔的距离应比柱的厚度大20 cm，以便柱"进档"。

设计钢板横吊梁时，应先根据经验初步确定截面尺寸，再进行强度验算。设计时应验算钢板横吊梁中部截面的强度和吊钩孔壁、卡环孔壁的局部承压，计算荷载按构件重力乘以动力系数1.5计算。

（3）钢管横吊梁一般用于吊屋架，钢管长6~12 m。钢管横吊梁在起吊构件时承受轴向

力 N 和弯矩 M（由钢管自重产生的）。设计时，可先根据容许长细比 $[\lambda]$ =120 初选钢管截面，然后，按压弯构件进行稳定验算。

计算荷载按构件重力乘以动力系数 1.5，容许应力 $[\sigma]$ 为 140 N/mm² 。钢管横吊梁中的钢管也可用两个槽钢焊成箱形截面来代替。

三、吊装机具

1. 千斤顶

千斤顶又名举重器，通过顶部托座或底部托爪在行程内顶升重物，是一种最简单的起重机具，起重高度小（一般小于 1.0 m）。在建筑工程起重作业中，普遍用来顶升、降落物件，矫正构件的歪斜，将物件调直或顶弯。

（1）千斤顶类型

千斤顶有机械式和液压式两类。机械式千斤顶又分齿条式与螺旋式两种，由于起重量小，操作费力，一般只用于机械维修工作。液压式千斤顶结构紧凑，工作平稳，有自锁装置，故使用广泛。其缺点是起重高度有限，起升速度慢。

千斤顶按其他方式可分为立式千斤顶、卧式千斤顶、爪式千斤顶、同步千斤顶、一体式千斤顶和电动千斤顶等。

（2）千斤顶的选择

1）根据被顶升构件的重量和能支顶位置选用千斤顶的个数和吨位，由于千斤顶顶升速度不一致，几个千斤顶同时使用时，通常只考虑允许荷载的 0.5~0.7 倍。

2）根据被顶升物件的重量、外形、所在环境和施工要求选用千斤顶。

3）螺旋千斤顶和齿条千斤顶在任何环境下都可使用，而液压千斤顶在高温和低温条件下不准使用。

（3）千斤顶安全操作规定

千斤顶应放在干燥无尘土的地方，不可日晒雨淋，使用时应擦洗干净，不宜放在有酸碱、腐蚀性气体的工作场所使用。

1）重物重心和千斤顶的着力点要选择合理，底面要垫平，同时要考虑到地面软硬条件。

2）不得超负荷使用，顶升高度不得超过活塞的标志线。如无标识，顶升高度不得超过螺纹杆丝扣或活塞总高度的 3/4。

3）千斤顶将重物顶升后，应及时用支撑物将重物支撑牢固，禁止将千斤顶作为支撑物使用。

4）多台千斤顶同时起重时，应采用同型号的千斤顶。除需正确安放千斤顶外，应使用多项分流阀，使每台千斤顶的负荷均衡，并保持起升速度同步。

2. 倒链

倒链（见图7—7）又称手拉葫芦或神仙葫芦，可用来吊轻型构件、拉紧扒杆和缆风绳，也可用在构件或设备运输时拉紧捆绑的绳索。它适用于小型设备和重物的短距离吊装，一般的起重量为0.5~1 t，最大可达2 t。

倒链的使用安全要求如下：

（1）使用前需检查确认各部位灵敏无损。应检查吊钩、链条、轮轴、链盘，如有锈蚀、裂纹、损伤、传动部分不灵活应严禁使用。

（2）起重时，不能超出起重能力，在任何方向使用时，拉链方向应与链轮方向相同，要注意防止手拉链脱槽，拉链的力量要均匀，不能过快过猛。

图7—7　倒链

（3）要根据倒链的起重能力决定拉链的人数。如拉不动时，应查明原因再拉。

（4）起吊重物中途停止时，要将手拉小链拴在其中链轮的大链上，以防止因时间过长而自锁失灵。

3. 滑轮组

在起重安装工程中，滑轮与滑轮组的应用非常广泛，常用于配合吊具、索具进行设备的运输与吊装工作。

（1）滑轮的分类

按制作材质分有木滑轮和钢滑轮；按使用方法分有定滑轮、动滑轮和动、定滑轮组成的滑轮组；按滑轮数多少分有单滑轮、双滑轮、三滑轮、四滑轮和多滑轮等多种；按其作用分为导向滑轮、平衡滑轮；按连接方式可分为吊钩式、链环式、吊环式和吊梁式。

（2）使用滑轮的安全注意事项

1）选用滑轮时，轮槽宽度应比钢丝绳直径大1~2.5 mm。

2）滑轮的直径通常不得小于钢丝绳直径的16倍。

4. 卷扬机

卷扬机又称绞车，是通过转动卷筒，以缠绕在卷筒上的钢丝绳产生牵引力的起重设备。由人力或机械动力驱动卷筒、卷绕绳索来完成牵引工作的装置，可垂直提升、水平或倾斜拽引重物。

（1）卷扬机的类型

卷扬机分为手动卷扬机和电动卷扬机两类。

按卷筒数量分为单筒卷扬机和双筒卷扬机，慢速卷扬机多为单筒式。按卷扬机是否符合国家标准的要求，分为国标卷扬机、非标卷扬机。国标卷扬机是指符合国家规定标准的卷扬机，非标卷扬机是指厂家自己定义标准的卷扬机。按卷扬机的结构及构造分为普通卷扬机和特殊卷扬机两类。

（2）卷扬机的选择与安全使用

1）电动卷扬机的选择

①额定拉力的选择。电动卷扬机的额定拉力按照滑轮组跑绳的最大拉力进行选择，滑轮组跑绳的最大拉力不能大于电动卷扬机额定拉力的85%。

②容绳量校核。容绳量指卷扬机卷筒能够卷入的某种直径钢丝绳的长度。卷扬机铭牌上的容绳量只是针对某一种钢丝绳直径，如采用不同直径的钢丝绳必须进行容绳量校核。

2）电动卷扬机安全操作规定

①卷筒上的钢丝绳应排列整齐，如发现重叠和斜绕时，应停机重新排列。严禁在转动中用手拉、脚踩钢丝绳，钢丝绳不许完全放出，最少应保留三圈。

②作业中，任何人不得跨越钢丝绳，物体（物件）提升后，操作人员不得离开卷扬机。如遇停电或休息时，应切断电源，将提升物或吊笼降至地面。

③作业中，司机、信号员要让吊起物保持良好的可见度，司机与信号员应密切配合。要服从指挥信号员统一指挥，信号不明或可能引起事故时应暂停操作，待弄清情况后方可继续作业。

④工作时，要经常停车检查各传动部位和摩擦零件的润滑情况，轴瓦温度不得超过60℃，严禁载人。

⑤起吊重物时，应先缓慢吊起，检查网扣及物件捆绑是否牢固，置物下降离地面 2 ~ 3 m，应停车检查有无障碍，垫板是否垫好，确认无异常后，才能平稳下降。

5. 地锚

地锚又称地垅、拖地坑或锚碇，起重作业中常用地锚来固定拖拉绳、缆风绳、溜绳、卷扬机、导向滑轮、起重机或桅杆平衡等固定设施。地锚一般用钢丝绳、钢管、钢筋混凝土预制件、圆木等做埋件埋入地下完成。

（1）地锚的种类和选择

要视其土质情况，决定地锚的形式和做法。一般宜选用卧式地锚；当受力小于 15 kN、土质坚实时，也可选用桩式地锚。

1）桩式地锚适用于固定作用力不大的系统，是以角钢、钢管或圆木作锚桩垂直或斜向

（向受拉的反方向倾斜）打入土中，依靠土壤对桩体的嵌固和稳定作用，使其承受一定的拉力；桩式地锚承载能力虽小，但工作简便，省力省时，因而被普遍采用。

2）卧式地锚是将横梁（圆木、方木）或型钢横卧在预先挖好的坑底，绳索捆扎一端从坑前端的槽中引出，埋好后用土回填夯实即成，一般埋置深度为 1.5~3.5 m。这种锚桩常用在普通系缆、桅杆或起重机上。

（2）地锚的安全操作要求

1）起重吊装使用的地锚，应严格按设计进行制作，并做好隐蔽工程记录，经过详细检查和试拉，才能正式使用。

2）地锚坑宜挖成直角梯形状，坡度与垂线的夹角以 15°为宜。

3）拖拉绳与水平面的夹角一般以 30°以下为宜，地锚基坑出线点（即钢丝绳穿过土层后露出地面处）前方坑深 2.5 倍范围及基坑两侧 2 m 以内，不得有地沟、电缆、地下管道等构筑物，不能临时挖沟等，地面不潮湿，地锚周围不得积水。

4）地锚圆木埋入深度和圆木的数量应根据地锚埋入深度和土质确定，一般埋入深度为 1.5~2.0 m 时，可受力 30~150 kN，圆木的长度为 1~1.5 m。当拉力超过 75 kN 时，地锚横木上应增加压板。当拉力大于 150 kN 时，应用立柱和木壁加强，以增加土的横向抵抗力。

四、垂直运输机械

1. 起重机

起重机又称吊车，俗称克令吊或天车，是由缆索或铁链、滑轮等组件组成的机械装置。它使用一个或多个简单机械原理组合而成，从而移动平常人类力量不足以移动的物件。起重机在货运业中被用于移动货物；在建造业中，被用于移动大型设备。在建筑工程中所用的起重机械，根据其构造和性能的不同，一般可分为轻小型起重设备、桥式类起重机械和臂架类起重机三大类。其中臂架类起重机包括塔式起重机、桅杆式起重机、履带起重机等。

（1）塔式起重机

塔式起重机简称塔吊（见图 7—8），在建筑施工中已经得到广泛应用，成为建筑安装施工中不可或缺的建筑机械。

塔式起重机的安全要求如下：

1）塔机安装、拆卸及塔身加节或降节作业时，应按使用说明书中有关规定和注意事项进行。

2）安装、拆卸、加节或降节作业时，塔机的最大安装高度处的风速不应大于 13 m/s。当有特殊要求时，按用户和制造厂的协议执行。

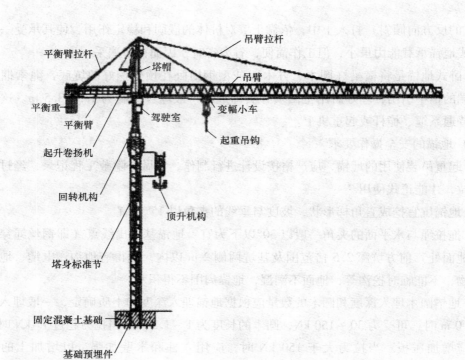

图7—8 塔式起重机

3）塔机的尾部与周围建筑物及其外围施工之间的安全距离不小于0.6 m。

4）有架空输电线的场合，塔机的任何部位与输电线的安全距离应符合表7—4的规定。

表7—4 塔式起重机的安全距离

安全距离（m）	电压（kV）						
	<1	10	35	110	220	330	500
沿垂直方向	1.5	3.0	4.0	5.0	6.0	7.0	8.5
沿水平方向	1.5	2.0	3.5	4.0	6.0	7.0	8.5

5）整机的工作条件和抗倾翻稳定性应符合《塔式起重机》（GB/T 5031—2008）的规定。

6）在操作、维修处应设置平台、走道、踢脚板和栏杆。

7）不宜在与水平面成65°~75°之间设置梯子。与水平面成不大于65°的阶梯两边应设置不低于1 m高的扶手。该扶手支撑于梯级两边的竖杆上，每侧竖杆中间应设有横杆。

8）当塔机达到报废要求时应予以报废，不得使用达到报废条件的塔机。

（2）桅杆式起重机的安全要求

桅杆式起重机又称拔杆或把杆，是最简单的起重设备。一般用木材或钢材制作。这类起重机具有制作简单、装拆方便、起重量大、受施工场地限制小的特点。特别是吊装大型构件而又缺少大型起重机械时，这类起重设备更显示出其优越性。但这类起重机需设较多的缆风绳，移动困难。另外，其起重半径小，灵活性差。

1）起重机的安装和拆卸应划出警戒区，清除周围的障碍物，在专人统一指挥下，按照出厂说明或专门制定的拆装技术方案进行。

2）缆风绳的规格、数量及地锚的拉力、埋设深度等，应按照起重机性能经过计算确定，缆风绳与地面的夹角应在30°~45°，缆绳与桅杆和地锚的连接应牢固。

3）缆风绳的架设应避开架空电线。在靠近电线的附近，应装有绝缘材料制作的护线架。

4）起吊满载重物前，应由专人检查各地锚的牢固程度。各缆风绳都应均匀受力，主杆应保持直立状态。

5）作业时，起重机的回转钢丝绳应处于拉紧状态。回转装置应有安全制动控制器。

（3）履带式起重机的安全要求

履带式起重机是指利用履带行走的动臂旋转起重机。履带式起重机由动力装置、工作机构、动臂、转台、底盘等组成，可进行挖土、夯土、打桩等多种作业。

1）作业时，起重臂的最大仰角不得超过出厂规定，当无资料可查时，不得超过75°。

2）起吊重物时应先稍吊离地面试吊，当确认重物已挂牢，起重机的稳定性和制动器的可靠性均良好，再继续起吊。在重物起升过程中，操作人员应把脚放在制动踏板上，密切注意起升重物，防止吊钩冒顶。当起重机停止运转而重物仍悬在空中时，即使制动踏板被固定，仍应脚踩在制动踏板上。

3）当起重机需带载行走时，荷载不得超过允许起重量的70%，行走道路应坚实平整，重物应在起重机正前方向，重物离地面不得大于500 mm，并应拴好拉绳，缓慢行驶。严禁长距离带载行驶。

4）作业后，起重臂应转至顺风方向，并降至40°~60°，吊钩应提升到接近顶端的位置，应关停内燃机，将各操纵杆放在空挡位置，各制动器加保险固定，操纵室和机棚应关门加锁。

2. 物料提升机

龙门架、井字架物料提升机（见图7—9）都是以地面卷扬机为动力，用于施工中的物料垂直运输，因架体的外形结构而得名。龙门架由天梁和两根立柱组成，形如门框；井字架由四边的杆件组成，形如"井"字的截面架体，提升货物的吊篮在架体中间井孔内垂直运行。

物料提升机的安全要求如下：

图7—9 龙门架、井字架提升机

a）龙门架提升机 b）井字架提升机

（1）提升机安装后，应由主管部门组织有关人员按规范和设计的要求进行检查验收，确定合格后发给使用证，方可交付使用。

（2）当提升机受到条件限制无法设置附墙架时，应采用缆风绳稳固架体。高架提升机在任何情况下均不得采用缆风绳。

（3）龙门架的缆风绳应设在顶部。若中间设置临时缆风绳时，应在此位置将架体两立柱做横向连接，不得分别牵拉立柱的单肢。

（4）施工现场每月应定期对龙门架或井字架提升机进行一次全面检查。

（5）严禁人员攀登、穿越提升机架体和乘坐吊篮上下。

（6）提升机在工作状态下，不得进行保养、维修、排除故障等工作，若要进行则应切断电源并在醒目处悬挂"有人检修，禁止合闸"的标志牌，必要时设专人监护。

（7）作业结束时，司机应降下吊篮，切断电源，锁好控制电箱门，防止其他无证人员擅自启动提升机。

3. 施工电梯

施工电梯（见图7—10）又称附壁式升降机，是一种垂直井架（立柱）导轨式外用笼式电梯，主要用于工业、民用高层建筑的施工，桥梁、矿井、水塔的高层物料和人员的垂直运输。

图7—10　施工电梯

施工电梯的安全要求如下：

（1）电梯司机必须经专门安全技术培训，考试合格，持证上岗。严禁酒后作业。

（2）电梯应按规定单独安装接地保护和避雷装置。

（3）电梯底笼周围2.5 m范围内，必须设置稳固的防护栏杆。各停靠层的过桥和运输通道应平整牢固，必须采用50 mm厚的木材搭设，板与板应进行固定，沿梯笼运行一侧不允许有局部板伸出的现象。出入口的栏杆应安全可靠。

（4）施工电梯周围5 m以内，不得堆放易燃、易爆物品及其他杂物，不得在此范围内挖沟、坑、槽。电梯地面进料口应搭设防护棚。同一现场施工的塔式起重机或其他起重机械应距施工电梯5 m以上，并应有可靠的防撞措施。

（5）施工电梯启动前必须先鸣笛警示，夜间操作应有足够的照明。

（6）当电梯未切断总电源开关前，司机不得离开操作岗位。作业后，将梯笼降到底层，各控制开关扳至零位，切断电源，锁好闸箱和梯门。

（7）安装拆卸和维修人员在井架上作业时，必须穿防滑鞋、系安全带，不得以投掷方法传递工具和器件。紧固或松开螺栓时严禁双手操作，应一只手扳扳手，另一只手握住井架杆件。

（8）定期清点和检查施工电梯的内外梯笼、配重、钢丝绳、井架、横竖支撑、过桥、围栏等，这些均应齐全完好，有缺损的应更换或修理。

（9）雨天、雾天和五级风以上的天气，不得进行安装与拆卸。

第三节　水平施工、运输机械

在建筑施工中，不仅需要垂直运输设备，水平施工、运输机械也是必不可少的设备。土石方工程施工主要有开挖、装卸、运输、回填、夯实等工序。目前在使用的机械主要有推土机、铲运机、挖掘机、散装水泥车和自卸汽车等。

一、土方施工机械

土方工程施工主要有开挖、装卸、运输、回填、夯实等工序。目前使用的机械主要有推土机、铲运机、挖掘机、压路机等。

土方施工机械在城市建设、交通运输、农田水利和国防建设中有着十分重要的作用，是工程建设不可缺少的技术装备。土方施工机械各有一定的技术性能和合理的作业范围，作为施工组织者和有关专职管理人员都应熟悉其类型、性能、构造特点和安全使用要求，合理选择施工机械和施工方法，发挥机械的效率，提高经济效益。

1. 推土机

推土机（见图7—11）是以履带式或轮胎式拖拉机牵引车为主机的自行式铲土运输机械。推土机作业时，依靠机械的牵引力，完成土壤的切割和推运。主要进行短距离推运土方、石渣等作业。若配置其他工作装置可完成铲土、运土、填土、平地、压实、松土、除根、清除石块杂物等作业，是土方工程中广泛使用的施工机械。

（1）推土机的种类

1）按行走装置分类。分为履带式和轮胎式推土机。履带式推土机附着性能好，接地比压小，通过性好，爬坡能力强，但行驶速度低，适于在条件较差地带作业。轮胎式推土机行驶速度快，灵活性好，不破坏路面，但牵引力小，通过性差。

2）按传动形式分类。分为机械传动、液力机械传动和全液压传动推土机三种。其中，液力机械传动应用最广。

3）按发动机功率分类。分为轻型、中型和大型推土机。轻型推土机的发动机功率小于

图 7—11 推土机

75 kW，中型推土机的发动机功率为 75~225 kW，大型推土机的发动机功率大于 225 kW。

（2）推土机的选择

在施工过程中，对推土机的选择主要考虑以下几个方面：

1）土方工程量。当土方量大而且集中，应选用大型推土机；当土方量小而分散，则应选用中、小型推土机。

2）土的性质。一般推土机均适合于Ⅰ、Ⅱ级土施工，或Ⅲ、Ⅳ级土预松后施工。如土质较密实、坚硬，或冬期冻土，应选择重型推土机或带松土器的推土机；如土质属潮湿软泥，最好选用宽履带的湿地推土机。

3）施工条件。当修筑半挖半填的傍山坡道时，可以选用角铲式推土机；在水下作业时，可选用水下推土机；在市区施工时，应选用能够满足当地环保部门要求的低噪声推土机。

4）作业条件。根据施工作业的多种要求，为减少投入机械台数和扩大机械作业范围，最好选择多功能推土机。

5）经济性。对推土机选型时，还必须考虑其经济性，即单位土方成本最低。单位土方成本取决于机械使用费和机械生产率。

（3）推土机的安全使用

施工现场推土机在使用过程中的安全要求如下：

1）不得用推土机推石灰、烟灰等粉尘物料和做碾碎石块的工作。推土机在坚硬的土壤或多石土壤地带作业时，应先进行爆破或用松土器翻松。在沼泽地带作业时，应使用有湿地专用履带板的推土机。

2）推土机行驶前，严禁有人站在履带或刀片的支架上，机械四周应无障碍物，确认安全后方可开动。

3）牵引其他机械设备时，应由专人负责指挥。钢丝绳的连接应牢固可靠。在坡道上或长距离牵引时，应采用牵引杆连接。

4）填沟作业驶近边坡时，铲刀不得越出边缘。后退时，应先换挡，方可提升铲刀进行倒车。在深沟、基坑或陡坡地区作业时，应由专人指挥，其垂直边坡深度一般不超过 2 m，否则应放出安全边坡。

5）在推土或松土作业中不得超载，不得做有损于铲刀、推土架、松土器等装置的动作，各项操作应缓慢平稳。

6）作业完毕后，应将推土机开到平坦安全的地方，落下铲刀，有松土器的应将松土器爪落下。

2. 铲运机

铲运机（见图 7—12）是一种挖土兼运土的机械设备，它可以在一个工作循环中独立完成挖土、装土、运输和卸土等工作，还兼有一定的压实和平地作用。铲运机操作灵活，运土距离较远，铲斗容量较大，不受地形限制，不需特设道路，生产效率高，是土方工程中应用最广泛的重要机种之一。在土方工程中，铲运机常应用于大面积场地平整、开挖大型基坑、填筑堤坝和路基等，最适用于开挖含水量不超过 27% 的松土和普通土。

图 7—12　铲运机

（1）铲运机的分类

按行走方式分类，分为拖式铲运机和自行式铲运机；按卸土方式分类，分为强制式、半强制式和自由式铲运机；按铲运机的操作系统分类，分为液压式和索式铲运机；按铲运机铲斗容量分类，容量在 6 m³ 以下的为小型铲运机，容量在 6~15 m³ 的为中型铲运机，容量在 15~30 m³ 的为大型铲运机，容量在 30 m³ 以上的为特大型铲运机。

（2）铲运机的安全使用要点

1）作业前，应检查铲运机的转向和制动系统，并确认灵敏可靠。

2）开动前，应使铲斗离开地面，机械周围应无障碍物，确认安全后方可开动。

3）作业中，严禁任何人上下机械、传递物件，以及在铲斗内或机架上坐立。

4）下坡时，不得空挡滑行，应踩下制动踏板辅以内燃机制动，必要时可放下铲斗，以降低下滑速度。

5）在坡道上不得进行检修作业。在坡道上熄火时，应将铲斗落地、制动牢靠后再行启动。

6）在凹凸不平的地段行驶转弯时，应放低铲斗，不得将铲斗提升到最高位置。

7）作业后，应将铲运机停放在平坦地面，并应将铲斗落在地面上。

3. 挖掘机

挖掘机（见图 7—13）是用铲斗挖掘高于或低于承机面的物料，并装入运输车辆或卸至堆料场的土方机械。挖掘的物料主要是土壤、煤、泥沙及经过预松后的岩石和矿石。挖掘机械一般由动力装置、传动装置、行走装置和工作装置等组成。

图 7—13　挖掘机

（1）挖掘机的分类

按驱动方式分为内燃驱动挖掘机、电力驱动挖掘机；按行走方式分为履带式挖掘机、轮式挖掘机；按传动方式分为液压挖掘机、机械挖掘机；按铲斗类型分为正铲挖掘机、反铲挖掘机。

（2）挖掘机的安全操作

1）单斗挖掘机的作业和行走场地应平整坚实，对松软地面应垫以枕木或垫板，沼泽地区应先做路基处理，或更换湿地专用履带板。

2）轮胎式挖掘机使用前应支好支腿并保持水平位置，支腿应置于作业面的方向，转向驱动桥应置于作业面的后方。采用液压悬挂装置的挖掘机，应锁住两个悬挂液压缸。履带式挖掘机的驱动轮应置于作业面的后方。

3）平整作业场地时，不得用铲斗进行横扫或用铲斗对地面进行夯实。

4）挖掘岩石时，应先进行爆破。挖掘冻土时，应采用破冰锤或爆破法使冻土层破碎。

5）遇到较大的坚硬石块或障碍物时，应清除后方可开挖，不得用铲斗破碎石块、冻土，或用单边斗齿硬啃。

6）挖掘悬崖时，应采取防护措施。作业面不得留有散岩及松动的大石块，当发现有塌方危险时，应立即处理或将挖掘机撤至安全地带。

7）作业时，应待机身停稳后再挖土，当铲斗未离开工作面时，不得做回转、行走等动作。回转制动时，应使用回转制动器，不得用转向离合器反转制动。

8）作业时，各操纵过程应平稳，不宜紧急制动。铲斗升降不得过猛，下降时，不得撞碰车架或履带。

9）作业后，挖掘机不得停放在高边坡附近和填方区，应停放在坚实、平坦的地带；将铲斗收回平放在地面上，所有操纵杆置于中位，关闭操纵室和机棚。

4. 压路机

压路机（见图7—14）主要用于公路、铁路、市政建设、机场跑道、堤坝等建筑物地基工程的压实作业，以提高土石方基础的强度，降低雨水的渗透性，保持基础稳定，防止陷落，是基础工程和道路工程中不可或缺的施工机械。

（1）压路机的种类

1）静作用压路机。静作用压路机是以其自身质量对被压实材料施加压力，消除材料颗粒间的间隙，排除空气和水分，以提高土壤的密实度、强度、承载能力和防渗透性等的压实机械，可用来压实路基、路面、广场和其他各类工程的地基等，主要有：光轮压路机、羊脚压路机和轮胎压路机。

2）振动压路机。振动压路机是利用自身重力和振动作用对压实材料施加静压力和振动

图7—14　压路机

压力，振动压力给予压实材料连续高频振动冲击波，使压实材料颗粒产生加速运动，颗粒间内摩擦力大大降低，小颗粒填补孔隙，排出空气和水分，增加压实材料的密实度，提高其强度及防渗透性。振动压路机与静作用压路机相比，具有压实深度大、密实度高、质量好、压实遍数少、生产效率高等特点。其生产效率相当于静作用压路机的3～4倍。

振动压路机按行驶方式可分为自行式、拖式和手扶式；按驱动轮数量可分为单轮驱动、双轮驱动和全轮驱动；按传动方式可分为机械传动、液力机械传动和全液压传动；按振动轮外部结构可分为光轮、凸块（羊脚）和橡胶滚轮；按振动轮内部结构可分为振动、振荡和垂直振动。

（2）振动压路机安全使用

1）作业时，压路机应先起步才能起振，内燃机应先置于中速，然后再调至高速。

2）变速与换向时应先停机，变速时应降低内燃机转速。

3）严禁压路机在坚实的地面上进行振动。

4）碾压松软路基时，应先在不振动的情况下碾压1～2遍，然后再振动碾压。

5）碾压时，振动频率应保持一致。对可调整的振动压路机，应先调好振动频率后再作业，不得在没有起振的情况下调整振动频率。

6）换向离合器、起振离合器和制动器的调整，应在主离合器脱开后进行。

7）上、下坡时，不得使用快速挡。在急转弯时，包括铰接式振动压路机在小转弯绕圈碾压时，严禁使用快速挡。

8）停机时应先停振，然后将换向机构置于中间位置，变速器置于空挡，最后拉起手制动操纵杆，内燃机怠速运转数分钟后熄火。

9）压路机在高速行驶时不得接合振动。

10）其他作业要求应符合静压压路机的规定。

①无论是上坡还是下坡，沥青混合料底下一层必须清洁干燥，而且一定要喷洒沥青结合层，以避免混合料在碾压时滑移。

②无论是上坡碾压还是下坡碾压，压路机的驱动轮均应在后面。这样做有以下优点：上坡时，后面的驱动轮可以承受坡道及机器自身所提供的驱动力，同时前轮对路面进行初步压实，以承受驱动轮所产生的较大的剪切力；下坡时，压路机自重所产生的冲击力是靠驱动轮的制动来抵消的，只有经前轮碾压后的混合料才有支撑后驱动轮产生剪切力的能力。

③上坡碾压时，压路机起步、停止和加速都要平稳，避免速度过高或过低。

④上坡碾压前，应使混合料冷却到规定的低限温度，而后进行静力预压，待混合料温度降到下限（120℃）时，才采用振动压实。

⑤下坡碾压应避免突然变速和制动。

⑥在坡度很陡的情况下进行下坡碾压时，应先使用轻型压路机进行预压，而后再用重型压路机或振动压路机进行压实。

二、运输机械

1. 散装水泥车

散装水泥车（见图7—15）又称粉粒物料运输车，由专用汽车底盘、散装水泥车罐体、气管路系统、自动卸货装置等部分组成，适用于粉煤灰、水泥、石灰粉、矿石粉、颗粒碱等颗粒直径不大于0.1mm粉粒干燥物料的散装运输。主要供水泥厂、水泥仓库和大型建筑工地使用，可节约大量包装材料和装卸劳动。

散装水泥车的安全操作要求如下：

（1）装料前应检查并清除罐体及出料管道内的积灰和结渣等物，各管道、阀门应启闭灵活，不得有堵塞、漏气等现象，各连接部件应牢固可靠。

（2）在打开装料口前，应先打开排气阀，排除罐内残余气压。

（3）装料时应打开料罐内料位器开关，待料位器发出满位声响信号时，应立即停止装料。

（4）装料完毕应将装料口边缘上堆积的水泥清扫干净，盖好进料口盖，并把插销插好锁紧。

（5）卸料前应将车辆停放在平坦的卸料场地，装好卸料管。关闭卸料管碟阀和卸压管

图7—15 散装水泥车

球阀，打开二次风管并接通压缩空气，保证空气压缩机在无载情况下启动。

（6）在向罐内加压时，确认卸料阀处于关闭状态。待罐内气压达到卸料压力时，应先稍开二次风嘴阀后再打开卸料阀，并调节二次风嘴阀的开度来调整空气与水泥的最佳比例。

（7）卸料过程中，应观察压力表压力变化情况，如压力突然上升，而输气软管堵塞不再出料，应立即停止送气并放出管内压气，然后清除堵塞。

（8）卸料作业时，空气压缩机应由专人负责，其他人员不得擅自操作。在进行加压卸料时，不得改变内燃机转速。

（9）卸料结束应打开放气阀，放尽罐内余气，并关闭各阀门。车辆行驶过程中，罐内不得有压力。

（10）雨天不得在露天装卸水泥。应经常检查并确认进料口盖关闭严实，不得让水或湿空气进入罐内。

2. 机动翻斗车

机动翻斗车是一种料斗可倾翻的短途输送物料的车辆，在建筑施工中常用于运输砂浆、混凝土熟料、散装物料等，如图7—16所示。机动翻斗车采取前轴驱动，后轮转向，整车无拖挂装置。前桥与车架成刚性连接，后桥用销轴与车架铰接，能绕销轴转动，确保在不平整的道路上正常行驶。使用方便，效率高。车身上安装有一个"斗"状容器，可以翻转以方便卸货。机动翻斗车有前置重力卸料式、后置重力卸料式、车液压式、铰接液压式。

图7—16 机动翻斗车

机动翻斗车的安全操作要求如下：

（1）行驶前，应检查锁紧装置并将料斗锁牢，确保在行驶时不掉斗。

（2）行驶时应从一挡起步。不得用离合器处于半结合状态来控制车速。上坡时，当路面不良或坡度较大时，应提前换入低挡行驶；下坡时严禁空挡滑行；转弯时应先减速；急转弯时应先换入低挡。

（3）机动翻斗车制动时，应逐渐踩下制动踏板，应避免紧急制动。

（4）在坑沟边缘卸料时，应设置安全挡块，车辆接近坑边时，应减速行驶，不得剧烈冲撞挡块。

（5）停车时，应选择合适地点，不得在坡道上停车。冬季应采取防止车轮与地面冻结的措施。

（6）严禁料斗内载人。料斗不得在卸料工况下行驶或进行平地作业。

（7）操作人员离机时，应将内燃机熄火，并挂空挡、拉紧手制动器。作业后，应对车辆进行清洗，清除砂土及混凝土等黏结在料斗和车架上的脏物。

（8）在车底下进行保养、检修时，应将内燃机熄火、拉紧手制动器并将车轮楔牢。车辆经修理后需要试车时，应由合格人员驾驶，车上不得载人、载物。当需在道路上试车应挂交通管理部门颁发的试车牌照。

3. 自卸汽车

自卸汽车是具有自动卸料功能的载重汽车，如图 7—17 所示。在土木工程中，自卸汽车常同挖掘机、装载机、带式输送机等联合作业，构成装、运、卸生产线，进行土方、砂石、松散物料的装卸运输。由于自卸汽车的装载车厢能自动倾翻一定角度卸料，大大节省卸料时间和劳动力，缩短运输周期，提高生产效率，降低运输成本，是常用的运输机械。自卸汽车的主要技术参数是装载重量，并标明装载容积。新车或大修出厂车必须进行试运转，使车厢举升过程平稳无窜动。使用时各部位应按规定正确选用润滑油，注意润滑周期，举升机构严格按期更换油料。按额定装载量装运，严禁超载。

图 7—17　自卸汽车

自卸汽车的安全要点如下：

（1）自卸汽车应保持顶升液压系统完好，工作平稳、操纵灵活，不得有卡阻现象。各节液压缸表面应保持清洁。

（2）非顶升作业时，应将顶升操纵杆放在空挡位置，顶升前应拔出车厢固定销。作业后应插入车厢固定销。

（3）配合挖装机械装料时，自卸汽车就位后应拉紧手制动器，在铲斗需越过驾驶室时，驾驶室内严禁有人。

（4）卸料前车厢上方应无电线或障碍物，四周应无人员来往。卸料时应将车停稳，不得边卸边行驶，举升车厢时应控制内燃机中速运转，当车厢升到顶点时，应降低内燃机转速，减少车厢振动。

（5）向坑洼地区卸料时，应和坑边保持安全距离，防止塌方翻车；严禁在斜坡侧向卸料。

（6）卸料后，应及时使车厢复位方可起步，不得在倾斜情况下行驶；严禁在车厢内载人。

（7）车厢举升后需进行检修、润滑等作业时，应将车厢支撑牢靠后，方可进入车厢下面工作。

（8）装运混凝土或黏性物料后，应将车厢内外清洗干净，防止凝结在车厢上。

第四节　中小型机械安全防护措施

中小型机械主要指建筑工地上使用的混凝土搅拌机、砂浆搅拌机、混凝土振捣器、蛙式打夯机、磨石机、钢筋加工机械等。这些机械设备数量多、分布广，常因使用维修保养不当而发生事故。

一、混凝土搅拌机和砂浆搅拌机

混凝土搅拌机（见图7—18）是由搅拌筒、上料机构、搅拌机构、配水系统、出料机构、传动机构和动力部分组成。动力部分有电动机和内燃机两种。

图7—18　混凝土搅拌机

砂浆搅拌机是根据强制搅拌的原理设计的。在搅拌时，拌筒一般固定不动，以筒内带条形拌叶的转轴来搅拌物料。其出料方式有两种：一种是使拌筒倾翻，筒口朝下出料；另一种是拌筒不动，底部有出料口出料，此种出料虽方便，但有时因出料口处门关不严而漏浆。

1. 类型

混凝土搅拌机是把水泥、砂石骨料和水混合并拌制成混凝土混合料的机械。按混凝土搅拌方式分，有自落式和强制式。

自落式混凝土搅拌机，按其搅拌罐的形状和出料方法又可分为鼓形、锥形反转出料和锥形倾翻出料三种。鼓形混凝土搅拌机的滚筒外形呈鼓形，靠四个托轮支撑，保持水平，中心转动。滚筒后面进料，前面出料，是国内建筑施工中应用最广泛的一种。

2. 使用安全要求

（1）固定式混凝土搅拌机要有可靠的基础，操作台面牢固、便于操作，操作人员应能看到各工作部位情况；移动式的应在平坦坚实的地面上支撑牢靠，不准以轮胎代替支撑，使用时间较长的（一般超过三个月）应将轮胎卸下妥善保管。

（2）使用前要空车运转，检查各机构的离合器和制动装置情况，不得在运行中做注油保养。

（3）作业中严禁将头或手伸进料斗内，也不得贴近机架查看；运转出料时，严禁用工具或手进入搅拌筒内扒动。

（4）运转中途不准停机，也不得在满载时启动搅拌机（反转出料者除外）。

（5）作业中发生故障时，应立即切断电源，将搅拌筒内的混凝土清理干净，然后再进行检修，检修过程中电源处应设专人监护（或挂牌）并拴牢上料斗的摇柄，以防误动摇柄，使料斗提升，发生挤伤事故。

（6）料斗升起时，严禁在其下方工作或穿行，料坑底部要设料斗的枕垫，清理料坑时必须将料斗用链条扣牢。料斗升起挂牢后，坑内才准下人。

（7）作业后，要进行全面冲洗，筒内料出净，料斗降落到最低处坑内；如需升起放置时，必须用链条将料斗扣牢。

（8）搅拌机要设置防护棚，上层防护板应有防雨措施，并根据现场排水情况做顺水坡。

二、混凝土振捣器

混凝土振捣器（见图 7—19）工作时，使混凝土内部颗粒之间的内摩擦力和黏着力急剧减小，混凝土呈重质液体状态。骨料相互滑动并重新排列，骨料之间的空隙被砂浆填充，气泡被挤出，从而达到捣实的效果。振捣器按工作方式分为插入式（内部）、附着式（外部）和平板式（表面）；按动力分为电动式、风动式、内燃式和液压式；按振动频率分为中频式、高频式和复频式；按激振原理分为偏心式、行星式、往复式和电磁式等。

振捣器的基本技术参数是振动频率、振幅、激振力和结构尺寸。选用振捣器时，必须针对混凝土的性质和施工条件，合理选择振捣器的振动参数和结构尺寸。

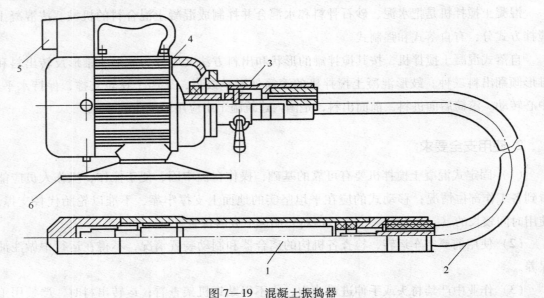

图 7—19 混凝土振捣器
1—振动棒 2—软轴软管组织 3—防逆装置 4—电动机 5—电源开关 6—电动机底座

混凝土振捣器的安全操作要点如下：

（1）使用前检查各部应连接牢固，旋转方向正确。

（2）振捣器不得放在初凝的混凝土、地板、脚手架、道路和干硬的地面上进行试振。如检修或作业间断时，应切断电源。

（3）插入式混凝土振捣器软轴的弯曲半径不得小于 50 cm，并不得多于两个弯；振捣棒应自然垂直地沉入混凝土，不得用力硬插、斜推或使钢筋夹住棒头，也不得全部插入混凝土中。

（4）振捣器应保持清洁，不得有混凝土黏结在电动机外壳上妨碍散热。

（5）作业转移时，电动机的导线应保持足够的长度和松度，严禁用电源线拖拉振捣器。

（6）用绳拉平板振捣器时，拉绳应干燥绝缘，移动或转向时不得用脚踢电动机。

（7）振捣器与平板应保持紧固，电源线必须固定在平板上，电气开关应装在手把上。

（8）在一个构件上同时使用几台附着式振捣器工作时，所有振捣器的频率必须相同。

（9）操作人员必须穿绝缘胶鞋，戴绝缘手套。

（10）作业后，必须做好清洗、保养工作。振捣器要放在干燥处。

三、钢筋加工机械

钢筋加工机械是将盘条钢筋和直条钢筋加工成钢筋工程安装施工所需要的长度尺寸、弯曲形状或者安装组件，主要包括强化、调直、弯箍、切断、弯曲、组件成型和钢筋续接等设备，钢筋组件有钢筋笼、钢筋桁架（如三角梁、墙板、柱体、大梁等）、钢筋网等。建筑施工常用的钢筋机械有钢筋切断机、钢筋弯曲机、钢筋冷拔机、钢筋调直机等。

1. 钢筋加工机械一般安全要求

因为建筑施工中钢筋的大量使用，钢筋加工机械也被广泛应用。如果对钢筋加工机械使用不当，就会发生机械伤害事故，造成人员伤亡。

（1）钢筋作业场所应宽敞、平坦，并应搭设作业棚。机械安装应牢固可靠，电气线路架设应符合规程要求，控制开关应安装在操作人员附近，保证电气绝缘性能的可靠。

（2）钢筋机械的安全防护装置应保证齐全有效，否则不能开机。

（3）操作人员必须熟悉机械性能和安全技术操作规程，佩戴并用好安全防护用品。

（4）钢筋加工现场应将钢筋按规格、品种分开堆放。不准接触带电体，制作中的钢筋头，应随时清理，堆放到指定地点。

2. 钢筋切断机的安全要求和检查

钢筋切断机（见图7—20）是钢筋加工必不可少的设备之一，主要用于房屋建筑、桥梁、隧道、电站、大型水利等工程中对钢筋的定长切断。钢筋切断机与其他切断设备相比，具有重量轻、耗能少、工作可靠、效率高等特点。

图7—20　钢筋切断机

在施工过程中，如果对钢筋切断机操作不当，就会产生机械伤害事故，所以在操作过程中要遵守以下安全要求：

（1）钢筋切断机的防护板、防护罩必须齐全有效，不准随意拆除。

（2）工作前，必须检查刀片、螺栓等，应保持紧固可靠。电气绝缘要良好，并应使用按钮开关。

（3）机械未达到正常运转时，不准进行剪切，严禁剪切超过规定直径尺寸的钢筋。

（4）剪切时，钢筋必须放在切刀的中下部，并应推住，以免钢筋摆动，手距刀口不得小于 20 cm。

（5）不准剪切中、高碳钢或经淬火的钢筋，禁止用手直接清理刀片上的铁屑。

（6）运转不正常或两个刀片密合得不好时，应停机修理。

（7）剪切不同强度钢筋，要用适合强度的刀片。多根钢筋一次剪切时，其总截面积应在规定范围内。

3. 钢筋弯曲机的安全要求和检查

钢筋弯曲机（见图 7—21）是钢筋加工机械之一。其工作机构是一个在垂直轴上旋转的水平工作圆盘，把钢筋置于圆盘上，支撑销轴固定在机床上，中心销轴和压弯销轴装在工作圆盘上，圆盘回转时便将钢筋弯曲。为了弯曲各种直径的钢筋，在工作盘上有几个孔，用以插压弯销轴，也可相应地更换不同直径的中心销轴。由于钢筋弯曲机在建筑施工中的广泛应用，所以在操作时要注意遵守安全规定。

图 7—21　钢筋弯曲机

钢筋弯曲机的安全操作要求如下：

（1）钢筋弯曲机四周防护板必须安装齐全牢固，根据弯曲钢筋弧度，临时围设场地防护栏。

（2）操作时，钢筋必须放在插头的中下部，严禁弯曲超截面尺寸的钢筋，回转方向必须准确，手与插头的距离不得小于 20 cm。

（3）弯曲直径超过 10 cm 的钢筋时，必须试打倒顺开关，不准开关一打到底弯曲钢筋，弯曲大直径较长钢筋时，必须两人操作。

（4）要随时检查电动机的温度，必要时停机冷却。

（5）工作台与弯曲机平面应保持水平，弯曲不同直径钢筋应换用适当芯轴，芯轴直径为钢筋直径的 2.5 倍。

（6）机械运行中，严禁更换芯轴、销子和变换角度等，不准加油和清扫。

（7）转盘换向时，必须在停机后进行。

4. 钢筋冷拔机的安全要求和检查

钢筋冷拔机是钢筋加工机械之一，使直径 6～10 mm 的 1 级钢筋强制通过直径小于 0.5～1 mm 的硬质合金或碳化钨拔丝模进行冷拔。冷拔时，钢筋同时经受张拉和挤压而发生塑性变形，拔出的钢筋截面积减小，产生冷作强化，抗拉强度可提高 40%～90%。

钢筋冷拔机的安全操作要求如下：

（1）安装机械的基础要平整，机架和轴承架应保持水平。

（2）伞形齿轮前端需设防护网，机械工作面的后端要装木板，防止钢筋弹出。工作台上不准放置杂物。

（3）机械各连接件应牢固，模具无裂纹，轧头和模具的规格必须要配套。

（4）开车冷拔时，操作人员应离开工作台 50 cm，并站在滚筒右侧，禁止用手直接接触钢筋和滚筒。

（5）冷拔模架中要加满润滑油，钢筋通过冷拔以前，须抹少量凡士林油加以润滑。

（6）钢筋的末端通过冷拔模胎时，应立即分开离合器，并用手闸挡住钢筋头。

（7）冷拔钢筋直径应按照力学性能规定执行，不准超量缩减模具孔径。无资料说明时，可按每次减 0.5～1.0 mm 进行。

第八章　建筑施工现场临时用电及安全防护

1. 了解临时用电系统的特点、组成和安全管理内容。
2. 熟悉临时用电的几种安全防护技术措施。
3. 掌握供配电系统的构成和用电设备安全技术。

第一节　临时用电概述

施工临时用电是指建筑施工单位在工程施工过程中，由于使用电动设备和照明等，进行的线路敷设、电气安装、电气设备和线路的使用、维护等工作，因为只在建筑施工过程中使用，之后便拆除，时间短暂，所以往往被忽视，造成比较严重的触电伤亡事故。在施工过程中，要结合《施工现场临时用电安全技术规范》（JGJ 46—2005）的有关规定，提出施工现场的防护措施，以消除事故隐患，保障用电安全。

一、建筑施工现场用电系统的构成

建筑工程供电系统是由供电设备、用电设备组成的一个完整的用电工程，由低压配电装置（配电柜、配电箱）、配电线路、控制装置（开关箱、控制电器）和用电设备（各种施工、加工电动机械、电动工具和电气照明灯具等）组成。

建筑工地上的供电主要有两种来源：一是使用国家电力系统的电源，主要是从附近供电部门的高低压线路上引入供电线路；二是建设工地现场自备发电机供电。自备发电机组供电不经济、不稳定，只有在工地现场电力不能满足施工需求时才采用。电力系统电源直接引入建筑工地时，需通过高压开关引入变压器，再经过低压开关引入总配电柜，然后由总配电柜（箱）经低压干线引至各分配电箱，最后由开关箱引入各用电设备。

工地临时用电系统的布局和线路走向主要有三种形式：树干式、放射式和链式。

1. 树干式，是指干线从总配电箱引出，从干线上分出一些支线，经这些支线引入各分配电箱、开关箱。主干线是架空线时常采用此种形式。

2. 放射式，是指从总电源处直接引出多条电路至各分配电箱，或由分配电箱直接引至各开关箱。电缆方式布线时常采用此种形式。

3. 链式，是指电路从总电源处引入邻近的配电箱，再由此配电箱依次引入各配电箱和开关箱。

建筑工地选择布线方式时并不是只能采用一种形式，而是根据工地的具体情况灵活掌握，本着"经济实用、安全合理"的原则综合考虑，求得最佳方案。

二、建筑施工现场临时用电的特点

建筑工地的临时用电系统是专门为建筑施工现场提供电力的电气工程，与正式用电相比，建筑施工用电具有明显的临时性、露天性和移动性，且用电的地理位置和自然条件具有不可选择性。

1. 暂设性或临时性

施工现场临时电源专供现场建筑施工使用，随着建筑工程竣工，该临时电源将予以拆除。

2. 移动性或流动性

由于建筑施工和施工用电设备随着建筑工程位置和施工位置变化而移动，因而，所用的临时电源的全部或局部也将随之迁移或流动。

3. 露天性

建筑施工通常是露天作业，因此为其提供电力的临时电源基本上属于露天电气工程。

4. 地理位置、自然条件的不可选择性

临时用电工程的地理位置和自然条件由建筑工程所处地理位置和自然条件决定，不可能人为另行选择。

三、临时用电安全管理

1. 临时用电组织设计

按照《施工现场临时用电安全技术规范》（JGJ 46—2005）的规定："临时用电设备在5台及5台以上或设备总容量在50 kW及50 kW以上者，应编制临时用电施工组织设计。"编制临时用电施工组织设计是施工现场临时用电管理的主要技术文件。

（1）临时用电组织设计的主要内容

1）现场勘探。

2）确定电源进线，变电所或配电室、配电装置、用电设备位置和线路走向。

3）进行负荷计算。

4）选择变压器。

5）设计配电系统

①设计配电线路，选择导线或电缆。

②设计配电装置，选择电器。

③设计接地装置。

④绘制临时用电工程图样，主要包括用电工程总平面图、配电装置布置图、配电系统接线图、接地装置设计图。

6）设计防雷装置。

7）确定防护措施。

8）制定安全用电措施和电气防火措施。

（2）临时用电组织设计的编制要求

1）临时用电工程图样应单独绘制，临时用电工程应按图施工。

2）临时用电组织设计及变更时，必须履行"编制、审核、批准"程序，由电气工程技术人员组织编制，经相关部门审核及具有法人资格企业的技术负责人批准后实施。变更用电组织设计时应补充有关图样资料。

3）临时用电工程必须经编制、审核、批准部门和使用单位共同验收，合格后方可投入使用。

2. 用电人员和电工的基本要求

由于施工现场环境的复杂多变和恶劣性、施工用电的特殊性、施工现场人员的复杂性，必须对施工现场所有的用电人员提出具体的要求。

（1）用电人员

1）接受过系统的电气专业培训，掌握安全用电的基本知识和各种机械设备、电气设备性能，熟知《施工现场临时用电安全技术规范》和其他用电规范。

2）能独立编制临时用电施工组织设计。

3）熟知电气事故的种类、危害，掌握事故的规律性和处理事故的方法，熟知事故报告规程。

4）掌握触电急救方法。

5）掌握调度管理要求和用电管理规定。

6）熟知用电安全操作规程及技术、组织措施等。

（2）电工

1）维修、安装或拆除临时用电工程必须由电工完成，该电工必须持有特种作业操作证，且在有效期内。

2）应了解电气事故的种类和危害、电气安全特点及其重要性，能正确处理电气事故。

3）熟悉触电伤害的种类、发生原因及触电方式，了解电流对人体的危害、触电事故发生的规律，并能对触电者采取急救措施。

4）应了解绝缘、屏护、安全距离等防止直接电击的安全措施，并了解绝缘损坏的原因、绝缘指标，掌握防止绝缘损坏的技术要求和绝缘测试方法。

5）了解各种保护系统，掌握应用范围、基本技术要求和使用、维修方法。了解漏电保护器的类型、原理和特性，能根据实际合理选用漏电保护器，能正确接线、使用、维护和测试。了解雷电形成原因及其对用电设备、人畜的危害，掌握防雷保护的要求及预防措施。

6）了解电气安全保护用具的种类、性能和用途，掌握使用、保管方法和实验周期、实验标准。

7）了解施工现场周围环境对电气设备安全运行的影响，掌握相应的防范事故的措施。

8）掌握照明装置、移动电具、手持式电动工具和临时供电线路安装、运行、维修的安全技术要求。

第二节　临时用电安全防护技术措施

为了有效地防止各种不安全因素引起的触电伤害事故和电气火灾事故发生，建筑施工现场不仅应采取科学的管理措施，更要采用可靠的安全防护技术，保障建筑施工中的人身和财产安全。安全防护技术基本可以包括以下几种：

一、外电线路及电气设备防护

1. 外电线路防护

在施工现场周围往往存在一些高、低压电力线路，这些不属于施工现场的外接电力线路统称为外电线路。外电线路一般为高架空线路，个别现场也会遇到电缆线路。如果施工现场距离外电线路较近，往往会因施工人员搬运物料、器具，尤其是金属料具或操作不慎触及外电线路，从而发生触电伤害事故。因此，为了防止外电线路对施工现场作业人员可能造成的触电伤害事故，应遵循以下要求：

（1）在建工程不得在外电架空线路正下方施工、搭设作业棚、建造生活设施或堆放构件、架具、材料和其他杂物等。

（2）在建工程（含脚手架具）的周边与外电架空线路的边线之间的最小安全操作距离应符合表8—1的规定。

表8—1　在建工程（含脚手架具）的周边与架空线路的边线之间的最小安全操作距离

外电线路电压等级（kV）	<1	1~10	35~110	220	330~500
最小安全操作距离（m）	4.0	6.0	8.0	10	15

注：上、下脚手架的斜道不宜设在有外电线路的一侧。

（3）施工现场的机动车道与外电架空线路交叉时，架空线路的最低点与路面的最小垂直距离应符合表8—2的规定。

表8—2　　　　　　施工现场的机动车道与架空线路交叉时的最小垂直距离

外电线路电压等级（kV）	<1	1~10	35
最小垂直距离（m）	6.0	7.0	7.0

（4）起重机严禁越过无防护设施的外电架空线路作业。在外电架空线路附近吊装时，起重机的任何部位或被吊物边缘在最大偏斜时与架空线路边线的最小安全距离应符合表8—3的规定。

表8—3　　　　　　　　起重机与架空线路边线的最小安全距离

电压（kV）		<1	10	35	110	220	330	500
安全距离（m）	沿垂直方向	1.5	3.0	4.0	5.0	6.0	7.0	8.5
	沿水平方向	1.5	2.0	3.5	4.0	6.0	7.0	8.5

（5）施工现场开挖沟槽边缘与外电埋地电缆沟槽边缘之间的距离不得小于0.5m。

（6）当达不到第2~4条中的规定时，必须采取绝缘隔离防护措施，并应悬挂醒目的警告标志牌。

架设防护设施时，必须经有关部门批准，采用线路暂时停电或其他可靠的安全技术措施，并应由电气工程技术人员和专职安全人员监护。

防护设施与外电线路之间的安全距离不得小于表8—4所列数值。

防护设施应坚固、稳定，且对外电线路的隔离防护应达到IP30级。

表 8—4　　　　　　　　　　防护设施与外电线路之间的最小安全距离

外电线路电压等级（kV）	≤10	35	110	220	330	500
最小安全距离（m）	1.7	2.0	2.5	4.0	5.0	6.0

（7）当第 6 条规定的防护措施无法实现时，必须与有关部门协商，采取停电、迁移外电线路或改变工程位置等措施，未采取上述措施的严禁施工。

（8）在外电架空线路附近开挖沟槽时，必须会同有关部门采取加固措施，防止外电架空线路电杆倾斜、悬倒。

2. 电气设备防护

（1）电气设备的选择和使用

1）正确选用电气设备的规格型式、容量和保护方式（如过载保护等），不得擅自更改用电产品的结构、原有配置的电气线路及保护装置的整定值和保护元件的规格等。

2）选择电气设备，应确认其符合产品使用说明书规定的环境要求和使用条件，并根据产品使用说明书的描述，了解使用时可能出现的危险和需采取的预防措施。

3）电气设备的安装应符合相应产品标准的规定，并按照制造商提供的使用环境条件进行安装。如果不能满足制造商的环境要求，应该采取附加的安装措施。

4）电气设备应该在规定的使用寿命期内使用，超过使用寿命期限的应及时报废或更换，必要时按照相关规定延长使用寿命。

5）一般环境下，电气设备和电气线路的周围应留有足够的安全通道和工作空间，且不应堆放易燃、易爆和腐蚀性物品。正常运行时会产生飞溅火花或外壳表面温度较高的电气设备，使用时应远离可燃物质或采取相应的密闭、隔离等措施，用完后及时切断电源。

6）用电产品的电气线路须具有足够的绝缘强度、机械强度和导电能力并应定期检查。移动使用的用电产品，应采用完整的铜芯橡胶套软电缆或护套软线作电源线；移动时应防止电源线拉断或损坏。固定使用的用电产品应在断电状态移动，并防止任何降低其安全性能的损坏。

7）电气设备明显部位应设"严禁靠近、以防触电"的标志。

（2）电气设备维修保养

1）电气设备应由专人负责管理，并定期进行检修、测试和维护，检修和维护的频度应取决于用电产品规定的要求和使用情况。

2）用电产品的维修应按照制造商提供的维修规定或定期维修要求进行。维修后需要检验的要按规定进行检验方能投入使用。电气设备在使用期间的检修、测试和维修应由专业人员进行，非专业人员不得从事电气设备和电气装置的维修。

3）用电产品拆除时，应对原来的电源端作妥善处理，不应使任何可能带电的导电部分外露。

4）用电产品的测试和维修应根据情况采取全部停电、部分停电和不停电三种方式，并设置安全警示标志和采取相应的安全措施。

5）电气设施的清扫和检修，每年不宜少于 2 次，其时间应安排在雨季和冬季到来之前。长期放置不用的用电产品在重新使用前，应经过必要的检修和安全性能测试。

二、接地与防雷

1. 接地

设备与大地作金属性连接称为接地。接地通常是用接地体与土壤相接触实现的。金属导体或导体系统埋入土壤中，就构成一个接地体。接地体与接地线的总和称为接地装置。

在电气工程上，接地主要有 4 种基本类别：工作接地、保护接地、重复接地、防雷接地。

（1）一般规定

1）在施工现场专用变压器供电的 TN—S 接零保护系统中，电气设备的金属外壳必须与专用保护零线连接。保护零线应由工作接地线、配电室（总配电箱）电源侧零线或总漏电保护器电源侧零线处引出。

2）当施工现场与外电线路共用同一供电系统时，电气设备的接地、接零保护与原系统保持一致。不得一部分设备做保护接零，另一部分设备做保护接地。

采用 TN 系统做保护接零时，工作零线（N 线）必须通过总漏电保护器，保护零线（PE 线）必须由电源进线零线重复接地处或总漏电保护器电源侧零线处，引出形成局部TN—S 接零保护系统。

3）在 TN 接零保护系统中，通过总漏电保护器的工作零线与保护零线之间不得再做电气连接。

4）在 TN 接零保护系统中，PE 零线应单独敷设。重复接地线必须与 PE 线相连接，严禁与 N 线相连接。

5）使用一次侧由 50 V 以上电压的接零保护系统供电，二次侧为 50 V 及以下电压的安全隔离变压器，二次侧不得接地，并应将二次线路用绝缘管保护或者采用橡胶护套软线。

当采用普通隔离变压器时，其二次侧一端应接地，且变压器正常不带电的外露可导电部分应与一次回路保护零线相连接。

以上变压器尚应采取防直接接触带电体的保护措施。

6）施工现场的临时用电电力系统严禁利用大地做相线或零线。

7）接地装置的设置应考虑土壤干燥或冻结等季节变化的影响，并应符合表8—5的规定。但防雷装置的冲击接地电阻只考虑在雷雨季节中土壤干燥状态的影响。

表8—5 接地装置的季节系数 ψ 值

埋深（m）	水平接地体	长 2~3 m 的垂直接地体
0.5	1.4~1.8	1.2~1.4
0.8~1.0	1.25~1.45	1.15~1.3
2.5~3.0	2.5~3.0	1.0~1.1

注：大地比较干燥时，取表中较小值；比较潮湿时，取表中较大值。

8）PE 线所用材质与相线、工作零线（N 线）相同时，其最小截面应符合表8—6的规定。

表8—6 PE 线截面与相线截面的关系

相线芯线截面 S	PE 线最小截面
$S \leqslant 16$	5
$16 < S \leqslant 35$	16
$S > 35$	$S/2$

9）保护零线必须采用绝缘导线。配电装置和电动机械相连接的 PE 线应为截面不小于 2.5 mm^2 的绝缘多股铜线。手持式电动工具的 PE 线应为截面不小于 1.5 mm^2 的绝缘多股铜线。

10）PE 线上严禁装设开关或熔断器，严禁通过工作电流，且严禁断线。

11）相线、N 线、PE 线的颜色标记必须符合以下规定：相线 L1（A）、L2（B）、L3（C）相序的绝缘颜色依次为黄色、绿色、红色；N 线的绝缘颜色为淡蓝色；PE 线的绝缘颜色为绿/黄双色。任何情况下上述颜色标记严禁混用和互相代用。

（2）保护接零

1）在 TN 系统中，下列电气设备不带电的外露可导电部分应做保护接零：

①电动机、变压器、照明器具、手持电动工具的金属外壳。

②电气设备传动装置的金属部件。

③配电柜与控制柜的金属框架。

④配电装置的金属箱体、框架及靠近带电部分的金属围栏和金属门。

⑤电力线路的金属保护管、敷线的钢索、起重机底座和轨道、滑升模板金属操作平台等。

⑥安装在电力线路杆（塔）上的开关、电容器等电气装置的金属外壳及支架。

2）城防、人防、隧道等潮湿或条件特别恶劣施工现场的电气设备必须采用保护接零。

（3）接地与接地电阻

1）单台容量超过 100 kVA 或使用同一接地装置并联运行且总容量超过 100 kVA 的电力变压器或发电机的工作接地电阻值不得大于 4 Ω。

单台容量不超过 100 kVA 或使用同一接地装置并联运行且总容量不超过 100 kVA 的电力变压器或发电机的工作接地电阻值不得大于 10 Ω。

在土壤电阻率大于 1 000 Ω·m 的地区，当达到上述接地电阻值有困难时，工作接地电阻可提高到 30 Ω。

2）TN 系统中的保护零线除必须在配电室或总配电箱处做重复接地外，还必须在配电系统的中间处和末端处做重复接地。

在 TN 系统中，保护零线每一重复接地装置的接地电阻值应不大于 10 Ω。在工作接地电阻允许达到 10 Ω 的电力系统中，所有重复接地的等效电阻值不应大于 10 Ω。

3）在 TN 系统中，严禁将单独敷设的工作零线再做重复接地。

4）每一接地装置的接地线应采用 2 根以上导体，在不同点与接地体做电气连接。不得采用铝导体做接地体或地下接地线。垂直接地体宜采用角钢、钢管或光面圆钢，不得采用螺纹钢材。

接地可利用自然接地体，但应保证其电气连接和热稳定。

5）移动式发电机供电的用电设备，其金属外壳或底座应与发电机电源的接地装置有可靠的电气连接。

6）移动式发电机系统接地应符合电力变压器系统接地的要求。

7）在有静电的施工现场内，对集聚在机械设备上的静电应采取接地泄漏措施。每组专设的静电接地体的接地电阻不应大于 100 Ω，高土壤电阻率地区不应大于 1 000 Ω。

2. 防雷

雷电是一种破坏力、危害性极大的自然现象，想要消除它是不可能的，但消除其危害却是可能的，即通过设置防雷装置或避雷装置，人为控制和限制雷电发生的位置，并使其不致危害到需要保护的人、设备或设施。具体的防雷要求如下：

（1）在土壤电阻率低于 200 Ω·m 区域的电杆可不另设防雷接地装置。但在配电室的架空进线或出线处应将绝缘子铁脚与配电室的接地装置相连接。

（2）施工现场内的起重机、井字架、龙门架等机械设备，以及钢脚手架和正在施工的在建工程等的金属结构，当在相邻建筑物、构筑物等设施的防雷装置接闪器的保护范围以外时，应按表 8—7 规定安装防雷装置。

当最高机械设备上的避雷针（接闪器）的保护范围能覆盖其他设备，且又最后退出现场，则其他设备可不设防雷装置。

表 8—7　　　　　　　施工现场内机械设备及高架设施需安装防雷装置的规定

地区年平均雷暴日（天）	机械设备高度（m）
≤15	≥50
>15，<40	≥32
≥40，<90	≥20
≥90 及雷害特别严重地区	≥12

（3）机械设备或设施的防雷引下线可利用该设备或设施的金属结构体，但应保证电气连接。

（4）机械设备上的避雷针（接闪器）长度应为 1～2 m。塔式起重机可不另设避雷针（接闪器）。

（5）安装避雷针（接闪器）的机械设备，所用固定的动力、控制、照明、信号及通信路线，宜采用钢管敷设。钢管与该机械设备的金属结构体做电气连接。

（6）施工现场内所有防雷装置的冲击接地电阻不得大于 30 Ω。

（7）做防雷接地机械上的电气设备，所连接的 PE 线必须同时做重复接地，同一台机械电气设备的重复接地和机械的防雷接地可共用同一接地体，但接地电阻应符合重复接地电阻值的要求。

三、漏电保护和漏电保护器

1. 两级漏电保护

两极漏电保护和两道防线包括两个内容：一是设置两极漏电保护系统，二是实施专用保护零线（PE 线）。两者组合形成了施工现场防触电的两道防线。

（1）两极漏电保护是指在整个施工现场临时用电工程中，总配电箱中必须装设漏电开关，所有开关箱中也必须装设漏电开关。

（2）保护零线（PE）的实施是临时用电的第二道安全防线。在施工现场用电工程中，采用 TN—S 系统，即在工作零线（N）以外又增加一条保护零线（PE），是十分必要的。当三相火线用电量不均匀时，工作零线（N）就容易带电，而 PE 线始终不带电，那么随着 PE 线在施工现场的敷设和漏电保护器的使用，就形成一个覆盖整个施工现场防止人身（间接接触）触电的安全保护系统。因此，TN—S 接地、接零保护系统与两极漏电保护系统一起称为防触电保护系统的两道防线。

2. 漏电保护器

漏电保护器又称剩余电流动作保护器，是防止人身触电和漏电引起事故的保护装置。低压配电系统中设漏电保护器是防止人身触电事故的有效措施之一，也是防止因漏电引起电气火灾和电气设备损坏事故的技术措施。

（1）工作原理

漏电保护器是依靠检测漏电或人体触电时的电源导线上的电流在剩余电流互感器上产生的不平衡磁通，当漏电电流或人体触电电流达到动作额定值时，其开关触头分断，切断电源，实现漏电保护。

（2）安装要求

安装漏电保护器时，工作零线应接入漏电保护器，保护零线不能接入漏电保护器。漏电保护器后面的工作零线与保护零线不能合并为一体。经过漏电保护器的工作零线不得在漏电保护器负荷侧重复接地。标有电源侧和负荷侧的漏电保护器不得接反。

（3）防护要求

建筑施工现场临时用电要求采用二级漏电保护系统，二级保护是指分配电箱和开关箱均须经漏电保护开关的保护。第一级漏电保护设置在总配电箱内各回路开关电器的末端，对总配电箱的对应回路出线，分配电箱及分配电箱的回路出线形成总保护。第二级漏电保护设置在开关箱内各回路隔离开关的负荷侧，对用电设备和开关箱对应回路出线，与第一级漏电保护配合，形成分级选择性保护。

1）漏电保护器应装设在总配电箱、开关箱靠近负荷的一侧，且不得用于启动电气设备的操作。

2）总配电箱中漏电保护器的额定漏电动作电流应大于 30 mA，额定漏电动作时间应大于 0.1 s，但其额定漏电动作电流与额定漏电动作时间的乘积不应大于 30 mA·s。

3）开关箱中漏电保护器的额定漏电动作电流不应大于 30 mA，额定漏电动作时间不应大于 0.1 s。用于潮湿或有腐蚀介质场所的漏电保护器应采用防溅型产品，其额定漏电动作电流不应大于 15 mA，额定漏电动作时间不应大于 0.1 s。

4）总配电箱和开关箱中漏电保护器的极数和线数必须与其负荷侧负荷的相数和线数一致。

5）配电箱、开关箱中的漏电保护器宜选用无辅助电源型（电磁式）产品，或选用辅助电源故障时能自动断开的辅助电源型（电子式）产品。当选用辅助电源故障时不能自动断开的辅助电源型（电子式）产品时，应同时设置缺相保护。

6）漏电保护器应按产品说明书安装、使用。对搁置已久重新使用或连续使用的漏电保护器应逐月检测其特性，发现问题应及时修理或更换。

四、短路、过载保护

1. 熔断器

熔断器是指当电流超过规定值时以本身产生的热量使熔体熔断断开电路的一种过流保护装置。熔断器也被称为保险丝，广泛用于配电系统和控制系统，主要进行短路保护或严重过载保护。

（1）安装使用

熔断器串联安装于被保护电路中，当被保护电路的电流超过规定值，并经过一定时间后，由熔体自身产生的热量熔断熔体，使电路断开，从而起到保护的作用。

熔断器主要由熔体、外壳和支座组成，其中熔体是控制熔断特性的关键元件。熔体的额定电流应不小于线路的计算电流，并具有躲避尖峰电流的能力，以使熔体在线路正常运行和出现正常尖峰电流时不致熔断。但是为了实现短路和过载保护，熔体额定电流不可过大。

熔断器具有反时延特性，即过载电流小时，熔断时间长；过载电流大时，熔断时间短。因此，在一定过载电流范围内，当电流恢复正常时，熔断器不会熔断，可继续使用。

（2）防护要求

1）施工现场供电系统中的中性线、保护线和接地线，不允许使用熔断器。

2）熔断器的规格应满足被保护线路和设备的要求；熔体不得削小或合股使用，严禁用金属线代替熔丝。

3）熔体应有保护罩。管型熔断器不得无管使用；有填充材料的熔断器不得改装使用。

4）熔体熔断后，必须查明原因并排除故障后方可更换，更换熔体时严禁采用不合规格的熔体代替。

5）配电线路中采用熔断器做短路保护时，其熔体额定电流不应大于明敷绝缘导线长期连续负荷允许载流量的1.5倍。采用熔断器做过载保护时，绝缘导线长期连续负荷允许载流量不应小于熔断器熔体额定电流的1.25倍。

6）施工现场路灯的每个灯具应单独装设熔断器保护。

2. 断路器

断路器是指能接通、承载和分断正常电路条件下的电流，也能在所规定的非正常电路（如短路）条件下接通、承载分断电流的一种开关装置。低压断路器广泛应用于建筑施工配电线路、各种机械设备的电源控制和用电终端的控制和保护。空气开关就是一种常见的低压断路器。

（1）基本特点

1）断路器具有很好的灭弧能力，可以带负载操作，控制线路接通与断开，也可以断开大电流，尤其是短路电流，防止事故扩大。

2）低压断路器既有手动开关作用，又能自动进行短路、过载和漏电保护，线路故障排除后，断路器可以重复使用，不用更换器件。

3）断路器一般没有明显的断开点，需要和隔离开关配合使用。

（2）防护要求

1）配电箱、开关箱内应设置断路器，当漏电保护器同时具备短路、过载、漏电保护功能时，可不设断路器。

2）采用断路器做短路保护时，其瞬动过流脱扣器脱扣电流整定值应小于线路末端单相短路电流。采用断路器做过载保护时，绝缘导线长期连续负荷允许载流量不应小于断路器长延时过流脱扣器脱扣电流整定值的 1.25 倍。

3）开关箱中容量大于 3.0 kW 的动力电路应采用断路器控制。

五、防静电

静电的危害主要是高压击穿作用引起设备故障及静电放电引起火灾、爆炸事故，高压静电也会造成"人体电击"现象。建筑施工现场出现的有静电的施工场所是指存在因摩擦、挤压、感应和接地不良等而产生对人体和环境有害静电的施工现场。为了防止静电破坏设备或引发火灾、爆炸事故，施工场所应该进行静电防护，主要措施包括防止或减少静电产生，破坏静电积累的条件，降低静电场合的危害程度。

防静电危害的基本措施如下：

1. 减少静电荷的产生

静电荷的产生和积累是静电事故的基础条件，控制和减少静电产生，可以有效减小静电危害。

（1）使用不容易起电或吸湿性的材料，例如，选择电阻率在 10 Ω 以下的固体材料，可以减少摩擦带电。

（2）降低摩擦速度或注油方式，例如，控制管道中油品的流速或控制注油方式可以有效减少电荷产生。

2. 减少静电荷的积累

（1）静电接地，在有静电的施工现场内，对集聚在机械设备上的静电应采取接地泄漏措施。每组专设的静电接地体的接地电阻值不应大于 100 Ω，高土壤电阻率地区不应大于

1 000 Ω。

（2）增加空气的相对湿度，在条件允许的情况下，增加空气湿度可以使物体表面形成良好的导电层，将所积累的电荷从表面泄漏掉。

（3）采用静电消除器，利用正、负电荷相互中和的方法，达到消除静电的目的。

3. 控制静电场合的危险程度

（1）控制和排除有静电的施工场所的可燃物，降低静电火灾、爆炸事故危害。例如，用不燃材料取代易燃介质，降低可燃气体、可燃液体蒸气和可燃粉尘在空气中形成的爆炸混合物的浓度。

（2）精密仪器通过装设防静电装置或通过静电消除法，防止静电放电造成设备损坏。

第三节　供配电系统

供配电系统是电力系统的一个重要组成部分。涉及电力系统电能发、输、配、用的后两个环节，其运行特点、要求和电力系统基本相同，只是由于供配电系统直接面向用电设备及其使用者，因此供配电的安全性尤为重要。供配电系统包括供配电线路和各类供配电设备。

一、配电系统的概述

施工现场用电工程的基本供配电系统应当按三级设置，即采用三级配电。

1. 系统的基本结构

三级配电是指施工现场从电源进线开始至用电设备之间，应经过三级配电装置配送电力，即由总配电箱（一级箱）或配电室的配电柜开始，一次经由分配电箱（二级箱）、开关箱（三级箱）到用电设备。这种分三个层次逐级配送电力的系统就称为三级配电系统，如图8—1所示。

2. 系统的设置规则

三级配电系统应遵守四项规则，即分级分路规则、动照分设规则、压缩配电间距规则、环境安全规则。

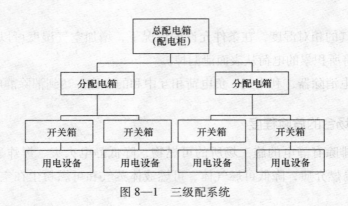

图 8—1 三级配系统

（1）分级分路

1）从一级总配电箱（配电柜）向二级分配电箱配电可以分路。即一个总配电箱（配电柜）可以分若干分路向若干分配电箱配电；每一分路也可分支直接若干分配电箱。

2）从二级分配电箱向三级开关箱配电同样也可以分路。即一个分配电箱也可以分若干分路向若干开关箱配电，而其每一分路也可以直接或连接若干开关箱。

3）从三级开关箱向用电设备配电实行所谓"一机一闸"制，不存在分路问题。即每一开关箱只能连接控制一台与其相关的用电设备（含插座），包括一组不超过 30A 负荷的照明器，或每一台用电设备必须有其独立专用的开关箱。

按照分级分路规则的要求，在三级配电系统中，任何用电设备均不得越级配电，即其电源线不得直接连接于分配电箱，任何配电装置不得挂接其他临时用电设备，否则，三级配电系统的结构形式和分级分路规则将被破坏。

（2）动照分设

1）动力配电箱与照明配电箱宜分别设置，若动力与照明合置于同一配电箱内共箱配电，则动力与照明应分路配电。

2）动力开关箱与照明开关箱必须分箱设置，不存在共箱分路设置问题。

（3）压缩配电间距

压缩配电间距规则是指除总配电箱、配电室（配电柜）外，分配电箱与开关箱之间，开关箱与用电设备之间的空间间距应尽量缩短。

（4）环境安全

环境安全规则是指配电系统对其设置和运行环境安全因素的要求。

二、供配电线路

施工现场的配电线路包括室外线路和室内线路。其敷设方式：室外线路主要有绝缘导

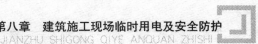

线架空敷设（架空线路）和绝缘电缆埋地敷设（电缆线路）两种，也有电缆线路架空明敷设的；室内线路通常有绝缘导线和电缆的明敷设、暗敷设两种。

1. 架空线路

（1）架空线路的选择

1）导线种类的选择按照施工现场对架空线路敷设的要求，架空线必须采用绝缘导线。或者为绝缘铜线，或者为绝缘铝线，但一般应优先选择绝缘铜线。

2）导线截面的选择主要是依据负荷计算结果，按其允许温升初选导线截面，然后按线路电压损失和机械强度校验，最后确定导线截面。

3）架空线路相序排列应符合下列规定：

①动力、照明线在同一横担上架设时，导线相序排列是面向负荷从左侧起依次为 L1、N、L2、L3、PE。

②动力、照明线在二层横担上分别架设时，导线相序排列是上层横担面向负荷从左侧起为 L1、L2、L3，下层横担面向负荷从左侧起为 L1、(L2、L3)、N、PE。

（2）架空线路的安全要求

1）架空线必须采用绝缘导线。

2）架空线必须设在专用电杆上，严禁架设在树木、脚手架和其他设施上。

3）架空线路的线间距不得小于 0.3 m，靠近电杆的两导线的间距不得小于 0.5 m。

4）架空线路宜采用钢筋混凝土杆或木杆，钢筋混凝土杆不得露筋或有宽度大于 0.4 mm 的裂纹和扭曲，木杆不得腐朽，其梢径应不小于 140 mm。

5）电杆埋设深度宜为杆长的 1/10 加 0.6 m。回填土应分层夯实。在松软土质处宜加大埋入深度或采用卡盘等加固。

6）电线杆的拉线宜采用不少于 3 根直径 4.0 mm 的镀锌钢丝。拉线与电杆的夹角应在 30°~45°之间。拉线埋设深度不得小于 1 m。电杆拉线如从导线之间穿过，应在高于地面 2.5 m 处装设拉紧绝缘子。

7）因受地形环境限制不能装设拉线时，可采用撑杆代替拉线，撑杆埋深不得小于 0.8 m，其底部应垫底盘或石块。撑杆与电杆的夹角宜为 30°。

8）架空线路必须有短路保护。采用熔断器作短路保护时，其熔体额定电流不应大于明敷绝缘导线长期连续负荷允许载流量的 1.5 倍。

采用断路器做短路保护时，其瞬动过流脱扣器脱扣电流整定值应小于线路末端单相短路电流。

9）架空线路必须有过载保护。采用熔断器或断路器做过载保护时，绝缘导线长期连续负荷允许载流量不应小于熔断器熔体额定电流或断路器长延时过流脱扣电流整定值的 1.25 倍。

2. 电缆线路

（1）电缆线路的选择

电缆中必须包含全部工作芯线和用作保护零线或保护线的芯线。需要三相四线制配电的电缆线路必须采用五芯电缆。

五芯电缆必须包含淡蓝、绿/黄两种颜色绝缘芯线。淡蓝色芯线必须用作 N 线，绿/黄双色芯线必须用作 PE 线，严禁混用。

（2）电缆线路的安全要求

1）电缆线路应采用埋地或架空敷设，严禁沿地面明设，并应避免机械损伤和介质腐蚀。埋地电缆路径应设方位标志。

2）电缆类型应根据敷设方式、环境条件选择。埋地敷设宜选用铠装电缆；当选用无铠装电缆时，应能防水、防腐。架空敷设宜选用无铠装电缆。

3）电缆直接埋地敷设的深度不应小于 0.7 m，并应在电缆紧邻上、下、左、右侧均匀敷设不小于 50 mm 厚的细砂，然后覆盖砖或混凝土板等硬质保护层。

4）埋地电缆在穿越建筑物、构筑物、道路和易受机械损伤、介质腐蚀场所及引出地面从 2.0 m 高到地下 0.2 m 处，必须加设防护套管，防护套管内径不应小于电缆外径的 1.5 倍。

5）埋地电缆与其附近外电电缆和管沟的平行间距不得小于 2 m、交叉间距不得小于 1 m。

6）埋地电缆的接头应设在地面上的接线盒内，接线盒应能防水、防尘、防机械损伤，并应远离易燃、易爆、易腐蚀场所。

7）架空电缆应沿电杆、支架或墙壁敷设，并采用绝缘子固定，绑扎线必须采用绝缘线，固定点间距应保证电缆能承受自重所带来的荷载，沿墙壁敷设时最大弧垂距地不得小于 2.0 m。

8）在建工程内的电缆线路必须采用电缆埋地引入，严禁穿越脚手架引入。电缆垂直敷设应充分利用在建工程的竖井、垂直孔洞等，并宜靠近用电负荷中心，固定点每楼层不得少于一处。电缆水平敷设宜沿墙或门口固定，最大弧垂距地不得小于 2.0 m。

装饰装修工程或其他特殊阶段，应补充编制单项施工用电方案。电源线可沿墙角、地面敷设，但应采取防机械损伤措施。

3. 室内配线

（1）室内配线的选择

室内配线必须采用绝缘导线或电缆。

（2）室内配线的安全要求

1）室内配线应根据配线类型采用瓷瓶、瓷（塑料）夹、嵌绝缘槽、穿管或钢丝敷设。

潮湿场所或埋地非电缆配线必须穿管敷设，管口和管接头应密封；当采用金属管敷设时，金属管必须做等电位连接，且必须与 PE 线相连接。

2）室内非埋地明敷主干线距地面高度不得小于 2.5 m。

3）架空进户线的室外端应采用绝缘子固定，过墙处应穿管保护，距地面高度不得小于 2.5 m，并应采取防雨措施。

4）室内配线所用导线或电缆的截面应根据用电设备或线路的计算负荷确定，但铜线截面不应小于 1.5 mm²，铝线截面不应小于 2.5 mm²。

5）钢索配线的吊架间距不宜大于 12 m。采用瓷夹固定导线时，导线间距不应小于 35 mm，瓷夹间距不应大于 800 mm；采用瓷瓶固定导线时，导线间距不应小于 100 mm，瓷瓶间距不应大于 1.5 m；采用护套绝缘导线或电缆时，可直接敷设于钢索上。

三、施工现场的供电设备

1. 配电室及自备电源

（1）配电室

带有低压负荷的室内配电场所称为配电室，主要为低压用户配送电能，设有中压进线（可有少量出线）、配电变压器和低压配电装置。

配电室的位置和布置规定如下：

1）通常配电室的选择应根据现场负荷的类型、大小和分布特点、环境特征等进行全面考虑。

2）配电室应尽量靠近负荷中心，以减少配电线路的长度和减小导线截面，提高配电质量，同时还能使配电线路清晰，便于维护。

3）配电室内的配电屏是经常带电的配电装置，为了保障其运行安全和检查、维修安全，这些装置之间及这些装置与配电室棚顶、墙壁、地面之间必须保持电气安全距离。

4）配电室建筑物的耐火等级应不低于三级，室内不得存放易燃、易爆物品，并应配备砂箱、灭火器等灭火器材。配电室的屋面应该有隔层和防水、排水措施，并应有自然通风和采光，还须有防止小动物进入的措施。

（2）自备电源

施工现场临时用电工程一般是由外电线路供电的。常因外电线路电力供应不足或其他原因而停止供电，使施工受到影响。所以，为了保证施工不因停电而中断，有的施工现场备有发电机组，作为外电线路停止供电时的接续供电电源，这就是所谓自备电源。自备发配电系统也应采用具有专用保护零线的、中性点直接接地的三相四线制供配电系统。但该系统运行必须与外电线路电源（例如电力变压）部分在电气上安全隔离，独立设置。

施工现场设置自备电源主要是基于以下两种情况：

1）正常用电时，由外电线路电源供电，自备电源仅作为外电线路电源停止供电时的后备接续供电电源。

2）正常用电时，无外电线路电源可供取用，自备电源即作为正常用电的电源。

2. 配电箱与开关箱

配电箱是按电气接线要求将开关设备、测量仪表、保护电器和辅助设备组装在封闭或半封闭金属柜中或屏幅上，构成低压配电装置。正常运行时可借助手动或自动开关接通或分断电路。故障或不正常运行时借助保护电器切断电路或报警。借测量仪表可显示运行中的各种参数，还可对某些电气参数进行调整，对偏离正常工作状态进行提示或发出信号。配电箱常用于各发、配、变电所中。开关箱一般由柜体、开关（断路器）、保护装置、监视装置、电能计量表，以及其他二次元器件组成。安装在发电站、变电站和用电量较大的电力客户处。

（1）配电箱和开关箱的一般规定

1）三级配电。三级配电包括总配电箱、分配电箱和开关箱。是指施工现场从电源进线开始至用电设备之间，应经过三级配电装置配送电力，即由总配电箱（一级箱）或配电室的配电柜开始，一次经由分配电箱（二级箱）、开关箱（三级箱）到用电设备。

2）两级保护。两级保护是指用电系统至少应设置总配电箱漏电保护和开关箱漏电保护二级保护，总配电箱和开关箱首末二级漏电保护器的额定漏电动作电流和额定漏电动作时间应合理配合，形成分级分段保护；漏电保护器应安装在总配电箱和开关箱靠近负荷的一侧，即用电线路先经过刀电源开关，再到漏电保护器，不能反装。

（2）配电箱和开关箱的安全要求

1）配电系统应设置配电柜或总配电箱、分配电箱、开关箱，实行三级配电。

2）总配电箱以下可设若干分配电箱，分配电箱以下可设若干开关箱。

3）总配电箱应设在靠近电源的区域，分配电箱应设在用电设备或负荷相对集中的区域。分配电箱与开关箱的距离不得超过30 m。开关箱与其控制的固定式用电设备的水平距离不宜超过3 m。

4）每台用电设备必须有各自专用的开关箱，严禁用同一个开关箱直接控制2台及2台以上用电设备（含插座）。

5）动力配电箱与照明配电箱宜分别设置，当合并设置为同一配电箱时，动力和照明应分路配电；动力开关箱与照明开关箱必须分设。

6）配电箱、开关箱应装设在干燥、通风、常温场所；不得装设在有严重损伤作用的瓦斯、烟气、潮气及其他有害介质中，也不得装设在易受外来固体物撞击、强烈振动、液体侵溅和热源烘烤场所。否则，应予清除做特殊防护处理。

7）配电箱、开关箱周围应有足够 2 人同时工作的空间和通道。不得堆放任何妨碍操作、维修的物品，不得有灌木、杂草。

8）配电箱、开关箱应采用冷轧钢板或阻燃绝缘材料制作，钢板厚度应为 1.2~2.0 mm，其中开关箱箱体钢板厚度不得小于 1.2 mm，配电箱箱体钢板厚度不得小于 1.5 mm，箱体表面应做防腐处理。

9）配电箱、开关箱应装设端正、牢固。固定式配电箱、开关箱的中心点与地面的垂直距离应为 1.4~1.6 m。移动式配电箱、开关箱应装设在坚固的支架上。其中心点与地面的垂直距离宜为 0.8~1.6 m。

10）配电箱、开关箱内的电器（含插座）应先安装在金属或非木质阻燃绝缘电器安装板上，然后方可整体紧固在配电箱、开关箱箱体内。金属电器安装板与金属箱体应做电气连接。

11）配电箱、开关箱内的电器（含插座）应按其规定的位置紧固在电器安装板上，不得歪斜和松动。

12）配电箱的电器安装板上必须设 N 线端子和 PE 线端子板。N 线端子板必须与金属电器安装板绝缘；PE 线端子板必须与金属电器安装板做电器连接。进出线中的 N 线必须通过 N 线端子板连接；PE 线必须通过 PE 线端子板连接。

13）配电箱、开关箱内的连接线必须采用铜芯绝缘导线。导线分支接头不得采用螺栓压接，应采用焊接并做好绝缘包扎，不得有外露带电部分。

14）配电箱和开关箱的金属箱体、金属电器安装板和电器正常不带电的金属底座、外壳等必须通过 PE 线端子板与 PE 线做电气连接，金属箱门与金属箱体必须通过编织软铜线做电气连接。

15）配电箱、开关箱中导线的进线口和出线口应设在箱体的下底面。

16）配电箱、开关箱的进、出线口应配置固定线卡，进出线应加绝缘护套并成束卡固在箱体上，不得与箱体直接接触。移动式配电箱、开关箱的进、出线应采用橡胶护套绝缘电缆，不得有接头。

17）配电箱、开关箱外形结构应能防雨、防尘。

第四节 施工现场用电设备安全技术

用电设备是配电系统的终端设备，是最终将电能转化为机械能、光能等其他形式能量的设备。在施工现场中，用电设备就是直接服务于施工作业的生产设备。施工现场的用电设备基本上可分为三大类，即电动机械、电动工具、照明器。

一、电动机械的安全操作

1. 起重机

起重机主要有塔式起重机、外用电梯、物料提升机等。

（1）塔式起重机

塔式起重机的机体必须做防雷接地，同时必须与配电系统 PE 线相连接。除此以外，PE 线与接地体之间还必须有一个直接独立的连接点，轨道式塔式起重机的防雷接地可以借助于机轮和轨道的连接，但应附加措施。塔式起重机运行时应注意与外电架空线路或其防护设施保持安全距离。

（2）外用电梯

外用电梯通常是属于载人、载物的客、货两用电梯，所以其安全使用尤为重要。要设置单独的开关箱，特别是要有可靠的极限控制、通信联络设备。

（3）物料提升机

物料提升机是只允许运送物料、不允许载人的垂直运输机械，通常都是由电动机经变速器直接驱动升降运动。

2. 桩机

桩机主要有潜水式钻孔机、潜水式电动机等。桩机是一种与水密切接触的机械，因此其使用的主要安全问题是防水、防潮、防漏电。潜水式钻孔机的漏电保护要符合配电系统关于潮湿场所漏电保护的要求。潜水式电动机的负荷线应采用防水橡胶护套铜芯软电缆，电缆护套不得有裂纹和破损。

3. 夯土机

（1）夯土机 PE 线的连接点不得少于 2 处，其负荷线应采用耐气候型橡胶护套铜芯软电缆。

（2）使用夯土机必须按规定穿戴绝缘用品，使用过程中应由专人调整电缆。电缆长度不应大于 50 m。电缆严禁缠绕、扭结和被夯土机械跨越。

（3）多台夯土机械并列工作时，其间距不得小于 5 m；前后工作时，其间距不得小于 10 m。夯土机械的操作扶手必须绝缘。

4. 焊接机

（1）电焊机械应放置在防雨、干燥和通风良好的地方。焊接现场不得有易燃、易爆物品。

（2）交流弧焊机变压器的一次侧电源线长度不应大于 5 m，其电源进线处必须设置防护罩。发电机式支流电焊机的换向器应经常检查和维修，应消除可能产生的异常电火花。

（3）电焊机械的二次线应采用防水橡胶护套铜芯软电缆。电缆的长度不应大于 30 m，不得采用金属构件或结构钢筋代替二次线的地线。

（4）使用电焊机械时必须穿戴防护用品。严禁露天冒雨从事电焊作业。

二、手持电动工具的使用

施工现场使用的电动工具一般都是手持式的，所以称为手持式电动工具，例如电钻、冲击钻、电锤、射钉枪及手持式电锯、电刨、切割机、砂轮等，如图 8—2、图 8—3 所示。

图 8—2　电钻　　　　　　　　　　　　图 8—3　电锯

1. 手持式电动工具的分类

手持式电动工具按其绝缘和防触电性能可分为三类，即 I 类工具、II 类工具、III 类工具。

（1）I 类工具

Ⅰ类工具在防止触电的保护方面不仅依靠基本绝缘，而且还包含一个附加安全预防措施。其方法是将可触及的可导电的零件与已安装在固定线路中的保护接地或接零导线连接起来，用这样的方法来防止发生触电事故。

（2）Ⅱ类工具

Ⅱ类工具在防止触电的保护方面不仅依靠基本绝缘，而且还提供双重绝缘或加强绝缘的附加安全预防措施和设有保护接地或依赖安装条件的安全措施，铭牌上有"回"字的明显标志。

（3）Ⅲ类工具

Ⅲ类工具在防止触电的保护方面依靠由安全电压供电和在工具内部不会产生比安全电压高的电压。

2. 手持电动工具的使用要求

（1）空气湿度小于75%的一般场所可选用Ⅰ类或Ⅱ类手持式电动工具，其金属外壳与PE线的连接点不得少于2处；除塑料外壳Ⅱ类工具外，相关开关箱中漏电保护器的额定漏电动作电流不应大于15 mA，额定漏电动作时间不应大于0.1 s，其负荷线插头应具备专用的保护触头。所用插座和插头在结构上应保持一致，避免导电触头和保护触头混用。

（2）在潮湿场所或金属构架上操作时，必须选用Ⅱ类或由安全隔离变压器供电的Ⅲ类手持式电动工具。在潮湿场所或金属构架上严禁使用Ⅰ类手持式电动工具。

（3）狭窄场所必须选用由安全隔离变压器供电的Ⅲ类手持式电动工具，其开关箱和安全隔离变压器均应设置在狭窄场所外面，并连接PE线。漏电保护器的选择应符合用于潮湿或有腐蚀介质场所漏电保护器的要求。操作过程中，应有人在外面监护。

（4）手持式电动工具的负荷线应采用耐气候型的橡胶护套铜芯软电缆，并不得有接头。

（5）手持式电动工具的外壳、手柄、插头、开关、负荷线等必须完好无损，使用前必须做好绝缘检查和空载检查，在绝缘合格、空载运转正常后方可使用。

（6）使用手持式电动工具时，必须按规定穿戴绝缘防护用品。

三、施工现场的照明

在施工现场中，对于夜间施工、坑洞内作业和自然采光差的场所需要采用人工照明，照明装置与人的接触很普遍。为了保证现场工作人员免受发生在照明装置上的触电伤害，就需要从照明器的选择、照明供电电压和照明装置及线路的设置等方面考虑。

1. 照明器的选择

照明器的选择要考虑使用的环境条件。

（1）正常湿度（相对湿度≤75%）场所，选用开启式照明器。

（2）潮湿或特别潮湿（相对湿度＞75%）场所，属于触电危险场所，选用密闭型防水照明器或配有防水灯头的开启式照明器。

（3）含有大量尘埃但无爆炸和火灾危险的场所，属于触电一般场所，选用防尘型照明器。

（4）有爆炸和火灾危险的场所，也属于触电危险场所，按危险场所等级选用防爆型照明器。

（5）存在较强振动的场所，选用防振型照明器。

（6）有酸碱等强腐蚀介质场所，选用耐酸碱型照明器。

2. 照明供电电压的选择

（1）一般场所照明器宜选用电压为 220 V。

（2）隧道、人防工程、高湿、导电灰尘和灯具离地面高度低于 2.4 m 等场所的照明源电压应不大于 36 V。

（3）在潮湿易触及带电体场所的照明电源电压不得大于 24 V。

（4）在特别潮湿的场所、导电良好的地面、锅炉或金属容器内工作，照明电源电压不得大于 12 V。

3. 照明灯的安全使用

（1）在坑洞内作业、夜间施工或作业房、料具堆放场、道路、仓库、办公室、食堂、宿舍和自然采光差的场所，应设置一般照明、局部照明或混合照明，在一个工作场所内，不得只设局部照明。

（2）停电后作业人员需要及时撤离现场的特殊工程，例如夜间高处作业工程和自然采光很差的深坑洞场所，还必须装设有独立自备电源供电的应急照明。

（3）照明开关箱中的所有正常不带电的金属部件都必须作保护接零，所有灯具的金属外壳必须作保护接零。

（4）单相回路的照明开关箱应装设剩余电流动作保护器。照明系统中的每一单相回路上的工具和插座数量不宜超过 25 个。

（5）照明线路的相线必须经过开关才能进入照明器，不得直接引入照明器。

（6）灯具的安装高度既要符合施工现场实际，又要符合安装要求。室外灯具距地不得低于 3 m，室内灯具距地不得低于 2.4 m。

（7）临时宿舍内的照明装置及插座要严格管理。防止私拉、乱接电炊具或违章使用电炉。严禁在床上装设开关。

（8）路灯的每个灯具应单独装设熔断器保护，灯头线应做防水弯。

第九章　建筑施工现场消防及用火安全

火灾是指失去控制并对人类生命和财产造成损失的燃烧现象，建筑施工火灾是指发生在新建、改建和扩建等各类建设施工现场的火灾。一般而言，社会越发展，物质越丰富，火灾发生的频率越高，造成的损失越大。近年来，随着我国城镇建设规模的扩大和城镇化进程的加速，建设工程施工现场的火灾数量不断增加，火灾危害逐渐增大，给国家和人民生命财产带来了严重损失，造成了重大的社会影响。尽管火灾危险性大，但是只要能够充分重视施工中火灾的危害性，认真研究火灾发生的规律，采取科学合理的措施，建筑施工中的火灾是可以预防和克服的。

第一节　消防安全基础

消防工作是一项知识性、科学性、社会性很强的工作，涉及各行各业、千家万户，与经济发展、社会稳定和人民群众安居乐业密切相关。只有在全社会普及消防法规和消防科技知识，提高全民消防意识，增强全民防范与扑救能力，才能有效地预防和减少火灾的危害。

一、有关燃烧和火灾的概念

1. 燃烧的条件

可燃物与助燃物发生化学反应，伴有发热、发光和发烟的现象就是燃烧。在时间和空间上失去控制的燃烧所造成的灾害称为火灾。火灾的发生会给国家和人民的生命财产带来很大的危害。全面了解燃烧的基本原理，掌握燃烧的基本规律，对于预防火灾、控制火灾和扑救火灾有十分重要的意义。

燃烧必须具备三个条件：一是可燃物，二是助燃物，三是点火源。

（1）可燃物

一般情况下，凡是能与空气中的氧或其他氧化剂起剧烈反应的物质，均可称为可燃物。

可燃物大多是含碳和氢的化合物，某些金属如镁、铝、钙等在某些条件下也可以燃烧。可燃物按物质形态可分为气体可燃物（如液化石油气、沼气、氢气等）、液体可燃物（如柴油、汽油、酒精等）和固体可燃物（木材、布匹、纸张等）。不同状态的同种物质燃烧性能是不同的，一般来讲，气体比较容易燃烧，其次是液体，最后是固体。可燃物按组成成分可分为无机可燃物和有机可燃物。从数量上来说，绝大部分可燃物为有机可燃物，只有少部分为无机可燃物。

（2）助燃物

所谓助燃物，通俗地说是指帮助可燃物燃烧的物质，确切地说是指能与可燃物质发生燃烧反应的物质。通常的助燃物是指空气中的氧。气体中的氧可参加氧化反应，作为支持燃烧反应的氧化剂。可燃物在大气中燃烧是以游离的氧作为氧化剂，不同物质的燃烧需有不同的氧化剂含量，低于其固定的最低含氧量时燃烧不会发生。

（3）点火源

点火源是指具有一定能量，能够引起可燃物燃烧的能源。点火源这一燃烧条件的实质是提供一个初始能量（热能、光能、电能或机械能等）。在此能量的激发下，可燃物与氧化剂才能发生剧烈的氧化反应，引起燃烧。根据引发燃烧的能量种类可将点火源分为机械火源、热火源、电火源和化学火源四大类。

燃烧的必要条件：可燃物、助燃剂和点火源。只有这三个条件同时具备，才可能发生燃烧现象，无论缺少哪一个条件，燃烧都不能发生。但是，并不是上述三个条件同时存在就一定会发生燃烧现象，这三个因素还必须相互作用才能发生燃烧。

2. 火灾的特点

（1）严重性

在人们的生产生活过程中，凡是时间上、空间上失去控制，并给人类带来损失的燃烧称为火灾。燃烧起火有一定的条件，即可燃物、助燃物、点火源三者互相作用，就会燃烧起来。一场大火可以在很短的时间内烧毁大量的物质财富，可以迫使工厂停工减产，或使某些工程返工重建，使人民辛勤劳动的成果化为灰烬，严重影响国家建设和人民生活，甚至威胁人民的生命安全，从而破坏社会的安定。火灾事故的后果，往往比其他工伤事故的后果严重得多，更容易造成特大伤亡事故。

（2）突发性

有很多火灾事故往往是在人们意想不到的情况下突然发生的，虽然各单位都有防火措施，各种火灾都有事故征兆或隐患，但至今相当多的人员对火灾的规律及其征兆、隐患重视不够，措施执行不力，因而造成火灾的连续发生。

（3）复杂性

发生火灾事故的原因往往是很复杂的。单就发生火灾事故的条件之一———点火源而言，就有明火、化学反应、电气火花、热辐射、高温表面、雷电等，可燃物的种类更是五花八门，建筑工地的着火源到处都有，各种建筑材料和装饰材料多为可燃物，所以火灾的隐患很多。加上事故发生后，由于房屋倒塌、现场可燃物的烧毁、人员的伤亡，给事故的原因调查带来很大困难。

3. 火灾的类型

火灾分为 A、B、C、D、E 五类。

A 类火灾——固体物质火灾。如木材、棉、毛、麻、纸等燃烧引起的火灾。

B 类火灾——液体火灾和可熔化的固体物质火灾。液体和可熔化的固体物质如汽油、煤油、原油、甲醇、乙醇、沥青、石蜡等。

C 类火灾——气体火灾。如煤气、天然气、甲烷、乙烷、丙烷、氢等引起的火灾。

D 类火灾——金属火灾。如钾、钠、镁、钛、锆、锂、铝、镁合金等引起的火灾。

E 类火灾——带电燃烧而导致的火灾。

二、建筑构件的燃烧性能和耐火极限

建筑物是由基础、墙、柱、梁、楼板、屋面等建筑构件组成的，其耐火程度的高低取决于构成建筑物的建筑构件在火灾高温作用下的耐火性能。建筑构件是由建筑材料构成，其耐火性能取决于所使用建筑材料的燃烧性能。建筑材料的燃烧性能是指其燃烧或遇火时所发生的一切物理和化学变化，是由材料表面的着火性和火焰传播性、发热、发烟、炭化、失重、毒性生成物的产生等特性来衡量的。我国将建筑构件的燃烧性能分为三类：不燃烧体、难燃烧体和燃烧体。

建筑构件耐火极限是划分建筑耐火等级的基础，也是进行建筑物构造防火设计和火灾后制定建筑物修复方案的依据。在标准耐火试验条件下，建筑构件、配件或结构从受到火的作用时起，到失去稳定性、完整性或隔热性时止的这段时间称为耐火极限，以小时表示。耐火极限时间越长，表示建筑构件耐火性能越强。判定建筑构件达到耐火极限的条件有以下三个：

1. 失去稳定性

失去稳定性是指构件在试验过程中失去承载能力或抗变形能力，主要是针对承重构件，如梁、柱、屋架等。

2. 失去绝热性

失去绝热性是指分隔构件（如墙、楼板等）失去隔绝过量热传导的能力。

3. 失去完整性

失去完整性适用于分隔构件（如楼板、隔墙等）。

三、建筑物耐火等级的划分

各类建筑由于使用性质、重要程度、规模大小、层数高低等，火灾危险性存在差异，所要求的耐火程度也有所不同，建筑物的耐火程度用耐火等级来表示。确定建筑物耐火等级的目的是使不同用途的建筑物具有与之相适应的耐火安全储备，这样可以做到既有利于安全又经济合理。

建筑物的耐火等级是由该建筑物所有构件的耐火性能特别是构成建筑物的墙、柱、梁、楼板、屋顶等主要建筑构件的耐火性能所决定的。《建筑设计防火规范》（GB 50016-2014）规定的，民用建筑的耐火等级和其构件耐火极限不应低于表 9—1 的规定。

表 9—1   **建筑物构件的燃烧性能和耐火极限（h）**

名称		耐火等级			
构件		一级	二级	三级	四级
墙	防火墙	不燃烧体 3.00	不燃烧体 3.00	不燃烧体 3.00	不燃烧体 3.00
	承重墙	不燃烧体 3.00	不燃烧体 2.50	不燃烧体 2.00	难燃烧体 0.50
	非承重外墙	不燃烧体 1.00	不燃烧体 1.00	不燃烧体 0.50	燃烧体
	楼梯间和前室的墙 电梯井的墙 住宅单元之间的墙 住宅分户墙	不燃烧体 2.00	不燃烧体 2.00	不燃烧体 1.50	难燃烧体 0.50
	疏散走道两侧的隔墙	不燃烧体 1.00	不燃烧体 1.00	不燃烧体 0.50	难燃烧体 0.25
	房间隔墙	不燃烧体 0.75	不燃烧体 0.50	难燃烧体 0.50	难燃烧体 0.25
柱		不燃烧体 3.00	不燃烧体 2.50	不燃烧体 2.00	难燃烧体 0.50
梁		不燃烧体 2.00	不燃烧体 1.50	不燃烧体 1.00	难燃烧体 0.50
楼板		不燃烧体 1.50	不燃烧体 1.00	不燃烧体 0.50	燃烧体

续表

名称	耐火等级			
构件	一级	二级	三级	四级
屋顶承重构件	不燃烧体 1.50	不燃烧体 1.00	燃烧体	燃烧体
疏散楼梯	不燃烧体 1.50	不燃烧体 1.00	不燃烧体 0.50	燃烧体
吊顶（包括吊顶搁栅）	不燃烧体 0.25	难燃烧体 0.25	难燃烧体 0.15	燃烧体

注：①除本规范另有规定者外，以木柱承重且以不燃烧材料作为墙体的建筑物，其耐火等级应按四级确定。

②二级耐火等级建筑的吊顶采用不燃烧体时，其耐火极限不限。

③在二级耐火等级的建筑中，面积不超过 100 m² 的房间隔墙，如执行本表的规定确有困难时，可采用耐火极限不低于 0.3 h 的不燃烧体。

④一、二级耐火等级建筑疏散走道两侧的隔墙，按本表规定执行确有困难时，可采用 0.75 h 不燃烧体。

四、动火作业

1. 定义

动火作业是指能直接或间接产生明火的工艺设施以外的非常规作业，如使用电焊、气焊、喷灯、电钻、砂轮等进行可能产生火焰、火花和炽热表面的非常规作业。

2. 动火区域的划分

根据建筑工程选址位置、施工周围环境、施工现场平面布置、施工工艺、施工部位不同，其动火区域分为一级、二级、三级。

（1）一级动火区域

1）在生产或者储存易燃易爆物品场区，进行新建、改建、扩建工程的施工现场。

2）建筑工程周围存在生产或储存易燃易爆品的场所，在防火安全距离范围内的施工部位。

3）施工现场内储存易燃易爆危险物品的仓库、库区。

4）施工现场木工作业处和半成品加工区。

5）在比较密封的室内、容器内、地下室内等场所，进行配置或者调和易燃易爆液体和涂刷油漆作业。

（2）二级动火区域

1）在禁火区域周围的动火作业区。

2）登高焊接或者气割作业区。

3）砖木结构临时食堂炉灶处。

（3）三级动火区

1）无易燃易爆危险物品处的动火作业。

2）施工现场燃煤茶炉处。

3）冬季燃煤取暖的办公室、宿舍等生活设施。

第二节　施工现场防火要求

建筑施工消防安全工作主要包括两大方面：一是建筑施工过程需要严格按照经公安机关消防机构审核同意或者备案的消防设计进行施工；二是建筑施工过程要保证施工现场的消防安全。施工企业务必遵守国家消防法律法规相关规定和要求，采取科学合理的管理和技术手段消除施工现场火灾隐患，减少人员伤亡和财产损失，确保消防工程质量。

一、施工现场引起火灾的原因

1. 火灾危险因素

建筑工地与一般的厂矿企业的火灾危险性有所不同，主要有以下特点：

（1）易燃易爆材料多、用火多

施工现场到处可以看到易燃物，如油毡、木材、刨花、草帘子等。尤其在施工期间，电焊、气焊、喷灯、煤炉、锅炉等临时用火作业多，若管理不善，极易引起火灾。

（2）临时电气线路多，容易漏电起火

随着现代化建筑技术的不断发展，以墙体、楼板为中心的预制设计标准化、构件生产工厂化和施工现场机械化得到普遍的采用。施工现场的电焊、对焊机及大型机械设备增多，再加上大量的外埠队伍食宿于工地，使施工现场的用电量增大，有时超负荷用电。另外，有时缺乏系统正规的设计、电气线路纵横交错，有时发生漏电短路，引起火灾事故。

（3）临时建筑物防火间距往往不足

工棚、仓库、宿舍、办公室、厨房等多有易燃物品，而且场地狭小，往往是工棚毗邻施工现场，缺乏应有的安全防火间距，一旦起火容易蔓延成灾。

（4）施工周期长、变化大

一般工程也需几个月或一年左右的时间，在这期间要经过备料，搭设临时设施，主体工程施工等不同阶段，随着工程进展，工种增多，因而也就会出现不同的隐患。

（5）人员流动大、交叉作业多

根据建筑施工生产工艺要求，工人经常处于分散流动作业，管理不便，火灾隐患不易及时发现。

（6）工地缺乏消防水源与消防通道

建筑工地，一般不设临时性消防水源。有的施工现场因挖基坑、沟槽或临时地下管道，使消防通道遭到破坏，一旦发生火灾，消防车难以接近火场。

以上特点说明建筑工地火灾危险性大，稍有疏忽就有可能发生火灾事故。

2. 火灾隐患

（1）石灰受潮发热起火

储存的石灰，一旦遇到水或潮湿空气中的水蒸气时，消化成熟石灰放出大量热能，其温度可达800℃左右，遇到可燃材料时极易起火。

（2）木屑自燃起火

在建筑工地，往往将大量木屑堆积一处，在一定的积热量和吸收空气中的氧气适当条件下，就会自燃起火。

（3）仓库内的易燃物起火

如汽油、煤油、柴油、酒精等，触及明火就会燃烧起火。

（4）焊接、切割作业由于制度不严、操作不当，安全设施落实不力而起火

1）在焊接、切割作业中，炽热的金属火星到处飞溅，当接触到易燃、易爆气体或化学危险物品，就会引起燃烧和爆炸。当金属火星飞溅到棉、麻、纱头、草席等物品，就可能阴燃、蔓延，造成火灾。

2）建筑工地管线复杂，特别是地下管道、电缆沟，施工中进行立体交叉作业，电焊作业的现场或附近有易燃易爆物，由于没有专人看火监护，金属火星落入下水道或电缆沟，或金属高温热传导，均易引起火灾。

3）作业结束后遗留的火种没有熄灭，阴燃可燃物起火。

二、施工现场防火制度

1. 防火制度的建立

（1）施工现场都要建立、健全防火检查制度。

（2）建立义务消防队，人数不少于施工总人数的10%。

（3）建立动用明火审批制度，按规定划分级别审批手续完善。

2. 消防重点单位消防安全要求

（1）有生产岗位防火责任制。

（2）有专职或兼职防火安全干部。

（3）有群众性的义务消防队和必要的消防器材设备，规模大、火灾危险性大、离公安消防队远的企业设有专职消防队。

（4）有健全的消防安全制度。

（5）对火险隐患能及时发现和立案整改。

（6）对消防重点部位做到定点、定人、定措施，并根据需要采用自动报警、灭火等新技术。

（7）对职工群众普及消防知识，对重点工种进行专门的消防训练和考核。

（8）有消防档案和灭火实施计划。

（9）对消防工作定期总结评比，奖惩严明。

三、施工现场平面布置的防火要求

合理的施工现场平面布置是安全防火的重要措施之一，必须综合考虑防火要求、建筑物的性质、施工现场的周围环境等因素。

1. 施工现场要明确划分出禁火作业区（易燃、可燃材料的堆放场地）、仓库区（易燃废料的堆放区）和现场的生活区，各区域之间一定要有可靠的防火间距。

（1）禁火作业区距离生活区不小于 15 m，距离其他区域不小于 25 m。

（2）易燃、可燃材料场及仓库距离修建的建筑物和其他区域不小于 20 m。

（3）易燃的废品集中场地距离修建的建筑物和其他区域不小于 30 m。

（4）防火间距内，不应堆放易燃和可燃材料。

2. 施工现场的道路，夜间要有足够的照明设备，禁止在高压架空线路下面搭设临时性建筑物或堆放可燃材料。

3. 施工现场必须设立消防车通道，消防车道应尽量短捷，其宽度应不小于 3.5 m，要保持畅通无阻。车道上空遇有管架、栈桥等障碍物时，其净高不应小于 4 m。

4. 建筑工地要设有足够的消防水源（给水管道和蓄水池），在土建施工时，应先将消防器材和设施配置好，应敷设室外消防给水管道和消火栓。

5. 临时性的建筑物、仓库和正在修建的建筑物道旁，都应该配置适当种类和一定数量的灭火器，并布置在明显和便于取用的地点。

6. 作业棚和临时生活设施的规划和搭建，必须符合下列要求：

（1）临时建筑必须整齐、牢固且远离火灾危险性大的场所，其四周应当修建排水明渠。

（2）临时生活设施应尽可能搭建在距离修建的建筑物 20 m 以外的地区，禁止搭设在高压架空电线的下面，且距离高压架空电线的水平距离不应小于 6 m。

（3）临时宿舍与厨房、锅炉房、变电所和汽车库之间的防火距离，应不小于 15 m。

（4）临时宿舍等生活设施，距离铁路的中心线和小量易燃品储藏室的间距不小于 30 m。

（5）临时宿舍距火灾危险性大的生产场所不得小于 30 m。

四、施工现场防火一般规定

1. 施工单位的负责人应全面负责施工现场的防火安全工作，履行《中华人民共和国消防法》规定的主要职责。

2. 施工单位必须按照已批准的设计图样和施工方案组织施工，有关防火安全措施不得擅自改动。

3. 施工现场都要建立、健全建筑工地的安全防火责任制度，贯彻执行现行的工地防火规章制度，每个建筑工地都应成立防火领导小组，各项安全防火规章和制度要书写上墙。

4. 要加强施工现场的安全保卫工作，较大的工程要设专职保卫人员。禁止非工地人员进入施工现场，办事人员进入现场要进行登记。

5. 施工现场应配备足够的消防器材，指定专人维护、管理，定期更新，保证完整好用。

6. 新工人进入施工现场，都要进行防火安全教育和防火知识的学习，经考试合格后方能上岗工作。

7. 建筑工地都必须制定防火安全措施，并及时向有关人员、作业班组交底落实。

8. 施工现场发生火警或火灾后，应立即报告公安消防部门，并组织力量全力扑救。

五、高层建筑施工防火要求

高层建筑施工具有人员多、材料多、电气设备多、用电量多、交叉作业多，以及不宜及时救火等特点，一旦发生火灾，将造成严重的后果。因此施工中应始终贯彻"预防为主，防消结合"的消防工作方针。

1. 严格控制火源和执行动火过程中的安全技术措施，施工现场应严格禁止吸烟，并且设置固定的吸烟点。

2. 建筑施工脚手架外挂的密目式安全网，必须符合阻燃标准要求，严禁使用不阻燃的安全网。

3. 30 m 以上的高层建筑施工，应当设置加压水泵和消防水源管道，管道的立管直径不得小于 50 mm，每层应设出水管口，并配备一定长度的消防水管。

4. 高层焊接作业应当办理动火证，动火处应当配备灭火器，并设专人监护，发现险情，立即停止作业，采取措施，及时扑灭火源。

5. 大雾天气和六级风时应当停止焊接作业。

6. 高层建筑施工临时用电线路应使用绝缘良好的橡胶电缆，严禁将线路绑在脚手架上。施工用电机具和照明灯具的电气连接处应当绝缘良好，保证用电安全。

第三节　施工现场防火措施

我国消防工作的方针是"以防为主，防消结合"。以防为主就是要把预防火灾的工作放在首要的地位，要开展防火安全教育，提高人民群众对火灾的警惕性；健全防火组织，严密防火制度，进行防火检查，消除火灾隐患，贯彻建筑防火措施等。只要抓好消防防火，才能把可能引起火灾的因素消灭在起火之前，减少火灾事故的发生。防消结合就是在积极做好防火工作的同时，在组织上、思想上、物质上和技术上做好灭火战斗的准备。一旦发生火灾，就能迅速赶赴现场，及时有效地将火灾扑灭。"防"和"消"是相辅相成的两个方面，是缺一不可的，因此，这两个方面的工作都要做好。

一、施工现场的消防设计措施

1. 设立防火分区与防火分隔

防火分区是指在建筑内部采用防火墙、耐火楼板及其他防火分隔设施分隔而成，能在一定时间内防止火灾向同一建筑的其余部分蔓延的局部空间。

现场应划出用火作业区、易燃易爆材料区、生活区。各种易燃、易爆物品和压缩气体应设专用仓库，分区分类隔离存放。

高压线下两侧水平距离 6 m 以内，禁止存放易燃、可燃材料。气罐库如果与厨房或其他房屋毗连，应设防火隔墙。

2. 设置防火间距

防火间距是指防止着火建筑的辐射热在一定时间内引燃相邻建筑，且便于消防扑救的间隔距离。防火间距按照相邻两建筑物外墙的最近距离计算。

一幢建筑物发生火灾，会向周围的建筑蔓延，如果建筑物间距过小，火势很快就会蔓延过去，造成更大的损失，也不利于人员疏散和火灾扑救。因此，各幢建筑物之间应留出一定的安全距离和防火间距，避免相邻建筑物被火烤燃。

二、消防制度措施

1. 重点防范措施

消防保卫的重点是火灾危险性大、发生火灾后损失大、伤害大的部位或单位。施工现场重点防范的对象有变电室、易燃易爆物品的临时仓库、各种电气设备等。重要部位用火要由专人看管，用火和焊接过程中应随时检查，操作完毕，对用火和焊接地点进行仔细检查后方能离开。

2. 坚持动火审批制度

在一级、二级动火区域施工，施工单位必须认真遵守消防法律法规，严格按照有关规定建立防火安全规章制度。在生产或者储存易燃易爆品的场区施工，施工单位应当与相关单位建立动火信息通报制度，自觉遵守相关单位消防管理制度，共同防范火灾。做到动火作业先申请，后作业，不批准，不动火。

动火证是消防安全的一项重要制度，动火证的管理由安全生产管理部门负责，施工现场动火证由工程项目部负责人审批。动火作业没经过审批的，一律不得实施动火作业。

三、防火的基本措施

一切防火措施都是为了防止产生燃烧的条件，防止燃烧条件互相结合、互相作用，根据物质燃烧的原理，防火的基本措施有以下几种：

1. 控制可燃物

在选材时，尽量用难燃或不燃的材料代替可燃材料，如选用水泥代替木料建造房屋，用防火漆浸涂可燃物以提高耐火性等。凡是能发生相互作用的物品，要分开存放。

2. 隔绝空气

使用易燃易爆物的生产过程应在密封的设备内进行；对有异常危险的生产，可充装惰性气体保护；隔绝空气储存某些化学危险品，如金属钠存于煤油中，黄磷存于水中，二硫化碳用水封闭存放等。

3. 消除火源

如采取隔离火源、控制温度、接地、避雷、安装防爆灯、遮挡阳光等措施，防止可燃物遇明火或温度升高而起火。

4. 阻止火势和爆炸波的蔓延

阻止火势和爆炸波的蔓延，就能够防止新的燃烧条件形成，从而防止火灾扩大，减少火灾损失。

四、电气防火基本保护

1. 电气火灾的特点和原因

电气火灾具有季节性、时间性、不可预见性。

（1）形成的根本原因是短路、漏电、过负荷、接触不良、电弧和电火花、静电和雷击。

（2）日常管理原因是电气线路和电气设备选型不当、安装不合理、操作失误、违章操作、局部过热、静电和雷击。

2. 电气线路火灾及其对策

（1）短路火灾

短路俗称碰线或连线，是指电气线路中相线与相线或相线与零线之间没有经过任何用电设备直接短接起来的现象。短路电流能达到原来的几十倍甚至几百倍。

防止电气线路发生短路的措施：严格按照规范要求设计、安装、调试、使用和维修电气线路，防止电气线路绝缘老化，特殊环境下电气线路的敷设应严格执行相应的规定，加强管理。

（2）过载引起的火灾

电气线路中允许连续通过而不至于使电气线路绝缘遭到破坏的电流量，为电线的安全载流量或安全电流。如电流中流过的电流量超过了安全电流值，称为电气线路过载（也称过负荷）。

对策有：合理选用导线、不乱拉乱接用电设备、定期检查线路。

（3）接触电阻过大

电源线的连接处，电源线与电气设备连接的地方，由于连接不牢或其他原因，使接头接触不良，造成局部电阻过大，称为接触电阻过大。

电气线路接触电阻过大的主要原因：安装质量差，造成导线与导线、导线与电气设备接触不牢；连接点由于热作用或长期震动使接头松动；导线连接处有杂质或氧化；电化学腐蚀。

（4）电气线路产生的电弧和电火花

电火花是电极间放电的结果。电弧是由大量密集电火花构成的。电弧温度可达 30 000℃。

预防电弧和电火花的措施：裸导线间或导线与接地体之间保持足够的安全距离，绝缘导线的绝缘层无损伤，熔断器和开关安装在非燃材料基础上，不带电安装和修理电气设备，防止雷击和线路过电压的影响。

（5）漏电产生的原因

主要有绝缘导线与建筑物、构筑物和设备的外壳等直接接触，电线接头处松动漏电。

3. 电气设备火灾原因和预防措施

（1）电动机火灾

电动机是利用电磁转换将电能转化为机械能的装置。引发火灾原因有过载、接触不良、绝缘破坏、单相运行、铁损大、机械原因。

电动机火灾的预防措施：正确选择电动机的容量和机型、正确选择电动机的启动方式、正确选择电动机的保护方式（短路保护、失压保护、过载保护、断相保护、接地保护）。

（2）电气照明设备火灾

危险性主要来自白炽灯、碘钨灯和聚光灯的使用。

防火措施：根据环境要求选择不同类型的灯具，与可燃物保持一定的安全距离，选择合适的导线。

（3）电焊设备火灾

危险性在于焊接过程中电弧温度高产生大量的火花，焊接后的焊件温度很高。

防火措施：动用电焊要实行严格的审批手续，保持足够的安全距离，清除周围可燃物，动用电焊要派专人监护，配备灭火器材，保证电焊设备的完整好用，操作人员要持证上岗。

4. 雷击火灾及其防护

雷电的火灾危险性在于破坏绝缘性引起短路，雷电冲击的放电火花直接引发火灾或爆炸，雷电的热效应。

（1）对直击雷的防护主要是装设避雷针、避雷网、避雷带、消雷器等保护措施。

（2）对感应雷的防护可将金属屋面、金属设备、金属管道、结构钢筋等予以良好接地。

（3）对雷电波的防护主要是对架空线路加装管形或阀形避雷器，对金属管道采用多点接地。

（4）对球形雷的防护一般采用消雷器或全屏蔽的方法。

第四节　施工现场消防安全管理

建筑施工过程的消防安全管理是保证施工现场消防安全的重要工作，其核心内容是确保各项防火安全措施的落实。施工现场通常有多个参与施工的单位，为了保证消防安全管理工作的顺利展开，需要首先明确消防安全工作的主体和责任。其次，消防安全的宣传教育工作要做好，要做到防火意识深入各级员工当中去。并且根据施工的现场条件，需要配备合适的灭火装备，确保水源充足。

一、消防安全责任制

建筑施工企业是防火安全管理的重点单位，要认真贯彻落实"预防为主、防消结合"的方针，从思想上、组织上、装备上做好火灾的预防工作。建立防火责任制，将防火安全的责任落实到每个建筑施工现场、每个施工人员，明确分工，划分区域，不留防火死角，真正落实防火责任。建筑施工企业或者施工现场应当履行下列消防安全职责：

1. 制定消防安全制度、消防安全操作规程。建立防火档案，确定消防安全重点部位。配置消防设施和器材，设置防火标志。

2. 施工企业必须按照公安消防机构批准的消防设计图样进行施工，不得擅自改动；消防验收不合格的建筑工程，施工单位不得交付使用。

3. 建筑工程施工现场的消防安全由施工单位负责。实行施工总承包的，由总承包单位负责；分包单位向总承包单位负责，服从总承包单位对施工现场的消防安全管理。

对建筑物进行局部改建、扩建和装修的工程，建设单位应当与施工单位在订立的合同中明确各方对施工现场的消防安全责任。

4. 实行定期或者不定期的防火安全检查，必要时实行每月防火巡查，及时消除火灾隐患，建立监察记录，并制定灭火和应急疏散预案，定期组织消防演练。

5. 加强施工人员的学习、教育、管理和考核，对其进行消防安全培训，实行持证上岗制度。

6. 设有自动消防设施的建筑工程，在工程竣工之后，施工单位必须委托具备资格的建筑消防设施检测单位进行技术测试，并出具建筑消防设施技术测试报告。

二、现场消防宣传与安全检查

1. 现场消防宣传教育

（1）入场前防火宣传教育

凡进入现场的分包方人员必须接受安监部组织的 1~3 天的防火安全教育培训，如讲课、开会、学习、考试等。教育培训结束后必须进行统一考试，合格者方可入场施工。电气焊工操作人员经培训、考试合格领取上岗证后，方可上岗操作。

（2）现场防火宣传教育

开展"五个一"活动，重大政治活动前进行专题宣传教育。

（3）季节性防火宣传教育

进入春季和冬季施工前，分包方要进行专门的季节性防火宣传教育。

（4）节假日防火宣传教育

节假日前后应有意识、有目的地进行防火宣传教育。预防麻痹思想和火灾事故的发生。

（5）开展"119"活动

每年 11 月 9 日是"119"消防安全活动的开始时间，各单位可根据各自的实际情况，开展消防安全周、安全月、百日安全竞赛等活动。

2. 现场消防安全检查

（1）消防安全检查的形式

主要有分包方自查、安监部门检查、地区性的联合检查、夜间检查等形式。

（2）分包方每天要进行消防安全检查并记录，每月要有小结。其主要检查内容如下：

1）分包方领导对防火工作的重视情况。

2）防火安全责任制的签订情况和各项消防安全规章制度的执行情况。

3）入场施工人员的培训教育情况和重点工种、电气焊工取证情况。

4）仓库、宿舍及重点防火部位的制度落实和管理情况。

5）施工现场用火、用电的管理控制情况。

6）内业资料建立、记录情况。

7）灭火器材、设施、配备数量、分布位置、维修保养更换的情况。

8）易燃易爆物品、易燃建筑材料的管理和易燃垃圾清运情况。

（3）检查时，受检查单位要派人参加，并主动提供现场情况和消防资料。检查完毕后受检查单位负责人应在检查隐患记录书上签字。

（4）分包方对安检部门和上级消防部门发出的火险隐患通知书和检查中提出的问题，必须及时确定火灾隐患的性质，并制定解决措施，按时进行整改。重大火险隐患和暂时无法解决的隐患要及时上报安检部门。

三、火灾应对措施

1. 火灾报警

（1）一般情况下，发生火灾后应当报警和救火同时进行。

（2）当发生火灾，现场只有一个人时，应该一边呼救一边进行处理，必须赶快报警，边跑边喊，以便取得群众的帮助。

（3）报警拨通"119"电话后，应沉着、准确地讲清起火单位、所在地区、街道、起火部位、燃烧物是什么、火势大小、报警人姓名和使用电话的号码。

2. 灭火的基本方法

根据物质燃烧的三个必要条件，即可燃物、助燃物和点火源，一切灭火措施都是为了破坏已经形成的燃烧条件，或终止燃烧的连锁反应而使火熄灭或把火势控制在一定范围内，最大限度地减少火灾损失。这是灭火的基本原理。

（1）窒息灭火法是使燃烧物质断绝氧气的助燃而熄灭。

（2）冷却灭火法是使可燃物质的温度降低到燃点以下而终止燃烧。

（3）隔离灭火法是将燃烧物体与附近的可燃物质隔离或疏散开，使燃烧停止。

（4）抑制灭火法使灭火剂参与到燃烧反应过程中去，使燃烧中产生的游离基消失而使燃烧反应停止。

3. 火场扑救注意事项

（1）应首先查明燃烧区内有无发生爆炸的可能性。

（2）扑救密闭室内火灾时，应先用手摸门，如门很热，绝不能贸然开门或站在门的正面灭火，以防爆炸。

（3）扑救生产工艺火灾时，应及时关闭阀门或采用水冷却容器的方法。

（4）装有油品的油桶如膨胀至椭圆形时，可能很快就会爆炸，救火人员不能站在油桶接口处的正面，且应加强对油桶的冷却保护。

（5）竖立的液化石油气瓶发生泄漏燃烧时，如火焰从橘红变成银白，声音从"吼"声变成"咝"声，就会很快爆炸。应及时采取有力的应急措施和撤离在场人员。

（6）施工现场电气着火扑救方法：施工现场电气发生火情时，应先切断电源，再使用砂土、二氧化碳、"1211"或干粉灭火器进行灭火，不得用水及泡沫灭火器进行灭火，以防止发生触电事故。

四、消防器材的配置和使用

建筑施工现场根据灭火的需要，必须配置相应种类、数量的消防器材和应急设备，如灭火器、消火栓、应急照明灯和防爆灯等。

1. 施工现场消防器材

（1）灭火器

灭火器一般由筒体、器头和喷嘴等部件组成，借助驱动压力将所充装的灭火剂喷出以达到灭火的目的。

1）灭火器的分类。按灭火器所填充的灭火剂划分，可分为水型灭火器、泡沫灭火器、干粉灭火器、二氧化碳灭火器、卤代烷灭火器五种类型，如图9—1、图9—2所示。

图9—1 干粉灭火器   图9—2 泡沫灭火器

按驱动灭火器的压力方式可分为储气瓶式灭火器、储压式灭火器和化学反应式灭火器三种类型。

按灭火器操作使用方式可分为手提式灭火器、推车式灭火器、背负式灭火器、手抛式灭火器和悬挂式灭火器五种类型。

按灭火器能够扑灭的可燃物质划分，可分为A类、BC类、D类和ABCE类四种类型。

2）灭火器的适用范围。A类（固体有机物质燃烧，如木材、棉、麻、纸张及其制品）

火灾，选用水型灭火器、泡沫灭火器、磷酸铵盐干粉灭火器、卤代烷灭火器。

B类（液体或可熔化固体燃烧，如汽油、煤油、柴油、甲醇、乙醇、沥青、石蜡）火灾，选用干粉（碳酸氢钠、磷酸铵盐）灭火器、泡沫灭火器、二氧化碳型灭火器，灭B类火灾的水型灭火器或卤代烷灭火器。扑救水融性B类火灾应选用抗溶性泡沫灭火剂。

C类（可燃气体燃烧，如煤气、天然气、甲烷、乙烷、丙烷、氢气等）火灾，应选用干粉（磷酸铵盐、碳酸氢钠）灭火器、二氧化碳型灭火器或卤代烷灭火器。扑救带电设备火灾选用二氧化碳灭火器、干粉型灭火器。

D类（轻金属燃烧，应根据金属的种类、物态和特性研究确定）火灾，选用扑灭金属火灾的专用干粉灭火器，如7150灭火器。

E类（物体带电燃烧，如发电机房、变压器室、配电间、计算机房等）火灾，选择干粉（磷酸铵盐、碳酸氢钠）灭火器、卤代烷灭火器或二氧化碳灭火器，但不得选用装有金属喇叭喷筒的二氧化碳灭火器。

（2）消火栓

消火栓（见图9—3）是一种固定消防工具。主要作用是控制可燃物、隔绝助燃物、消除着火源。

室外消火栓是设置在建筑物外面消防给水管网上的供水设施，主要供消防车从市政给水管网或室外消防给水管网取水实施灭火，也可以直接连接水带、水枪出水灭火。所以它也是扑救火灾的重要消防设施之一。

要求有醒目的标注，写明"消火栓"，并不得在其前方设置障碍物，避免影响消火栓门的开启。

（3）应急照明灯

应急照明灯适用于人员疏散和消防应急照明，是消防应急中最为普遍的一种照明工具，有耗电小、应急时间长、亮度高、使用寿命长等特点，具有断电自动应急功能。设计有电源开关和指显灯。

图9—3　消火栓

应保证在断电状态下可工作2 h，应符合《消防应急照明和疏散指示系统》（GB 17945—2010）的规定。有壁挂式、手提式、吊式安装式和移动式等种类，如图9—4所示。

（4）防爆灯

用于可燃性气体和粉尘存在的危险场所，能防止灯内部可能产生的电弧、火花和高温引燃周围环境里的可燃性气体和粉尘，从而达到防爆要求的灯具。仓库必须安装防爆灯（见图9—5）而不能使用普通日光灯。

图 9—4　应急照明灯

2. 施工现场消防器材的配备

（1）要害部位应配备不少于 4 具灭火器材，临时搭设的建筑物区域内，每 100 m² 配备 2 只 10 L 灭火机，施工现场放置消防器材处，应设置明显标志，夜间设红色警示灯，消防器材须垫高放置，周围 3 m 内不准存放任何物品。

图 9—5　防爆灯

（2）大型临时设施总面积超过 1 200 m²，应备有专供消防用的太平桶、积水桶（池）、黄砂池等设施，上述设施周围不得堆放物品。

（3）临时木工间、油漆间和木、机具间等每 25 m² 配备 1 只种类合适的灭火器，油库危险品仓库应配备数量足够、种类合适的灭火器。

（4）高层建筑工地应随层安装临时消防竖管，每层设消火栓口，高度24 m 以上高层建筑施工现场，应设置有足够扬程的高压水泵并配备足够的消防水带、消防水枪。

（5）要有明显的防火标志，并经常检查、维护、保养，保证灭火器材灵敏有效。

（6）消防器材应置于明显、干燥处，严禁直接放置在地面或潮湿地点，其放置高度不得低于 0.15 m，顶部不得高于 1.5 m，并有明显的消防器材存放处标志，不得随意挪动。

第五节　焊接施工安全

电焊、气焊和气割是建筑施工现场对金属进行加工的重要方法，均属于明火作业。焊割金属时，大量高温的熔渣四处飞溅，很可能使工地存放的大量易燃材料燃烧，如木模板、草席等。所以如果违反操作规程就有发生火灾和爆炸的潜在危险性。火灾和爆炸事故的发生主要是由于在焊接、气割过程中，制度不严、操作不当、安全措施落实不力引起的。

一、焊接概述

焊接是通过加热或加压或两者兼用（可以使用或不使用填充材料），使焊件达到原子结合的一种加工方法。其本质是通过某种处理，使两个分离的物体（同种或异种材料）达到原子间结合，从而形成永久性连接。焊接作业是一种常见的动火作业，在施工阶段很容易引发火灾，因此要遵守相关规定，做好防护措施，防止事故的发生。

1. 焊接方法

按照焊接过程中金属所处的状态和焊接接头等特征，可简单地将焊接方法分成熔化焊、固相焊、钎焊三大类。

（1）熔化焊使被连接的构件表面局部加热熔化成液体，添加（或不添加）金属填充物，然后冷却结晶成一个整体的方法。它是以焊接过程中是否熔化和结晶为准则。熔化焊主要包括气焊、电弧焊、电渣焊、电子束焊、等离子弧焊、堆焊和铝热焊等。

（2）固相焊也称压焊，利用加压、摩擦、扩散等物理作用克服两个连接表面的不平度，除去氧化膜和其他污染物，使两个连接面的原子间相互结合，在固态条件下实现连接。它是以是否固相结合和是否加压为准则。常见的固相焊主要有冷压焊、爆炸焊、电阻焊、摩擦焊、扩散焊、超声波焊和高频焊等。

（3）钎焊是利用某些熔点低于被焊构件材料熔点的熔化钎料作为连接的媒介物，在连接界面上流散浸润，然后冷却结晶形成结合面的方法。常见的钎焊主要有火焰钎焊、盐浴钎焊、感应钎焊、电子束钎焊等。

2. 焊接的特点

与铸造、锻压、铆接等方法相比，焊接具有如下优点：焊接结构产品的质量轻，生产成本低；整体性好，气密性、水密性好；投资少、见效快；特别适用于几何尺寸大而材料较分散的制品。而焊接的不足之处则是：结构无可拆性；焊接后产生焊接残余应力和焊接变形；焊接缺陷的隐蔽性，易导致焊接结构的意外破坏。

二、焊接作业中的危险因素

1. 触电

（1）焊工接触电的机会最多，经常要带电作业，如接触焊件、焊枪、焊钳、砂轮机、工作台等。还有调节电流和换焊条等经常性的带电作业。有时还要站在焊件上操作，可以说，电就在焊工的手上、脚下和周围。

（2）电气装置有问题、一次电源绝缘损坏、防护用品有缺陷或违反操作规程等都可能发生触电事故。

（3）在容器、管道、船舱、锅炉内或钢构架上操作时，触电的危险性更大。

2. 电气火灾、爆炸和灼烫

电焊操作过程中，会发生电气火灾、爆炸和灼烫事故。短路或超负荷工作，都可引起电气火灾；周围有易燃易爆物品时，由于电火花和火星飞溅，会引起火灾和爆炸，如压缩钢瓶的爆炸。特别是燃料容器（如油罐、气罐等）和管道的焊补，焊前必须采取严密的防爆措施，否则将会发生严重的火灾和爆炸事故。火灾、爆炸和操作中的火花飞溅，都会造成灼烫伤亡事故。

3. 触电造成的二次事故和机械性伤害

电焊高处操作较多，除直接从高处坠落的危险外，还可能发生因触电失控，从高处坠落的二次事故。

机械性伤害，如焊接笨重构件，可能会发生挤伤、压伤和砸伤等事故。

4. 辐射

焊接辐射的危害有可见强光、不可见红外线和紫外线等，除电子束焊接会产生 X 射线外，其他焊接作业不会产生影响生殖机能一类的射线。

气焊和电焊时可用护目玻璃，减弱电弧光的刺目和过滤紫外线、红外线。氩弧焊时，弧光最强，辐射强度也最大，紫外线强度达到一定程度后，会产生臭氧。工作时除要戴护目眼镜外，还应戴口罩、面罩，穿戴好防护手套、脚盖、帆布工作服。

5. 中毒

焊接过程中，由于高温使焊接部位的金属、焊条药皮、污垢、油漆等蒸发或燃烧，形成烟雾状的蒸气、粉尘引起中毒。有色金属的烟雾一般都有不同程度的危害，如人体吸入这些烟雾后会引起中毒。

因此在焊接时必须采取有效措施，如戴口罩、安装通风或吸尘设备等，采用低尘少害的焊条，用自动焊代替手工焊。

三、电焊作业一般安全技术要求

1. 一般安全技术要求

（1）保证各类电焊机电源接线符合规定，专用接地或接零安全可靠。不准将接地线错接在建筑物、机器设备或各种管道、金属架上。

（2）各类电焊机应在规定的电压下使用。旋转式直流电焊机应配备足够容量的磁力启动开关，不得使用刀开关直接启动。

（3）电焊机要有良好的隔离防护装置，电焊机的绝缘电阻不得小于 1 MΩ。电焊机的接线柱、接线孔等应装在绝缘板上，并有防护罩保护。

（4）电焊机应放置在避雨、干燥的地方。

（5）电焊钳要有可靠的绝缘、隔热层，不准使用无绝缘的简易焊钳和绝缘把损坏的焊钳。焊钳应在任何斜度都能夹紧焊条。橡套电缆与焊钳的连接应牢固，铜芯不得外露，以防触电或短路。焊钳上的弹簧失效时应立即调换。

（6）操作场地要通风良好，并应有足够的照明，焊、割现场必须配备足够能力的灭火器材。在操作场地 10 m 以内不应存放易燃易爆物品，如临时工地存放此类物品，要有临时性隔离措施。在未经采取切实可靠的安全措施之前，不能焊割。

（7）有压力或密封的容器、管道内不得进行焊、割作业。遇有五级以上风力等恶劣天气时，不得进行高空和露天焊接作业。

2. 焊工的一般规定

（1）严格执行动火审批制度

凡未办理动火审批手续，不得进行焊、割作业。批准动火应采取定时（时间）、定位（层、段）、定人（操作人、看火人）、定措施的管理方法。若部位变动或超过规定时间仍须继续操作，应事先更换动火证。动火证只限当日本人使用，并要随身携带，以备检查。

（2）电、气焊工必须持证上岗

电、气焊工必须是身体检查合格（适应高处作业），经专业培训，考核合格，取得操作证的人员，方准独立操作。学徒工和实习人员应在有操作师傅的监护和指导下进行工作。严禁无证顶岗。

（3）正确使用个人防护用品

工作前要穿戴好个人防护用品，如防护罩、眼镜等，并扣紧衣领，扎好袖口。

（4）高处作业要做好安全防护

高处作业安全设施要可靠，必要时系好安全带。工作下方不准人员通行，设专人监护。操作者不得将工作回路电线缠在身上。

（5）进行电焊、气割前，应由施工员向操作、看火人员进行安全交底，任何人不准纵容冒险作业。

（6）工作完毕，灭绝火种，切断电源、气源，并检查现场，确认无火情隐患及火险时，方可离去。

（7）看火人员的职责

1）坚守岗位，密切观察，严密控制火花的飞溅，及时清理焊割部位的易燃、可燃品。

2）操作结束后，要仔细检查焊、割地点，确认无火灾隐患后，方可离开。在隐蔽场所和部位作业时、作业后，在 0.5~4 h 内要反复检查，以防阴燃起火。

3）发现操作人员违章作业时，有权责令停工，收回动火证，并及时上报有关领导。

四、气焊与气割

气焊是利用可燃气体（主要是乙炔气）在纯氧中燃烧，使焊丝和母材接头处熔化，从而形成焊缝的一种焊接方法。气割是利用可燃气体（乙炔气或液化石油气）在纯氧中燃烧，使金属在高温下达到燃点，然后借助氧气流剧烈燃烧，并在气流作用下吹出熔渣，从而将金属分离开的一种加工方法。

气焊和气割设备、器具比较简单，便于移动，在建筑施工中得到广泛应用。主要的设备有氧气瓶、乙炔发生器（或乙炔瓶）等。

1. 基本操作

（1）焊炬的握法

一般操作者均用左手拿焊丝，用右手掌及中指、无名指、小指握住焊炬的手柄，拇指放在乙炔开关位置，由拇指向伸直方向推动打开乙炔开关，食指放在氧气开关位置进行拨动，有时也用拇指来协助打开氧气开关，这样可以随时调节气体的流量。

（2）左焊法和右焊法

1）左焊法。焊接方向从右向左，因焊炬向焊接方向的反方向倾斜，因此焊接火焰指向待焊部位，将液态金属吹向前方，在待焊处形成一层液态金属，有利于减小熔深和防止烧穿，适用于焊接薄板。火焰指向待焊处还起到预热作用，提高焊接生产率。左焊法焊接时，操作者可以看清熔池，掌握起来比较容易。

2）右焊法。焊接方向从左向右，焊炬向焊接方向倾斜，焊接火焰指向已焊好的焊缝，此种焊法热量集中、熔深大，火焰对焊缝有保护作用，可避免产生气孔和夹渣，适用于焊接厚度较大的工件，但操作方法较难掌握。

2. 焊缝的起头、连接和收尾及定位焊

（1）焊缝的起头

起焊初期，焊炬的倾斜角应大些，对焊件进行预热并使火焰往复移动，保证起焊处加热均匀，一边加热一边观察熔池的形成，待焊件表面开始发红时将焊丝端部置于火焰中进行预热，一旦形成熔池立即将焊丝伸入熔池，焊丝熔化后即可移动焊炬和焊丝，并相应减少焊炬倾斜角进行正常焊接。

（2）焊缝连接

在焊接过程中，因中途停顿又继续施焊时，应用火焰把连接部位 5~10 mm 的焊缝重新加热熔化，形成新的熔池再加少量焊丝或不加焊丝重新开始焊接，连接处应保证焊透和焊缝整体平整及圆滑过渡。

（3）焊缝收尾

焊缝收尾处，应减小焊炬的倾斜角，防止烧穿，同时要增加焊接速度和多添加一些焊丝，直到填满为止，为了防止氧气和氢气等进入熔池，可用外焰对熔池保护一定的时间（如表面已不发红）后再移开。

（4）定位焊

为了保证在焊接过程中焊接件间的相对位置不发生变化，焊前必须进行定位焊。定位焊缝应根据焊件的厚度和截面形状来决定，焊件越薄定位焊缝的间隔越小，板状焊件比管状的间隔小。

3. 气焊、气割安全技术

（1）气焊与气割的安全分析

1）气焊与气割所应用的乙炔、液化石油气、氢气和氧气等都是易燃易爆气体，氧气瓶、乙炔瓶、液化石油气瓶和乙炔发生器都属于压力容器，在焊接时使用明火，因而可能造成爆炸和火灾。

2）在气焊与气割火焰的作用下，尤其是气割时氧气射流的喷射，使火星、熔滴和熔渣四处飞溅，容易造成人员灼烫；较大的火星、熔滴和熔渣还可造成火灾和爆炸。高处作业时，还存在高处坠落和落下的火星引燃地面可燃物品的问题。

3）气焊的高温火焰会使被焊金属蒸发成金属烟尘，在焊接、铝、铜等有色金属及其他合金时，除了产生有毒金属蒸气，焊粉还散发出氯盐和氟盐的燃烧产物；在黄铜的焊接过

程中,会产生大量锌蒸气;在焊割操作中,尤其是在密闭容器、管道内的气焊操作,会遇到其他生产性毒物和有害气体,这些都可能造成焊工中毒。

(2)气焊与气割设备安全规定

气焊与气割使用的设备基本相同,包括氧气瓶、乙炔发生器、回火防止器等。

氧气瓶是一种存储和运输氧气的高压容器,外表面涂天蓝色漆;乙炔发生器是利用电石和水相互作用产生乙炔的设备,乙炔发生器分为低压式和中压式两类,低压式发生器制取乙炔的压力为45 kPa,中压式发生器制取乙炔的压力为45~150 kPa。现在多数使用排水式中压乙炔发生器。回火防止器是在气割、气焊过程中一旦发生回火时,能自动切断气源,有效地堵截回火气流方向回烧,防止乙炔发生器爆炸的安全装置。

1)在氧气瓶嘴上安装减压器之前,应进行短时间吹除,以防瓶嘴堵塞。

2)乙炔发生器内、氧气瓶嘴部和开氧气瓶的扳手上均不得沾有油脂。

3)乙炔发生器(乙炔气瓶)和氧气瓶均应距明火 10 m 以上,乙炔发生器与氧气瓶之间的距离也应在 7 m 以上。

4)乙炔发生器与焊炬之间均应有可靠的回火防止器。

5)乙炔发生器和氧气瓶均应放置在空气流通的地方,不得在烈日下暴晒,不得靠近火源与其他热源。乙炔发生器不可放在室内,不得安置在空气压缩机、鼓风机和通风机的吸风口附近,也不得安置在高压线和起重机滑线下。工作结束后,应将乙炔发生器内的电石篮取出,并将容器冲洗干净。

6)开启电石桶时,不得猛力敲打,以防止发生火花而引起爆炸。乙炔发生器启动后,应先排除器内空气,然后才能使用乙炔气。高处焊接时,应特别注意不使火花掉进发生器内。

7)使用焊割炬前,必须检查喷射情况是否正确。先开启焊割炬的阀门,氧气喷出后,再开启乙炔阀,检验乙炔阀,检验乙炔接口是否有吸力,如有吸力,方可接乙炔胶管。

8)在通风不良的地点或在容器内作业时,焊割炬应先在外面点好火。气焊与电焊在同一点作业时,氧气瓶应垫有绝缘物,以防止气瓶带电。

第十章 拆除工程及安全技术

··········· 本章学习目标 ···········

1. 了解拆除工程施工的各项内容。
2. 掌握各类拆除作业方法与安全措施。
3. 了解爆破工程事故类型和相关人员职责。

第一节 拆除工程概述

随着旧城改建，拆除工程量加大。在废弃的建筑物上建设新的建筑物时，首先要拆除旧建筑物。拆除的对象可能是老厂房、旧仓库或已受损害而不安全的建筑物。

一、拆除作业的特点

随着经济的高速发展，城市化进程日新月异，目前很多旧楼房、陈旧的设备都不能适应现代化城市的要求，需要进行拆除施工。拆除工程施工的特点如下：

1. 拆除工期短，流动性大

拆除工程施工速度比新建工程快得多，其使用的机械、设备、材料、人员都比新建工程施工少得多，特别是采用爆破拆除，一幢大楼可在顷刻之间夷为平地。因而，拆除施工企业可以在短期内从一个工地转移到另一个工地，其流动性很大。

2. 潜在危险大

拆除物一般是年代已久的旧建（构）筑物，安全隐患多，建设单位往往很难提供原建（构）筑物的结构图和设备安装图，给拆除施工企业制定拆除施工方案带来很多困难。有的改、扩建工程，改变了原结构的受力体系，因而在拆除中往往因拆除了某一构件造成原建（构）筑物的力学平衡体系受到破坏，易导致其他构件倾覆压伤施工人员。

3. 对周围环境的污染

随着钢筋混凝土结构的应用，使得高层建筑物的拆除必须采用爆破拆除的方法，拆除过程中所造成的噪声污染和粉尘污染比较严重。此外，拆除过程中形成的废弃混凝土和残渣等大部分废弃物被倾倒在城乡接合部，造成了二次污染。

4. 露天作业多

由于建筑物和构筑物的固定性和体形庞大的特点，决定了建筑物和构筑物的拆除施工必须是露天作业，所以受气候影响较大。

二、拆除作业的准备工作

1. 拆除工程的建设单位与施工单位在签订施工合同时，应签订安全生产管理协议，明确双方的安全管理责任。建设单位、监理单位应对拆除工程施工安全负检查督促责任；施工单位应对拆除工程的安全技术管理负直接责任。

2. 建设单位应将拆除工程发包给具有相应资质等级的施工单位。建设单位应在拆除工程开工前15日，将下列资料报送建设工程所在地的县级以上地方人民政府建设行政主管部门备案。报送资料包括：

（1）施工单位资质登记证明。

（2）拟拆除建筑物、构筑物及可能危及毗邻建筑的说明。

（3）拆除施工组织方案或安全专项施工方案。

（4）堆放、清除废弃物的措施。

3. 建设单位应向施工单位提供下列资料：

（1）拆除工程的有关图样和资料。

（2）拆除工程涉及区域的地上、地下建筑和设施分布情况资料。

4. 建设单位应负责做好影响拆除工程安全施工的各种管线的切断、迁移工作。当建筑外侧有架空线路或电缆线路时，应与有关部门取得联系，采取防护措施，确认安全后方可施工。

5. 当拆除工程对周围相邻建筑安全可能产生危险时，必须采取相应保护措施，对建筑内的人员进行撤离安置。

6. 在拆除作业前，施工单位应检查建筑内各类管线情况，确认全部切断后方可施工。

7. 在拆除工程作业中，发现不明物体，应停止施工，采取相应的应急措施，保护现场，及时向有关部门报告。

三、拆除工程施工组织设计

施工单位应全面了解拆除工程的图样和资料，进行现场勘察，编制施工组织设计或安全专项施工方案。

拆除工程施工组织设计（方案）是指拆除工程施工准备和施工全过程的技术文件，是在确保人身安全和财产安全的前提下，经参与拆除活动的各方共同讨论，由拆除施工企业负责编制的。

1. 施工组织设计编制的原则

从实际出发，在确保人身和财产安全的前提下，选择经济、合理、扰民小的拆除方案，进行科学组织，以实现安全、经济、速度快、扰民小的目标。

在施工过程中，如果必须改变施工方法、调整施工顺序，必须先修改、补充施工组织设计，并以书面形式将修改、补充意见通知施工部门。

2. 施工组织设计编制的依据

（1）被拆除建筑物的竣工图（包括结构、建筑、水电设施、地上地下管线）。

（2）施工现场勘察得来的资料和信息。

（3）拆除工程有关的施工验收规范、职业健康安全技术规范、职业健康安全操作规程和国家、地方有关职业健康安全技术规范。

（4）国家和地方有关爆破工程职业健康安全保卫的规定。

（5）与建设单位签订的经济合同（包括进度和经济的要求）。

（6）本单位的技术装配条件。

3. 施工组织设计编制的内容

（1）工程概况

被拆除建筑和周围环境的简介，要着重介绍被拆除工程的结构类型，结构各部分构件受力情况，并附简图，介绍填充墙、隔断墙、装修做法，水、电、暖、煤气、设备情况，周围房屋、道路、管线等有关情况。必须与现在的实际情况相符，可用现场平面图表示。

（2）施工准备工作计划

要将各项施工准备工作，包括组织机构和人员分工、技术、现场、设备、器材、劳动力的准备情况如实全部列出，安排计划，落实到人。

（3）拆除方法

根据实际情况和建设单位的要求，详细叙述拆除方法的全面内容，采用控制爆破拆除，要详细说明爆破与起爆方法、职业健康安全距离、警戒范围、保护方法、破坏情况、倒塌方向与范围，以及职业健康安全技术措施。

（4）施工部署和进度计划

拟订施工部署，列出进度计划，对各工种人员的分工及组织进行周密的安排。

（5）合理选择施工机械、设施和材料

采用爆破拆除方法时，必须经过严格计算来选择炸药的种类、药量和安放位置，同时要使用合格的起爆器材。采用人工拆除或起重机配合拆除时，要设计供工人站立的独立的脚手机和操作平台，必须不受建筑被拆除时的影响。

（6）施工总平面图

施工总平面图是施工现场各项安排的依据，也是施工准备工作的依据。施工总平面图应包括下列内容：被拆除工程和周围建筑及地上、地下的各种管线、障碍物、道路的布置和尺寸；起重设备的开行路线和运输道路；各种机械、设备、材料和被拆下来的建筑材料堆放场地位置；爆破材料及其危险品临时库房位置、尺寸和做法；被拆除建筑物倾倒方向和范围、警戒区的范围，要标明位置和尺寸；标明施工用的水、电、办公室、安全设施、消火栓的位置和尺寸。

4. 施工组织设计的审核与实施

施工单位在编制拆除工程、爆破工程施工组织设计时，应附有安全验算结果，经施工单位技术负责人签字后实施，实施建设工程监理制的，应经总监理工程师签字后实施，由施工单位专职安全生产管理人员进行现场监督。

四、拆除工程危险因素

1. 高处坠落

在建筑物的楼板拆除后，作业面上的人员活动范围受到限制，而此时到处都是杂乱的瓦砾，如果有人绊倒就会从高处坠落导致严重伤害。若拆除作业的脚手架或操作平台依附于建筑物上，由于建筑物倒塌也会造成作业人员从高处坠落。

2. 物体打击

一般从高处掉落下来的物体往往覆盖面较大，极易造成打击伤人，尤其在高大建筑物的拆除中有更大的危险。如果现场交通混乱，管理不善，则很难避免坠物伤人。

3. 起重伤害

起重机械配合拆除作业时，有可能引发一些伤害事故：

（1）起吊的构件没有彻底与建筑物分离，造成起吊时超载，而引起起重机折臂或倾翻。

（2）起吊构件上的杂物或不稳定物没有清理干净，起升后掉落伤人。

（3）起重机选择不当或施工方法不当，也会发生起重伤害事故。

4. 坍塌

（1）拱形结构，先拆除抵抗横向推力拉杆，就会造成拱形结构的整体坍塌。

（2）多跨连续拱，如先拆除其中一跨就会引起其他跨连续性倒塌。

（3）倾斜的墙体靠横梁支撑，当吊起横梁时，会引起墙体的倒塌。或其他部位受震动发生意外失稳倒塌。

5. 触电

如不将所有的电源切断，就有造成作业人员触电的可能。

6. 火灾

施工过程中如有未切断的煤气管线，有可能发生火灾。

7. 其他危害

在拆除工程中灰尘飞扬几乎是不可避免的，往往又不便实施洒水除尘，如灰尘中有石棉等物质危害就更大。

五、拆除工程安全技术管理

拆除工程安全隐患多，因此在施工过程中，各单位要遵守各项安全规定，履行相应职责，采取有效的安全技术措施，只有高效、安全地进行拆除，才能保证后续建设工程的顺利展开。

1. 拆除工程安全施工一般要求

（1）项目经理必须对拆除工程的安全生产负全面领导责任。项目经理部应按有关规定设专职安全员，检查落实各项安全技术措施。

（2）拆除工程施工区域应设置硬质封闭围挡及醒目警示标志，围挡高度不应低于1.8 m，非施工人员不得进入施工区。当临街的被拆除建筑与交通道路的安全跨度不能满足要求时，必须采取相应的安全隔离措施。

（3）拆除工程必须制定生产安全事故应急救援预案。

（4）施工单位应为从事拆除作业的人员办理意外伤害保险。

（5）拆除施工严禁立体交叉作业。

（6）作业人员使用手持机具时，严禁超负荷或带故障运转。

（7）楼层内的施工垃圾，应采用封闭的垃圾道或垃圾袋运下，不得向下抛掷。

（8）根据拆除工程施工现场作业环境，应制定相应的消防安全措施。施工现场应设置消防车通道，保证充足的消防水源，配备足够的灭火器材。

2. 拆除工程安全防护措施

（1）拆除施工采用的脚手架、安全网必须由专业人员按设计方案搭设，在验收合格后方可使用。水平作业时，操作人员应保持安全距离。

（2）安全防护设施验收时，应按类别逐项查验，并有验收记录。

（3）作业人员必须配备相应的劳动防护用品，并正确使用。

（4）施工单位必须依据拆除工程安全施工组织设计或安全专项施工方案，在拆除施工现场划定危险区域，并设置警戒线和相关的安全标志，应派专人监管。

（5）施工单位必须落实防火安全责任制，建立义务消防组织，明确责任人，负责施工现场的日常防火安全管理工作。

3. 拆除工程安全技术管理

（1）拆除工程开工前，应根据工程特点、构造情况、工程量等编制施工组织设计或安全专项施工方案，应经技术负责人和总监理工程师签字批准后实施。施工过程中，如需变更，应经原审批人批准，方可实施。

（2）在恶劣的气候条件下，严禁进行拆除作业。

（3）当日拆除施工结束后，所有机械设备应远离被拆除建筑。施工期间的临时设施，应与被拆除建筑保持安全距离。

（4）从业人员应办理相关手续，签订劳动合同，进行安全培训，考试合格后方可上岗作业。

（5）拆除工程施工前，必须对施工作业人员进行书面安全技术交底。

（6）拆除工程施工必须建立安全技术档案，并应包括下列内容：

1）拆除工程施工合同和安全管理协议书。

2）拆除工程安全施工组织设计或安全专项施工方案。

3）安全技术交底。

4）脚手架和安全防护设施检查验收记录。

5）劳务用工合同和安全管理协议书。

6）机械租赁合同和安全管理协议书。

（7）施工现场临时用电必须按照现行国家行业标准《施工现场临时用电安全技术规范》（JGJ 46—2005）的有关规定执行。

（8）拆除工程施工过程中，当发生重大险情或生产安全事故时，应及时启动应急预案排除险情、组织抢救、保护事故现场，并向有关部门报告。

第二节　拆除作业方法与安全技术措施

根据拆除的施动力不同，拆除工程可分为人工拆除、机械拆除和爆破拆除。此外，静力破碎也是拆除工程的方法之一，它适用于建筑基础或局部块体的拆除。因为施工条件恶劣，在冬季和雨季施工时，要注意制定防滑、防冻、防触电、防雷等安全措施。

一、人工拆除

1. 人工拆除概述

人工拆除是指依靠手工加上一些简单工具，如钢钎、锤子、风镐、手动导链、钢丝绳等，对建（构）筑物实施解体和破碎的方法。人工拆除方法的特点如下：

（1）施工人员必须亲临拆除点操作，进行高空作业，危险性大。

（2）劳动强度大，拆除速度慢，工期长。

（3）受气候影响大。

（4）易于保留部分建筑物。

基于上述特点，采用人工拆除的建筑物一般为砖木结构、混合结构和部分分离部分保留的拆除项目，要求高度不超过 6 m 且层数不超过 2 层楼，面积不大于 1 000 m²。

2. 人工拆除顺序

建筑物的拆除顺序原则上按建造的逆程序进行，即先造的后拆，后造的先拆，具体可以归纳成"自上而下，先次后主"。所谓"自上而下"指从上往下层层拆除，"先次后主"是指在同一层面上的拆除顺序，先拆次要的部件，后拆主要的部件。所谓次要部件就是不承重的部件，如阳台、屋檐、外楼梯、广告牌和内部的门、窗等，以及原为承重部件在拆除过程中去掉荷载后的部件。所谓主要部件就是承重部件，或者在拆除过程中暂时还承重的部件。

3. 人工拆除的安全要点

（1）进行人工拆除作业时，楼板上严禁人员聚集或堆放材料，作业人员应站在稳定的结构或脚手架上操作，被拆除的构件应有安全的放置场所。

（2）人工拆除施工应从上至下、逐层拆除分段进行，不得垂直交叉作业。作业面的孔洞应封闭。

（3）人工拆除建筑墙体时，严禁采用掏掘或推倒的方法。

（4）拆除建筑的栏杆、楼梯、楼板等构件，应与建筑结构整体拆除进度相配合，不得先行拆除。建筑的承重梁、柱，应在其所承载的全部构件拆除后，再进行拆除。

（5）拆除梁或悬挑构件时，应采取有效的下落控制措施，方可切断两端的支撑。

（6）拆除柱子时，应沿柱子底部剔凿出钢筋，使用手动倒链定向牵引，再采用气焊切割柱子三面钢筋，保留牵引方向正面的钢筋。

（7）拆除管道及容器时，必须在查清残留物的性质，并采取相应措施确保安全后，方可进行拆除施工。

二、机械拆除

1. 机械拆除概述

机械拆除是指使用大型机械，如挖掘机、镐头机、重锤机等对建筑物和构筑物实施解体和破碎的方法。机械拆除方法的特点如下：

（1）施工人员无须直接接触拆除点和高空作业，危险性小。

（2）劳动强度低，拆除速度快，工期短。

（3）作业时扬尘较大，必须采取湿式作业法。

（4）对需要部分保留的建筑物必须先人工分离后方可拆除。

机械拆除的适用范围：用于拆除混合结构、框架结构、板式结构、钢结构等高度不超过 30 m 的建筑物和构筑物及各类基础和地下构筑物。

2. 机械拆除施工的安全要点

（1）当采用机械拆除建筑时，应从上至下，逐层分段进行；应先拆除非承重结构，再拆除承重结构。拆除框架结构建筑，必须按楼板、次梁、主梁、柱子的顺序进行施工。对只进行部分拆除的建筑，必须先将保留部分加固，再进行分离拆除。

（2）施工中必须由专人负责监测被拆除建筑的结构状态，做好记录。当发现有不稳定状态的趋势时，必须停止作业，采取有效措施，消除隐患。

（3）拆除施工时，应按照施工组织设计选定的机械设备及吊装方案进行施工，严禁超载作业或任意扩大使用范围。供机械设备使用的场地必须保证足够的承载力。作业中机械不得同时回转、行走。

（4）进行高处拆除作业时，较大尺寸的构件或沉重的材料必须采用起重机具及时吊下。拆卸下来的各种材料应及时清理，分类堆放在指定场所，严禁向下抛掷。

（5）采用双机抬吊作业时，每台起重机载荷不得超过允许载荷的80%，且应对第一吊进行试吊作业，施工中必须保持两台起重机同步作业。

（6）拆除吊装作业的起重机司机，必须严格执行操作规程。信号指挥人员必须按照现行国家标准《起重吊运指挥信号》（GB 5082—1985）的规定作业。

（7）拆除钢屋架时，必须采用绳索将其拴牢，待起重机吊稳后，方可进行气焊切割作业。吊运过程中，应采用辅助措施使被吊物处于稳定状态。

（8）拆除桥梁时应先拆除桥面的附属设施和挂件、护栏等。

三、爆破拆除

1. 爆破拆除概述

爆破拆除是指利用炸药在爆炸瞬间产生高温高压气体对外做功，借此来解体和破碎建筑物和构筑物的方法。

爆破拆除的特点如下：

（1）施工人员无须进行有损建筑物整体结构和稳定性的操作，人身安全最有保障。

（2）一次性解体，其扬尘、扰民较少。

（3）拆除效率高，特别是高耸坚固建筑物和构筑物的拆除。

（4）对周边环境要求较高，对邻近交通要道、保护性建筑、公共场所、过路管线的建筑物和构筑物必须作特殊防护后方可实施爆破。

爆破拆除主要用于拆除混合结构、框架结构、钢混结构等各类超高建筑物和构筑物及各类基础、地下构筑物。

2. 爆破拆除安全要点

（1）爆破拆除工程应根据周围环境作业条件、拆除对象、建筑类别、爆破规模，按照现行国家标准《爆破安全规程》（GB 6722—2014）将工程分为A、B、C三级，并采取相应的安全技术措施。爆破拆除工程应做出安全评估并经当地有关部门审核批准后方可实施。

（2）从事爆破拆除工程的施工单位，必须持有工程所在地法定部门核发的"爆炸物品使用许可证"，承担相应等级的爆破拆除工程。爆破拆除设计人员应具有承担爆炸拆除作业范围和相应级别的爆破工程技术人员作业证。从事爆破拆除施工的作业人员应持证上岗。

（3）爆破器材必须向工程所在地法定部门申请"爆炸物品购买许可证"，到指定的供应点购买，爆破器材严禁赠送、转让、转卖、转借。

（4）运输爆破器材时，必须向工程所在地法定部门申请领取"爆炸物品运输许可证"，派专职押运员押送，按照规定路线运输。

（5）爆破器材临时保管地点，必须经当地法定部门批准。严禁同室保管与爆破器材无关的物品。

（6）爆破拆除的预拆除施工应确保建筑安全和稳定。预拆除施工可采用机械和人工方法拆除非承重的墙体或不影响结构稳定的构件。

（7）对烟囱、水塔类构筑物采用定向爆破拆除工程时，爆破拆除设计应控制建筑倒塌时的触地振动。必要时应在倒塌范围铺设缓冲材料或开挖防振沟。

（8）为保护临近建筑和设施的安全，爆破振动强度应符合现行国家标准《爆破安全规程》（GB 6722—2014）的有关规定。建筑基础爆破拆除时，应限制一次同时使用的药量。

（9）爆破拆除施工时，应对爆破部位进行覆盖和遮挡，覆盖材料和遮挡设施应牢固可靠。

（10）爆破拆除应采用电力起爆网路和非电导爆管起爆网路。电力起爆网路的电阻和起爆电源功率，应满足设计要求；非电导爆管起爆应采用复式交叉封闭网路。爆破拆除不得采用导爆索网路或导火索起爆方法。

装药前，应对爆破器材进行性能检测。试验爆破和起爆网路模拟试验应在安全场所进行。

（11）爆破拆除工程的实施应在工程所在地有关部门领导下成立爆破指挥部，应按照施工组织设计确定的安全距离设置警戒。

四、静力破碎

1. 静力破碎概述

静力破碎是在需要拆除的构件上打孔，装入胀裂剂，待胀裂剂发挥作用后将混凝土胀开，再使用风镐或人工剔凿的方法剥离胀裂的混凝土。拆除前必须用水钻、墙锯等切割机具将所需拆除的构件与需要保留的构件分隔开。它适用于对建筑基础或局部块体的拆除。

优点是温度适宜时拆除速度快、造价低。

缺点是由于爆破药受温度影响大，在比较冷的天气，爆破药反应速度慢，拆除效果不理想，对于拆除比较薄的构件效果不理想。

2. 静力破碎的安全要点

采用静力破碎方法进行拆除施工时应遵循以下安全要点：

（1）进行建筑基础或局部块体拆除时，宜采用静力破碎的方法。

（2）采用具有腐蚀性的静力破碎剂作业时，灌浆人员必须戴防护手套和防护眼镜。孔内注入破碎剂后，作业人员应保持安全距离，严禁在注孔区域行走。

（3）静力破碎剂严禁与其他材料混放。

（4）在相邻的两孔之间，严禁钻孔与注入破碎剂同步进行施工。

（5）静力破碎时，发生异常情况，必须停止作业。查清原因并取相应措施确保安全后，方可继续施工。

五、冬季施工和雨季施工

除了遵守一般条件下的各类拆除方法的安全要求外，在恶劣天气下的安全要求和措施同样不能忽视。

1. 冬季施工

拆除工程的冬季施工，主要应制定防火、防滑、防冻、防煤气中毒、防亚硝酸钠中毒、防风等安全措施。

（1）防火要求

要实现建筑防火安全，首先要从技术上采取措施，保障"机—环境"系统处于安全状态。在拆除施工以前，应将建筑物和构筑物内易燃的材料及时除去，对不宜拆除的易燃材料，应在拆除时有必要的应急措施。

在管理上，要求作业人员必须严格遵守防火安全管理制度和操作规程，防火安全管理制度包括用火用电制度、易燃易爆危险物品管理制度、消防安全检查制度、消防设施维护保养制度、消防控制室值班制度、员工消防教育培训制度等。在拆除施工前，防火安全管理中要制定防火预案，防火和应急疏散预案应包括各级岗位人员职责分工、人员疏散疏导路线，以及其他特定的防火灭火措施和应急措施等。

（2）防滑要求

在施工作业前，对斜道、通行道、爬梯等作业面上的霜冻、冰块、积雪要及时清除。现场脚手架搭设接高前必须将钢管上的积雪清除，等到霜冻、冰块融化后再施工，若通道防滑条有损坏要及时修补。

（3）防冻要求

入冬前，按照冬季施工方案材料要求提前备好保温材料，对施工现场怕受冻材料和施工作业面（如现浇混凝土）按技术要求采用保温措施。

冬季施工工地（指北方的），应尽量安装地下消火栓，在入冬前应进行一次试水，加少量润滑油。消火栓用草帘、锯末等覆盖，做好保温工作，以防冻结。冬天下雪时，应及时扫除消火栓上的积雪，以免雪融化后将消火栓井盖冻住。高层临时消防竖管应进行保温或将水放空，消防水泵内应考虑采暖措施，以免冻结。

入冬前，应做好消防水池的保温工作，随时进行检查，发现冻结时应进行破冻处理。一般方法是在水池上盖上木板，木板上再盖上 40~50 cm 厚的稻草、锯末等。

入冬前，应将泡沫灭火器、清水灭火器等放入有采暖的地方，并套上保温套。

（4）防中毒要求

冬季取暖炉的防煤气中毒设施必须齐全、有效，建立验收合格证制度，经验收合格发证后，方准使用。

冬季施工现场加热采暖和宿舍取暖用火炉时，注意经常通风换气。

对亚硝酸钠要加强管理，严格发放制度，要按定量改为小包装并加上水泥、细砂、粉煤灰等，改变其颜色，以防止误食中毒。

2. 雨季施工

拆除工程的雨季施工，主要应制定防触电、防雷、防坍塌等安全措施。

（1）防触电

应合理布置现场的电力设施，雨季到来之前，应对现场每个配电箱、用电设备、外敷电线、电缆进行一次彻底的检查，采取相应的防雨、防潮保护。

配电箱本身必须具备防雨、防水功能，电器布置应符合规定，电气元件不应破损，严禁带电明露。机电设备的金属外壳，必须采取可靠的接地或接零保护。

外敷电线、电缆不得有破损，电源线不得使用裸导线和塑料线，也不得沿地面敷设，防止因短路造成起火事故。

雨季到来之前，应检查手持电动工具漏电保护装置是否灵敏。工地临时照明灯、标志灯，其电压不超过 36 V；特别潮湿的场所及金属管道和容器内的照明灯不超过 12 V。

阴雨天气，电气作业人员应尽量避免露天作业。

（2）防雷

雨季到来之前，塔机、外用电梯、钢管脚手架、井字架、龙门架等高大设施，以及正在施工的高层建筑工程等应安装可靠的避雷设施。

塔式起重机的轨道，一般应设两组接地装置，对较长的轨道应每隔 20 m 补做一组接地装置。

高度在 20 m 及以上的井字架、门式架等垂直运输的机具金属构架上，应将一侧的中间立杆接高，高出顶端 3 m 作为接闪器，在该立杆的下部设置接地线与接地极相连，同时应将卷扬机的金属外壳可靠接地。

正在施工的高大建筑工程的脚手架，沿建筑物四角及四边利用钢脚手架本身加高 2~3 m 做接闪器，下端与接地极相连，接闪器间距不应超过 24 m。如施工的建筑物中都有突出高点，也应做类似避雷针。随着脚手架的升高，接闪器也应及时加高，防雷引下线不应少于两处。

雷雨季节拆除烟囱、水塔等高大建筑物和构筑物脚手架时，应待正式工程防雷装置安装完毕并已接地之后，再拆除脚手架。

塔机等施工机具的接地电阻应不大于 4 Ω，其他防雷接地电阻一般不大于 10 Ω。

（3）防坍塌

暴雨、台风前后，应检查工地临时设施、脚手架、机电设施有无倾斜，基土有无变形、下沉等现象，发现问题及时修理加固，有严重危险的，应立即排除。

雨季中，应尽量避免挖土方、管沟等作业，已挖好的基坑和沟边应采取挡水措施和排水措施。

雨后施工前，应检查沟槽边有无积水、坑槽有无裂纹或土质松动现象，防止积水渗漏造成塌方。

第十一章 爆破工程及安全技术

第一节 爆破工程基础知识

所谓爆破就是将炸药引爆后，经过化学分解转变为气体，其体积增大数倍，从而产生巨大的压力、冲击力和高温，使结构受到破坏。目前建筑物拆除作业也常采用控制爆破法施工，爆破已成为土木工程的一个重要施工手段。因为爆破工程的危险性巨大，为了保证爆破施工的安全，就必须掌握爆破工程的基本知识、安全技术和管理措施。

一、爆炸现象

自然界有各种各样的爆炸现象，如自行车爆胎、燃放鞭炮、锅炉爆炸、原子弹爆炸等。爆炸时，往往伴有强烈的发光、声响和破坏效应。从最广义的角度来看，爆炸是指物质的物理或化学急剧变化，在变化过程中伴随有能量的快速转化，内能转化为机械压缩能，且使原来的物质或其变化产物及周围介质产生运动，进而产生巨大的机械破坏效应。

按引起爆炸的原因不同，可将爆炸区分为物理爆炸、核爆炸和化学爆炸三类。

1. 物理爆炸

这是由物理原因造成的爆炸，爆炸不发生化学变化。例如锅炉爆炸、氧气瓶爆炸、轮胎爆胎等都是物理爆炸。

2. 核爆炸

这是由核裂变或核聚变引起的爆炸。核爆炸放出的能量极大，相当于数万吨至数千万吨三硝基甲苯（TNT，俗称"梯恩梯"）爆炸释放的能量。目前，在岩石工程中，核爆炸的应用范围和条件仍十分有限。

3. 化学爆炸

这是由化学变化造成的爆炸。炸药爆炸、井下瓦斯或煤尘与空气混合物的爆炸、汽油与空气混合物的爆炸及其他混合爆鸣气体的爆炸等，都是化学爆炸。与物理爆炸不同，化学爆炸后有新的物质生成。岩石的爆破过程是炸药发生化学爆炸做机械功，破坏岩石的过程。因此，化学爆炸将是研究的重点。

二、炸药爆炸的基本特点

在工程爆破中，几乎都利用工业炸药的爆炸来破碎岩石和矿石。用炸药爆破矿岩时，爆炸瞬间可以看到火光、烟雾、飞石，随即听到响声。这表明爆炸反应是放热的，有大量气体产物，而且反应速度极快。这是炸药爆炸的三个基本特征，是形成化学爆炸的三个必备条件，又称为化学爆炸三要素。

1. 放热反应

这是炸药爆炸最基本的特征。放热才有能量使反应过程自行传播，否则就不能形成爆炸。

炸药爆炸释放出来的热量是做功的能源。爆炸放出热量的多少是炸药做功能力的基本标志，常以此作为比较炸药性能的指标。1 kg 炸药爆炸可释放出的热量为 2 500~5 500 kJ，瞬时可以把炸药的爆炸产物加热至 2 000~5 000℃高温。

2. 反应速度极快

这是炸药爆炸区别于一般化学反应的标志。1 kg 煤在空气中燃烧可放出 10 032 kJ 热量，比 1 kg 炸药爆炸反应时放出的热量多得多，然而却并不能形成爆炸。这就是因为煤的燃烧反应速度较慢。

3. 反应生成大量气体

炸药通过化学反应所产生的气体产物是对外界做功的媒介物。由于气体具有可压缩性和很高的膨胀系数，炸药爆炸瞬间产生的气体产物处于强烈的压缩状态，在爆炸反应所释放的热量作用下形成高温气体急剧膨胀，对周围介质产生巨大压力而造成破坏。也就是说，炸药的内能借助于气体的膨胀迅速转变为对外界的机械功。如果反应时没有大量气体产生，那么，即使这种反应的放热量很大，反应速度很快，也不会形成爆炸。

可见，仅有反应过程大量放热的条件，还不足以形成爆炸，必须还要化学反应速度快，才能产生爆炸。因为只有高速的化学反应，才能忽略能量转变过程中热传导和热辐射造成的损失，使反应所释放的热量全部用来加热气体产物，使其温度、压力猛增，借助气体的膨胀对外做功，从而产生爆炸现象。

三、炸药和起爆概述

1. 炸药的概念及分类

（1）炸药的概念

广义地说，炸药是能够发生爆炸反应，并具有爆炸三要素的物质。然而，作为工业使用的炸药，还应当满足以下要求。

1）具有足够的爆炸能量。

2）具有合适的感度，保证使用、运输、搬运等环节的安全，并能被 8 号雷管或其他引爆体直接引爆。

3）具有一定的化学安定性，在储存中不变质、老化、失效或爆炸，且具有一定的储存期。

4）爆炸生成的有毒气体少。

5）原材料来源广，成本低廉，便于生产加工。

（2）炸药的分类

炸药分类的方法很多，一般可分别按照炸药的使用用途、使用场合和炸药的主要成分进行分类。

1）按使用用途分类

①起爆药。起爆药是一种对外能作用特别敏感的炸药。当其受较小的外能作用时（如受机械、热、火焰的作用），均易激发而产生爆轰，且反应速度极快，故工业上常用它来制造雷管，最常用的有二硝基重氮酚（DDNP）和氮化铅。

②猛性炸药。与起爆药相比，猛性炸药的敏感度较低，通常要在一定的起爆源（如雷管）作用下才会发生爆轰。猛性炸药具有爆炸威力大、爆炸性能好的特点，因此是用于爆破作业的主要炸药种类。根据猛性炸药的构成，又可分为单质猛性炸药和混合炸药。

工业上常用的单质猛性炸药有三硝基甲苯（TNT）、黑索金和泰安等，其化学成分是单一的化合物，常用它们来做雷管的加强药、导爆索和导爆管的芯药，以及混合炸药的敏化剂等。

混合炸药是工程爆破中用量最大的炸药，它由爆炸性物质和非爆炸性物质按一定配比混制而成。大多数工业炸药都属于混合炸药，如常用的有粉状硝铵类炸药和含水硝铵类炸药等。

③发射药。如常用的黑火药，其特点是对火焰极敏感，可在敞开的环境中燃烧，而在密闭条件下则会发生爆炸，但爆炸威力较弱，工业上主要用于制造导火索和矿用火箭弹。黑火药吸湿性强，吸水后敏感度会大大降低。

2）按使用场合分类

①煤矿许用炸药。煤矿许用炸药又称安全炸药。该类炸药主要针对有瓦斯和矿尘爆炸危险的煤矿生产环境设计，除严格要求控制其爆炸产物的有毒气体不超过安全规程所允许的量以外，还需在炸药中加入 10% ~ 20% 的食盐作为消焰剂，以确保其在爆破时不会引起瓦斯和矿尘爆炸。因此，煤矿许用炸药主要用于有瓦斯和煤尘爆炸危险的矿井爆破作业，也可用于其他工程爆破作业。

②岩石炸药。该类炸药是一种允许在没有瓦斯和矿尘爆炸危险、通风环境较差、作业空间狭窄的环境中使用的炸药，其特点是有毒有害气体的生成量受到严格的限制和规定，因此可适用于没有瓦斯和矿尘爆炸危险的各种地下工程中。

③露天炸药。露天炸药是指适用于各种露天爆破工程的炸药。由于露天爆破用药量大，且爆破场地空间开阔，通风条件较好，故这类炸药的爆炸生成物中有毒有害气体含量相对允许较大一些。

④特种炸药。泛指用于特种场合爆破的炸药。如在爆炸金属加工、复合、表面硬化工艺及金属切割、石油射孔、震源弹中使用的炸药。

3）按主要成分分类

①硝铵类炸药。指以硝酸铵为主要成分（一般达 80% 以上）的炸药。由于硝酸铵为常用的化工产品，来源广泛，易于制造且成本低廉，故这种炸药也是目前国内外用量最大、品种最多的炸药。

②硝化甘油炸药。该类炸药的组成以硝化甘油为主要成分。由于感度高危险性大，近年来已被逐步取代了，只在小直径光面爆破、油井、水下爆破中有少量使用。

③芳香族硝基化合物类炸药。主要是苯及其同系物的硝基化合物，如梯恩梯、黑索金等。

④其他炸药。例如黑火药和氮化铅等。

2. 起爆材料及方法

（1）起爆材料

1）雷管。雷管主要是用来起爆炸药或起爆传爆线。按起爆方式不同，分为火雷管和电雷管两种。

①火雷管。火雷管即普通雷管，由外壳、正副起爆药和加强帽三部分组成。外壳有铜、铝、纸三种，上端开口，下端做成窝槽状，起聚能作用。中段设有加强帽，外径 6 mm 左右，中央有一个约 2 mm 直径的小孔。在雷管壳开口一端为导火线插入之用。当插入管口的引爆导火线点燃后，火焰通过加强帽小孔使正起爆药爆炸，然后再引副起爆药爆炸。

火雷管受到撞击、摩擦、加热和火花都能引起爆炸，受潮易失效，在运输、保管、使用中要注意防撞击和防潮。其规格分为 1~10 号，号码大者装药量多，常用 6 号和 8 号。

②电雷管。分为即发（瞬发）电雷管和迟发（延期）电雷管。构造与火雷管大体相同，不同的是在管壳开口一端增设一个电点火装置，当通电后，脚线端部电阻丝发热，使发火剂点燃，引起正起爆药爆炸，接着引起整个雷管爆炸，规格分为 1~10 号，6 号和 8 号应用最广。

迟发电雷管在电点火装置与正起爆药之间，加有一段缓燃剂来延长雷管的爆炸时间。延长时间的多少由缓燃剂的长短来决定，常用的有延期 2 s、4 s、6 s、10 s、12 s 等几种。

2）导火线。导火线又称导火索，用于传递火焰引爆火雷管或引燃黑火药药包。它是用黑火药做药芯，外面依次包缠棉线、黄麻（或亚麻）、沥青、牛皮纸，最外面用棉线缠紧，涂以石蜡沥青防潮涂料，两端涂有防潮剂。根据燃烧速度的不同，可分为正常燃烧导火线和缓燃导火线两种。导火线每盘 25 卷，每箱（篓）4 盘，一般有效使用期限为 4 年。

3）导爆索。又称传爆线，是用来起爆药包的。其外表与导火线相似，直径 4.8~6.2 mm，每卷长 50 m。药芯采用猛度大、爆速高的烈性炸药，如黑索金、泰安等，装药量 8~12 g/m。药芯外部绕线三层并涂以红色，或者绕上红色的线条，以和导火线相区别。

导爆索爆速快，主要用于深孔爆破和大量爆破药室的起爆，可起到同时准确起爆的效果，也可用于水下爆破，但不宜用于一般炮眼法爆破。

4）导爆管。导爆管是一种半透明的具有一定强度、韧性、耐温、不透火的、内涂有一薄层高燃混合炸药的塑料软管起爆材料。起爆时，以 1 700 m/s 左右的速度通过软管引爆火雷管，但软管并不破坏。这种材料具有抗火、抗电、抗冲击、抗水、传爆安全等性能，因此是一种安全导爆材料，与雷管、导火线、导爆索等相比具有作业简便、安全、抗杂散电流、起爆可靠、原材料方便得到、成本低、运输方便得到、效率高等独特优点。

（2）起爆方法

1）火花起爆法。火花起爆法是利用导火索在燃烧时的火花先引爆火雷管，然后利用火雷管的内爆炸能引爆药卷爆炸，最后使全部装药爆炸。所需材料有火雷管、导火线、点燃导火线的点火材料等。

火花起爆法多用于一般炮孔法、深孔法爆破单个或少量药包。具有操作简单，准备工作少，不需特殊仪表设备等优点。缺点是准备工作不易检查，同时点燃导火线、线根数受限制，操作人员处在爆破地点，因此不够安全。

2）电力起爆法。电力起爆法是通过电雷管中的电力点火装置先使雷管中的起爆药爆炸，然后使药包爆炸。主要器材除电雷管外，有电线、电源和检查、测量仪表。

电力起爆是现代大型爆破使用的主要方法，也是工程上最常用的一种方法，除少数雷击地区和存在较高杂散电流地区外，所有爆破工地都能采用；可同时起爆多个药包，可间隔、延期起爆，安全可靠。但准备工作量大，爆破时，需较多的电线，需用电雷管、电线、电源和检查仪表等。检查仪表有小型欧姆表、伏特表、安培表、万能表和爆破电桥等；电源通常利用放炮器、干电池、蓄电池、移动式发电机、照明电力线路或动力电力线路等。

电雷管与电线的联接方式有串联、并联、混联三种形式。电爆网路的敷设和操作比较复杂，操作不善易造成漏接、错接，以致引起拒爆、迟爆、早爆等事故，要特别注意。

3）导爆索起爆法。又称传爆线起爆法。导爆索起爆是用雷管起爆导爆索，然后用导爆索直接引爆药包爆炸。主要器材有导爆索和点燃导爆索的雷管等。

装药、堵塞、连线等施工程序都无雷管操作，只在实施爆破之前才接上爆破雷管，作业比较安全可靠，网路敷设简捷，操作技术容易掌握；由于导爆索的爆炸速度快，可以用导爆索直接联系药包起爆，简化操作程序，提高起爆效果；也可在雷击区、杂散电流地区及不允许电力起爆的地方使用，不怕雷击，不受一般电场影响。由于导爆索在开阔的空气中受热燃烧不爆炸，只在雷管爆炸的强大冲击波作用下才会爆炸，当出现瞎炮时，也容易安全处理。但导爆索网路不能用仪表检查，不易发现网路故障，施工中应精心作业，小心保护网路不受任何折断损伤。

4）导爆管起爆法。导爆管起爆法是利用导爆管传爆药的能量，引爆雷管，然后使药包爆炸。主要器材有导爆管、普通雷管和起爆器。

导爆管网的敷设与电力起爆基本相似，可采用串联、并联、簇联等方式，大型爆破应采用复式网络。它能用于各种爆破作业，安全性能好，可作为非危险品进行运输和存放；采取导爆管网路操作简捷，容易掌握使用，传爆速度稳定，准备工作量小，导爆精度高，不受雷电、静电和其他杂散电流及功率强大的无线电波的影响，可杜绝早爆事故，是当前最为有效、理想的起爆手段。

第二节　常见事故及致因分析

1. 常见事故

在爆破工程中，早爆、拒爆和迟爆是最为常见的事故，现对这三个典型的事故进行分析。

（1）早爆

早爆是人员未完全撤出工作面时发生的爆炸。这一般发生在电爆网中。这类事故很可能造成人员伤亡，发生的主要原因是器材、操作、雷电、杂散电流影响等原因。

1）早爆原因

①器材问题。主要是雷管变质、雷管破损，装药时起爆药受到冲击或摩擦；雷管脚线绝缘损坏，装药时误触电都可能引起早爆。

②操作问题。如砸碰雷管、装药时用力过重而挤压雷管，加深炮窝子。

③发爆器管理不严，放炮信号不明确。发爆器使用时间过久，按钮或开关的接触片失去弹性，致使按钮虽然断开，接触片仍处于接触状态，在发爆器充电过程中，至一定电流后随即提前引爆。

④雷电影响。雷电很少直接击中电爆网路，多是间接引爆。

⑤杂散电流影响。当杂散电流超过雷管的起爆电流时即引起爆炸。

2）早爆防止措施

①选用质量好的雷管。保证质量，安全第一。

②及时处理瞎炮。不要从炮眼中取出原放置引药，或从引药中拉雷管，以免爆炸。

③严格检查发爆器。尤其对使用已久的发爆器进行检查，发现问题及时维修或更换新的。加强警戒，待人员全部撤离危险区后才能开始充电。

④采取措施防止雷电。

⑤采取措施防止杂散电流。

（2）拒爆

爆破网路连接后，按程序进行起爆，有部分或全部雷管及炸药等爆破器材未发生爆炸的现象称为拒爆。在城市控制爆破中一般是电雷管和导爆管产生的拒爆，炸药不爆的情况很少。

1）电雷管拒爆

①电雷管全部不爆的主要原因。多由电路断路所致。如母线断了，接头不良，以及串联电路中有一发雷管不通，也可能是电源故障。如发爆器损坏，开关接触不良，氖灯不亮，听不到嗡嗡声响。

②绝大多数拒爆都是只有少数雷管不爆，主要原因有三方面。

a. 起爆电流小，连接的雷管数超过发爆器起爆数，或并联支路电阻不平衡引起起爆电流不足，各雷管电流不均匀。

b. 雷管质量不好或破损也是一个重要原因。雷管外壳密封不好（挤压塑料塞不合格、雷管有裂缝或微裂缝）、雷管引火药头不合格；在装填药包和装炮泥时不小心，将雷管脚线折断或绝缘不良。

c. 网路联接问题。发爆器和放炮母线、母线与脚线、脚线与脚线间连接不实或虚接，造成短路或断路；或接头通过水、潮湿岩石、覆盖物、金属等间接短路；任意改变网路联接方法，改变放炮导线规格等，都是常见拒爆原因。

2）导爆管拒爆

①导爆管质量问题。如异物入管、管壁药量不足、断药、导爆管与雷管联接不当均会出现拒爆。

②网路敷设质量问题。如管壁破损、管壁磨薄、管径拉细、导爆管对折或打折都能引起拒爆。

③导爆管间连接问题。例如：漏接或连接器（三通、四通）质量问题，当有毛刺、连接过松、杂物存在等均可能引起拒爆。

④导爆管与电雷管联接方法不当。例如：将电雷管聚能穴朝向爆轰波传播方向，起爆时，电雷管聚能穴射出的高速流可能截断导爆管而拒爆。

3）炸药的拒爆。炸药质量差或过期变质，不能正常传爆；失去雷管感度；受潮结块，感度下降；密度过大，失去爆轰性能等。

4）防止拒爆的措施

①检查雷管、炸药、导爆管、电线的质量，凡不合格的一律报废。在常用的串联网路中，应选用电阻相近的电雷管以使它们的点燃起始能数值比较接近，以免由于点燃起始能相差过大而不能全爆。

②选用能力足够的发爆器并保持完好。领取发爆器时要认真检查其性能，防止碰撞、摔打，及时更新电池；严禁用接线柱短路打火花方式检查残余电流；发爆器起爆能力要略大于一次起爆的个数。

③按规定装药。装药时用木或竹质炮棍轻轻将药推入孔中，防止损伤和折断雷管脚线，在有水或潮湿部位装药时，应采取有效的防水措施。

④在进行发爆器与母线、母线与脚线、脚线与脚线之间的联接时，操作者的手要洗净擦干，拧紧连线接头；炮眼连线方式不随意改动；联好线后，全面查一次，以防错联或漏联。如网路电阻与设计计算值不一致或有异常时，不准起爆，使用专门的爆破电表（如 QJ-41 型）逐段作导通检查，及时排除后才能起爆。

⑤使用非电导爆管网路，连接雷管引爆多根导爆管时，其位置必须居中、捆牢。电雷管与导爆管连接时，电雷管聚能穴应背向爆轰波传播方向。

5）拒爆的盲炮应按《爆破安全规程》进行处理。

（3）迟爆

导火索从点火至爆炸的时间大于导火索长度与燃速的乘积称为迟爆。导火索迟爆事故时有发生，危害很大。

1）火雷管的迟爆原因及预防措施

①引起迟爆的原因

a. 导火索存在断药、细药。导火索的均匀燃烧是在药芯密度、直径、水分和燃烧区的压力一定的情况下进行的，如果药芯中断较长，导火索便不传火而产生拒爆。但药芯中断不太长时，粘有黑火药的 3 根芯线还能继续缓慢地燃烧，当燃到有药处又重新引燃药芯并以正常速度燃烧下去时，就有可能在人们回头检查，或进行下道工序时突然爆炸，发生迟爆事故。细药（指药芯过细）能使导火索的燃速减慢，药芯细到似断非断时，导火索的燃速减慢很多，这样也就使发生爆炸的时间大大延长。

b. 先爆的爆破物损伤后爆的导火索，使之产生似断非断现象，构成了迟爆的条件。

②防止导火索迟爆的措施

a. 加强导火索、火雷管的选购、管理和检验，建立健全入库和使用前的检验制度，不使用断药、细药的导火索。

b. 操作中避免导火索过度弯曲或折断。

c. 用数炮器数炮或专人听炮响声进行数炮，发现或怀疑有瞎炮时，加倍延长进入炮区的时间。

2）电力起爆的迟爆原因及预防措施

①电力起爆迟爆的主要原因

a. 雷管起爆力不够。雷管起爆力不能激发炸药爆轰，只能引燃炸药。炸药燃烧后，才把拒爆的雷管烧爆，结果烧爆的拒爆雷管又反过来引爆剩余的炸药，由于这个过程需要一定的时间，从而发生了迟爆。

b. 炸药钝感。雷管起爆以后，没有引爆炸药，只是引燃了炸药。当炸药烧到拒爆或助爆的雷管时，被烧爆的雷管又起爆了未燃炸药，结果发生了迟爆事故。

②防止电力起爆迟爆的措施

a. 必须加强爆破器材的检验。不合格的器材不准用于爆破工程，特别是起爆药包和起爆雷管，应经过检验后方可使用。

b. 消除或减少拒爆。这也是避免迟爆事故发生的重要措施。

2. 事故的致因分析

（1）技术原因

1）爆破施工潜在的危险性

①爆破工程所使用的材料（炸药、雷管）本身就是爆炸危险品，存在着极大的不安全因素，故在运输、保管和使用过程中均必须严格遵守安全规定，稍有疏忽就会发生爆炸事故。

②爆破施工中，如果装药量控制不当，将会造成飞石伤人，或破坏建筑物等。

③爆破过程中需要做细致的组织工作和严密的安全技术措施，否则极易发生安全事故。发生事故时，一般影响范围大，所带来的后果也比较严重。

2）爆破施工的危险因素

①意外爆炸

a. 起爆材料质量不符合标准，发生早爆或迟爆事故。

b. 电力起爆时，附近有杂散电流或雷电干扰，发生早爆事故。

c. 用非爆破专用测试仪表测量电爆网路或起爆体，使其除数电流的强度大于规定的安全值而发生爆炸事故。

d. 炸药库位置不当，附近的火灾引起爆炸事故。

e. 材料不按规定堆放或警戒管理不严，造成爆炸事故。

f. 拒爆未及时处理，或违章处理造成爆炸事故。

g. 仓库无避雷装置，发生雷击爆炸事故。

②爆炸失控

a. 炮位选择不当，最小抵抗线掌握不准和装药量过多等，使飞石超出警戒区击中人身、建筑物和设备。

b. 爆破时，点炮个数过多，或导火索太短，使点炮人员来不及撤至安全地点便发生了爆炸。

c. 大量爆破产生的地震波、空气冲击波和对飞石的安全距离估计不足时，使附近建筑物和设备在未采取相应的防护措施情况下，造成建筑物和设备损坏，同时，也使不良地质区域发生塌方、滑坡事故。

d. 建筑物拆除爆破时，炮眼数量和位置不当，造成建筑物倒向错误而发生事故。

③爆炸危险区内的人员伤害

a. 安全距离确定错误。

b. 人员设备未按规定撤离危险区。

c. 爆破人员过早进入爆破危险区。

d. 处理瞎炮时采用风钻、钢钎冲击药包或残药，或者是拉动起爆体等违章办法，引起爆炸伤人事故。

（2）管理方面原因

1）设备陈旧、落后、不配套。目前，许多爆破施工单位仅靠 1~2 台破旧空压机和其他几件简单的设备施工，工作效率低，故障率高。设备不配套表现突出，增加施工成本，同时也增加了事故发生的概率。

2）管理制度不完善。一方面表现在组织爆破时无规章制度，指挥和工人操作随意性大，主观性强。现场施工更缺乏必要的组织安排，这往往造成施工现场秩序紊乱。另外，爆破器材运输、存储及使用有章不循或缺少细则，运输过程中，炸药、雷管混装现象仍然经常发生，容易造成爆破器材的遗失或酿成安全事故；另一方面表现在雇用临时工不按规定培训，盲目安排他们打眼、装药、放炮。总之，管理方面的漏洞造成了事故率高，这应引起足够的重视。

3）专业人员水平普遍偏低。目前，我国爆破从业人员仍存在素质普遍偏低的现象，对爆破理论知识一知半解，直接表现为对爆破结果预见性不够，常造成爆炸危险区域内的人员伤害事故。

根据统计，近年来爆破事故 90% 以上是因为炮工违章操作所致，这不仅造成了人员伤害，而且损害了施工单位的信誉，引起了人们对爆破的怀疑，影响爆破技术的应用和推广。

第三节　爆破过程中安全组织管理与人员职责

1. 爆破施工组织管理

爆破施工要有严密的组织管理，一切工作安排、作业进度，均需严格按计划有条不紊地进行，这一点对在人口密集的城市中实施爆破作业尤为重要。

（1）爆破施工准备

爆破施工准备，除人员组织和机具材料准备外，为确保施工安全，还要注意以下事项：

1）调查了解施工场地周围安全情况。在现场施工前，应了解施工周围有无电磁波发射源、射频电源及其他产生杂散电流或危及爆破安全的不安全因素，否则，应考虑采用非电起爆网路或相应的安全措施。还应充分了解邻近爆破区的建筑物、水电管路、交通枢纽、设备仪表或其他设施对爆破的安全要求，是否需要采取防护或隔离措施，必要时应考虑进行安全检查和仪器监测。

2）校核爆破设计方案。按照现场条件，对所提供的爆破体的技术资料及图纸进行校核，包括几何尺寸、布筋情况、施工质量、材料强度等，如有变化、爆破设计应以实际情况为准。还应注意有无影响爆破安全的因素，并在现场会同施工人员落实施工方案。

3）事先了解天气情况及爆破区的环境情况（如位于闹市区的爆破现场应掌握人流、车流规律）、决定合理的爆破时间。一般情况下，雷雨天和大雾天不允许进行爆破作业。

4）了解爆破区周围的居民情况，会同当地公安部门和居委会做好安民告示，消除居民对爆破存在的紧张心理，取得群众的密切配合与支持，同时，对爆破时间可能出现的问题做出充分认真的估计，提前防范，妥善安排，避免不应有的损失或造成不良影响。

5）研究决定如何设置爆破安全警戒，确定警戒范围和人员安全撤离爆破地点。

6）选定爆破器材的存放点和加工起爆药包的地点。

（2）钻孔爆破用主要机具材料

1）钻孔机具。钻孔机具有风动凿岩机（风钻）、内燃凿岩机和电钻。其中，常用的是风动凿岩机。

风动凿岩机按其应用条件及架持方法，可分为平持式、柱架式、伸缩式几种。钻孔直径范围为 34~42 mm，爆破施工时的钻孔直径一般为 38~40 mm。

内燃凿岩机只能钻垂直孔或倾斜角不大的斜孔，当钻孔深度超过 1 m 时，效率显著降低。电钻适用于在煤层和砖砌物体上钻孔。

2）爆破器材。爆破器材为普通工业炸药、电雷管、火雷管、导火索、塑料导爆管、导爆索、继爆管、起爆器械、导通器等。

3）防护材料。防护材料一般可用草袋、荆笆、胶皮带、铁丝网、铁板等，根据设计要求予以准备。

4）辅助材料及仪表。加工药包用牛皮纸、防水套、天平等，装药堵塞用木棍、铁锹等；联接爆破网路用雷管测试仪、爆破电表、锁口钳、胶布等；警戒用信号旗、警报器、口哨等。

（3）施工组织设计

对于规模较小的爆破任务，一般应在工程开始之前，提出并落实钻孔劳动力安排和进度；建立爆破组织和安全警戒组；提出材料计划和劳动安全防护措施；拟定爆破时间和爆破实施要求，整个爆破工作都应有计划、有组织地进行。

对于大、中型控制爆破工程，应编制施工组织计划书，以加强施工管理，提高工程经济效益，保证质量和安全。施工组织计划书一般包括下列主要内容：①工程概况；②工程数量表；③施工进度表；④劳动力组织；⑤机械、工具表；⑥材料表；⑦施工组织措施及岗位责任；⑧安全措施。

（4）施工组织机构

大规模或高难度的爆破工程应成立爆破组织机构。

1）爆破指挥部。爆破指挥部由总指挥、副总指挥和各组组长组成。指挥部的主要任务如下：

①全面领导指挥爆破设计和施工的各项工作。

②根据设计要求，确定爆破施工方案，检查施工质量，及时解决施工中出现的问题。

③对全体施工人员进行安全教育，组织学习安全规程及进行定期和不定期的安全检查。

④在严格检查爆破前各项条件已确实达到设计规定后，指挥发出爆破信号和下达起爆命令。

⑤检查爆破效果，进行施工总结。

2）爆破技术组。爆破技术组的任务是：进行爆破设计，向施工人员进行技术交底及讲解施工要点；标定孔位，检验爆破器材；指导施工及解决施工中的技术问题。技术组组长由参加爆破设计单位的领导或主要设计技术人员担任。

3）爆破施工组。施工组组长由施工单位指派的领导担任。该组的任务是：按设计要求进行钻孔；导通电雷管、导线及检测电阻；制作起爆药包、装药填塞；进行防护覆盖；检查电源，在总指挥命令下合闸起爆，进行爆破后的检查。如遇到拒爆的情况，应按安全规程进行处理。

4）器材供应组。器材供应组组长由供应和保管部门的有关人员担任。该组的任务是：负责爆破器材的购买与运输工作；保管各种非爆破器材、机具及供应各种油料；供应各种防护材料及施工中所需的材料。

5）安全保卫组。安全保卫组组长由熟悉爆破安全规程、责任心强的人员担任。该组的任务是：负责爆破器材的保管、发放工作；组织实施安全作业，起爆前负责派出警戒人员，爆破后负责组织排除险情；负责向爆破区附近的单位、居民区和有关人员进行宣传和解释工作。施工组织建立后，应召集会议，下达任务，明确要求，组织学习有关技术资料和爆破安全规程，从而保证安全、保证质量，按期完成爆破任务。

2. 爆破人员的相关职责

根据爆破作业人员在爆破工作中的作用和职责范围，在《爆破安全规程》中把爆破作业人员分成：爆破工作领导人、爆破工程技术人员、爆破段（班）长、安全员、爆破员、爆破器材库主任、爆破器材保管员和爆破器材试验员。《爆破安全规程》中规定，进行爆破工作的企业必须设有爆破工作领导人、爆破工程技术人员、爆破段（班）长和爆破器材库主任。

在爆破工作领导人的领导下，爆破段（班）长直接领导、组织爆破员、安全员，按照爆破技术人员的爆破设计或爆破说明书，前往爆破器材库按规定领取爆破器材，并将其运至爆破作业地点，检查炮孔，消除作业地点的不安全因素，加工起爆药包、装药、填塞、联线、警戒、发信号、起爆、检查爆破效果，并进行盲炮处理，将剩余的爆破器材交回爆破器材库。从爆破工作开始到结束，爆破施工和爆破器材搬运等工作都由爆破段（班）长和爆破员、安全员完成的。《爆破安全规程》规定了爆破工作领导人、爆破工程技术人员、爆破段（班）长、安全员、爆破员、保管员、押运员和爆破器材库主任的职责。

（1）爆破工作领导人的职责

爆破工作领导人，应由从事过三年以上与爆破工作有关的工作，无重大责任事故，熟悉爆破事故预防、分析和处理并持有安全作业证的爆破工程技术人员担任。

其职责如下：

1）主持制订爆破工程的全面工作计划，并负责实施。

2）组织爆破业务、爆破安全的培训工作和审查、考核爆破作业人员的资质。

3）监督爆破作业人员执行安全规章制度，组织领导安全检查，确保工程质量和安全。

4）组织领导爆破工作的设计、施工和总结工作。

5）主持制定重大或特殊爆破工程的安全操作细则及相应的管理条例。

6）参加爆破事故的调查和处理。

（2）爆破工程技术人员的职责

爆破工作的技术人员应持安全作业证。其职责如下：

1）负责爆破工程的设计和总结，指导施工、检查质量。

2）制定爆破安全技术措施，检查实施情况。

3）负责制定盲炮处理技术措施，进行盲炮处理的技术指导。

4）参加爆破事故的调查和处理。

（3）爆破段（班）长的职责

爆破段（班）长应由爆破技术人员或从事过三年以上与爆破工作有关的爆破员担任。其职责如下：

1）领导爆破员进行爆破工作。

2）监督爆破员切实遵守爆破安全规程和爆破器材的保管、使用、搬运制度。

3）制止无爆破员安全作业证的人员进行爆破作业。

4）检查爆破器材的现场使用情况和剩余爆破器材的及时退库工作。

（4）爆破员的职责

1）保管所领取的爆破器材，不得遗失或转交他人，不准擅自销毁和挪作他用。

2）按照爆破指令单和爆破设计规定进行爆破作业。

3）严格遵守《爆破安全规程》和安全操作细则。

4）爆破后检查工作面，发现盲炮和其他不利于安全的因素应及时上报或处理。

5）爆破结束后，将剩余的爆破器材如数及时交回爆破器材库。

取得爆破员安全作业证的新爆破员，应在有经验的爆破员指导下实习三个月，方准独立进行爆破工作。在高温、有沼气或粉尘爆炸危险场所的爆破工作，应由经验丰富的爆破员担任。爆破员更换爆破类别应经过专门训练。

（5）安全员的职责

安全员应由经验丰富的爆破员或爆破工程技术人员担任。其职责如下：

1）负责本单位爆破器材的购买、运输、储存和使用过程中的安全管理。

2）督促爆破员、保管员、押运员及其他作业人员按照《爆破安全规程》和安全操作细则的要求进行作业，制止违章指挥和违章作业，纠正错误的操作方法。

3）经常检查爆破工作面，发现隐患及时上报或处理，工作面瓦斯超限有权停止爆破作业。

4）经常检查本单位爆破器材仓库安全设施的完好情况和安全使用、搬运制度。

5）有权制止无爆破员安全作业证的人员进行爆破作业。

6）检查爆破器材的现场使用情况和剩余爆破器材的及时退库情况。

（6）爆破器材保管员的职责

1）负责验收、保管、发放和统计爆破器材。

2）对无爆破员安全作业证和领取手续不完备的人员，不得发放爆破器材。

3）及时统计、报告质量有问题及过期、变质失效的爆破器材。

4）参加过期、变质、失效的爆破器材的销毁工作。

（7）爆破器材押运员的职责

1）负责核对所押运的爆破器材的品种和数量。

2）监督运输工具按照规定的时间、路线和速度行驶。

3）监督运输工具所装载的爆破器材不超高、不超载，且可靠牢固。

4）负责看管爆破器材，防止爆破器材途中丢失，被盗或发生其他事故。

（8）爆破器材库主任的职责

爆破器材库主任应由经验丰富的爆破员或爆破工程技术人员担任，并应持有爆破器材管理人员安全作业证。其职责如下：

1）负责制定仓库管理条例并报上级批准。

2）检查督促保管员工作。

3）及时定期清库核账并及时上报过期及质量可疑的爆破器材。

4）组织或参加爆破器材的销毁工作。

5）督促检查库区安全情况、消防设施和防雷装置，发现问题及时处理。

参 考 文 献

佟瑞鹏. 建设工程安全管理 [M]. 北京：中国劳动社会保障出版社，2013.

李丹锋，佟瑞鹏，等. 水电站开发建设运行生产安全事故应急管理指南 [M]. 北京：中国劳动社会保障出版社，2010.

章鑫. 中国建筑业职业安全与健康发展战略研究 [D]. 北京：清华大学，2006.

徐桂芹. 我国建筑业安全生产状况浅析 [J]. 中国安全生产科学技术，2010（12）：145-149.

何伯森，张水波，查京民. 工程建设安全管理中施工合同有关各方的职责 [J]. 土木工程学报，2004，37（5）：101-105.

周建亮，方东平，房继寒. 工程建设安全生产管理的相关主体行为关系模型分析与政策改进 [J]. 土木工程学报，2014，47（9）：129-134.

周建亮，方东平，王天祥. 工程建设主体的安全生产管理定位与制度改进 [J]. 土木工程学报，2011，44（8）：139-146.

周建亮，佟瑞鹏，陈大伟. 我国建筑安全生产管理责任制度的政策评估与完善 [J]. 土木工程学报，2010，20（6）：147-151.

清华大学土木水利学院建设管理系，清华大学深圳研究生院土建工程安全研究中心主编. 房屋建筑物安全管理制度与技术标准 [M]. 北京：清华大学出版社，2011.

曾俊杰. 房地产开发商安全管理评价体系研究 [D]. 北京：清华大学，2013.

全国一级建造师执业资格考试用书编写. 建设工程项目管理 [M]. 北京：中国建筑工业出版社，2007.

全国一级建造师执业资格考试用书编写. 建设工程法规及相关知识 [M]. 北京：中国建筑工业出版社，2007.

中国安全生产协会注册安全工程师工作委员会编. 安全生产技术 [M]. 北京：中国大百科全书出版社，2011.

中国安全生产协会注册安全工程师工作委员会编. 安全生产管理知识 [M]. 北京：中国大百科全书出版社，2011.

李钰，田思进，阎善郁. 建筑施工安全 [M]. 北京：中国建筑工业出版社，2009.

崔政斌，武凤银. 建筑施工安全技术 [M]. 北京：化学工业出版社，2009.

陈翔，贺涛. 建筑工程质量与安全管理 [M]. 北京：北京理工大学出版社，2009.

方东平，黄新宇，Jimmie Hinze. 工程建设安全管理 [M]. 北京：中国水利水电出版社，知识产权出版社，2005.

廖亚立. 建设工程安全管理小全书 [M]. 哈尔滨：哈尔滨工程大学出版社，2009.

武明霞. 建筑安全技术与管理 [M]. 北京：机械工业出版社，2006.

姜敏. 现代建筑安全管理 [M]. 北京：中国建筑工业出版社，2009.

任民. 建筑工程安全生产实用手册 [M]. 北京：中国建筑工业出版社，2007.

宋健，韩志刚. 建筑工程安全管理 [M]. 北京：北京大学出版社，2011.

方东平，黄吉欣，张剑. 建筑安全监督与管理：国内外的实践与进展 [M]. 北京：中国水利水电出版社，知识产权出版社，2005.

李伟，王飞. 建筑工程施工技术 [M]. 北京：机械工业出版社，2006.

马学东，李立新. 建筑施工安全技术与管理 [M]. 北京：化学工业出版社，2008.

高向阳. 建筑施工安全管理与技术 [M]. 北京：化学工业出版社，2012.

陈连进，等. 建筑施工安全技术与管理 [M]. 北京：气象出版社，2008.

（清华—金门）建筑安全研究中心，国家安全生产监督管理总局. 建筑业事故多发原因分析与对策研究 [R]. 2007.

门玉明. 建筑施工安全 [M]. 北京：国防工业出版社，2012.